ROAD OF
BEING MASTER

Mastering Digital Editing
for Photography

数码摄影后期
高手之路

第❷版

李涛 著

人民邮电出版社

北京

图书在版编目（CIP）数据

数码摄影后期高手之路 / 李涛著. -- 2版. -- 北京：
人民邮电出版社，2021.5
ISBN 978-7-115-55021-7

Ⅰ．①数… Ⅱ．①李… Ⅲ．①图像处理软件 Ⅳ.
①TP391.413

中国版本图书馆CIP数据核字(2020)第191886号

内 容 提 要

2016 年，《数码摄影后期高手之路》上市以来得到了读者的广泛好评。时隔 4 年，作者对该书进行了全新修订。他通过基础篇、应用篇和延展篇三大部分对数码摄影后期进行了透彻地阐述。让读者可以从较高的高度对数码摄影后期有了全局的认识和思考。

本书将后期流程分为典型工作流、局部调整、曲线调整、锐化与降噪和输出等六大步骤，使读者在后期操作时有法可依。本书在后期应用中着重介绍了照片的通透、影调、抠像、接片、堆栈、电影色调、Lab 调色和创造光线等实用且流行的后期技术，本书还对 Lightroom 和 Adobe Camera Raw 的内核模块进行了对比解析。这其中很多技术曾让从业者望而却步，本书却将这些技术讲解的非常透彻和简捷，一定会让读者在数码摄影后期水平得到升华。

本书还为读者提供了免费的辅助教学视频和教学图片素材，使读者在阅读之后能够亲自尝试使用书中教授的后期技法。

本书适合广大摄影爱好者和摄影师，以及专业修图师参考学习。

◆ 著　　　　李　涛

责任编辑　胡　岩

责任印制　陈　犇

◆ 人民邮电出版社出版发行　北京市丰台区成寿寺路 11 号

邮编　100164　电子邮件　315@ptpress.com.cn

网址　https://www.ptpress.com.cn

北京宝隆世纪印刷有限公司印刷

◆ 开本：889×1194　1/16

印张：27　　　　2021 年 5 月第 2 版

字数：691 千字　2024 年 8 月北京第 10 次印刷

定价：198.00 元

读者服务热线：(010)81055296　印装质量热线：(010)81055316
反盗版热线：(010)81055315
广告经营许可证：京东市监广登字 20170147 号

阅读说明

为了方便各位读者更好地学习书中的知识，我们精心准备了各章的案例

（案例部分的截图均在 mac OS 操作系统中进行）的图片素材。

视频观看方法

- 输入网址进入良知塾官网。
- 单击页面右上角的"登录"按钮登录。新用户需单击"注册"，设置账号、密码，注册成功之后再登录进入。
- 登录成功后，可以观看《李涛 Photoshop 高手之路基础篇》《李涛 Photoshop 高手之路提高篇》两个长达 1064 分钟的免费课程进行辅助学习。全书案例讲解时所使用的图片素材，可按以下下载说明进行素材下载。

资源下载说明

本书附赠后期处理案例的相关文件，扫描"资源下载"二维码，

关注我们的微信公众号，即可获得下载方式。资源下载过程中如有疑问，可通过在线客服或客服电话与我们联系。

客服邮箱：songyuanyuan@ptpress.com.cn

客服电话：010—81055293

扫一扫 学摄影

扫 描 二 维 码
下载本书配套资源

序

技术决定下限，审美决定上限

我把摄影创作简化为按下快门之前和按下快门之后两个过程。有些人经过大量思考和组织，把工作都放在了前期筹备上，按下快门之际，作品基本上就诞生了。还有一些人，对于他们而言，拍摄只是素材的采集，真正的创作都在按下快门之后才开始，即后期起了决定性的作用。

后期虽然重要，但在后期修饰图像的目的是什么？并不是每个人都很清楚这个问题的答案，初学者更像是在"碰运气"，在技术带来的效果组合中漫无目的地挑花了眼。

那有没有一个线索，可以在庞大的摄影后期体系里做一个小小的切面，让初学者既可以找到学习路径，又可以脱颖而出呢？让技术和工具服从于你的意愿，就是本书的初衷。

好的老师，既要把复杂的问题简单化，也要把简单的问题深刻化。在本书中，我尝试用通俗易懂的语言，从摄影后期你可能遇到的各种常见问题入手，打破传说中的"PS拦路虎"魔咒，帮助你建立自己清晰的后期流程思路和独立的风格体系。

但掌握了技术并不能让你马上就创作出好的作品，对于一件好的作品而言，技术决定下限，审美决定上限。

决定下限的技术对作品起到了支撑作用，这些支撑包括技能的习得、工具软件的熟悉以及硬件设备的配合。

而决定作品上限的审美，更需要摄影者理解艺术通感、增加人生历练、熟悉艺术脉络，从而形成观察世界的方式，诚实面对自我。

科学通向真理，艺术反映自己

摄影作品不应该被标准化或者流程化，最终的作品不是由技术指标来决定的，而是由摄影者的品位来决定的。

归根究底，摄影艺术是摄影者经过全心全意观察后对世界和自己所做出的解释。观察世界，观察自己，这是一种很难得的体验，也是通向"审美"的重要途径。

我这几年来最深的一个体会，就是本来要研究如何提升审美，最后却发现提升审美的道路指向了重新认识自己。这实在是一个意外惊喜。

从古希腊开始就形成的"博雅教育"的传统是"教育为立国之本，美育为立教之本，审美为立人之本"，也强调了人与美之间的关系。

摄影艺术有个奇特的功能，通过学习，摄影者不但可以创作出更好的作品，而且可以成为更好的自己。因为审美学习是其中不可或缺的一个环节，而美育的目的恰恰是要培养出完整的人——任何年龄、任何职业、任何文化背景的人，都可以通过不断完善人性而使自身达到平衡发展的状态。

审美可以舒展人的天性，增加人的包容心，引人进入超然的心境。以美为中介，可以促进人方方面面的能力相协调。如果美育也有"成果"的话，"成果"在人而不在作品。这是学习摄影的过程中多么美妙的额外收获啊！

对于一个摄影艺术家而言，最终能代表自己的，只有作品。而这个作品，恰恰就是他自己，一个与众不同的自己。

每一位能够在"世界影像艺术价值体系"演进过程中留下脚印的巨人，都是因为他们拥有属于自己独特的"看世界的方法"，他们找到了"自己"。

美不是奢侈品，美是生活的必需品

我很庆幸我所从事的工作和传播美有关，这让我总是心神安宁，尤其是在这个充满变动和未知的年代。蔡元培先生说："一个没有审美的民族，是不知善恶的。"所幸，在这个春天，我们都见证了人类的善良。

追求艺术和追求物质财富似乎成反比，但前者却可以极大地丰富你的内心世界。你可能会经历苦练、徘徊、挣扎，但到最后终究会豁然开朗，因为追求艺术的这条路叫"道"，它是一个认识自己的过程，是物我相通的过程，只是碰巧你使用的方法叫摄影。

美无处不在，有时并不只是表面上的好看，它有更为丰富的含义和更为宽广的外延。发现美、创造美和所处的境地无关，即使房子是租来的，但生活可不是租来的。

美不是生活的奢侈品，美是生活的必需品。

热爱和学习摄影吧，因为它和光有关，和物有关，和人类的记忆有关，和你对世界的认知有关。

希望这本书能帮到大家，让我们共同前往心手双畅、超越束缚的自由创作之境。

李涛

2020 春 于北京

基础篇

CHAPER 1

概述

目录

CHAPER 2

准备工作

CHAPTER 3

图片管理

CHAPTER 4

后期流程——典型工作流

CHAPTER 5

后期流程——局部调整

CHAPTER 6

后期流程——曲线调整

目录

CHAPTER 7

后期流程——锐化和降噪

CHAPTER 8

后期流程——输出

应用篇

CHAPTER 9

通透

CHAPTER 10

影调

目录

CHAPTER 11

抠像

CHAPTER 12

接片

CHAPTER 13

堆栈

CHAPTER 14

电影色调

CHAPTER 15

Lab 的艺术化调色

CHAPTER 16

创造光线

延展篇

CHAPTER 17

Lightroom 和 Camera Raw 模块对比

CHAPTER 1

概 述

1.1　艺术，让人脱颖而出

大千世界，异彩纷呈，为各种文艺创作提供了取之不尽、用之不竭的素材。

摄影，这个入门极其"简单"的艺术形式，以器材为基础，以旅游为依托，又被当代数字技术的发展所裹挟，呈现出一种近乎疯狂的扩张之势：摄影已经迅速渗透到社会的各个领域，吸纳了各类人群，成为人们现代生活中的一种留存记忆、人际交流、参与生活，甚至认识世界、精神寄托的方式。

然而，伴随着按下快门这个简单的动作，许多摄影者在创作上却长期面临着一种困惑："为什么我创作不出高水准的作品？"

有些人走遍了世界的高山大河，游历了祖国的每个知名景点，在著名风景前与众人一字排开地"射击"，大呼过瘾后，回家把照片往边上一扔，从此就抛在脑后了。

但偶有几位，在面对自然时，内心有完整的表达方式。他不但拥有熟练的摄影技术，更深知如何通过后期技术，使用适当的表现形式，充分地将艺术和自然相融合，达到如西班牙著名作家塞万提斯（Miguel de Cervantes Saavedra）所说的"艺术并不超越大自然，不过会使大自然更美化"的境界。

这也让很多人感慨："为什么那个地方我也去过了，却没有见到你所拍的如此的美景？"如前文所述，正是艺术让人脱颖而出。

1.2　摄影太难，难就难在太简单了

按下快门很简单，但创作出好作品却没那么容易。很多人因为摄影创作想法不足而苦恼。个中原因很多，后期的局限是一个重要因素。不少人完全依赖前期拍摄，忽视了后期已然是摄影艺术作品中不可或缺的重要组成部分——二者如同一个硬币的两面，共同组成了摄影艺术的形式。所以，我精心编写了本书，希望能为大家打破这个"瓶颈"。

很多人也许会有这样的疑惑：既然摄影不简单，那后期技术是否更加复杂、难以学习呢？

各位读者，大道至简。如果你自己或者有哪位老师让你觉得后期是一件很复杂的事，那是因为你或他自己都还没有理清楚后期技术。对于后期的恐惧来自陌生感，本书的目的就是让读者对后期技术真正熟悉起来，从而打破后期难学的固有思维。

世上没有什么特别复杂的事情，只要掌握了正确的方法，一切都会变得简单，而所谓的绝招，就是**把简单的事情做到极致**。

1.3　艺术通感

很多人说自己拍照拍不出好的感觉，或者后期演绎的照片达不到想要的感觉，在我看来，

这都是因为艺术的通感没有实现。

什么是艺术的通感？无论是拍照片还是绘画，它们的背后实际上都有一套心理学、美学和哲学的综合体系，这套背后的体系导致你看到的东西与别人看到的不一样。

你如果不去接受这方面的训练，而只是一味地研究 Photoshop 的各种功能，那将永远只会局限在技术层面，追逐版本更新并深陷其中。所以我们必须涉猎与艺术相关的各个领域。

我刚才用到了一个词叫"艺术通感"，就是说所有的艺术门类都是相通的。我写《解决单反出片发灰难题 教你让照片变得通透》这篇教程的灵感完全是来自音乐，而我最近很多调照片的灵感也都来自音乐，我很遗憾自己小时候没有好好学音乐。但是找听了这么多年音乐，多多少少听了点门道出来。我发现音乐、绘画等艺术门类是相通的，甚至包括心理学、哲学，全都是相通的。

著名摄影师安塞尔·亚当斯（Ansel Adams）曾经说过："我们不只是用相机在拍照，我们带到摄影中去的是所有我们读过的书、看过的电影、听过的音乐、爱过的人。"

如果想拍出好的照片、做出好的效果，你要做的不仅是苦学 Photoshop 技巧，你还应该多读书、多看电影、多听音乐、拥有更多的人生阅历。你的经历和眼界将决定你照片的状态。你只有带着这样的胸襟，这样的状态去拍照片，去做后期调整，你的照片才能够和你成为一体，观众才会体会到你真正要表达的那个核心，这样的照片才是耐人寻味的。

摄影的表现对象是视觉的，摄影作品的形态也是视觉。但在摄影创作活动中，摄影师对艺术感觉的捕捉，对生活的认识和对立意、创意的表达，却不能仅仅依靠视觉。这是因为，人们对世界的认识是通过多种感官完成的。心理学家把主要生理感官界定为视觉、听觉、触觉、嗅觉、味觉。然而，作为人类，心里的"意觉"功能也极为重要。由于心理的调节作用，人们的各种感觉器官是可以相互联系、相互影响、相互贯通的。这种情况，反映在艺术创作上，被称作"艺术通感"。摄影艺术通感，是摄影师在摄影审美活动中，多种感官相互配合、共同运作的一种认识和表达方式。它包括摄影主体感受生活、认识事物的方法，也包括摄影主体表达审美情感和艺术创意的方法。

这也是我经常说的，对于一个好的作品而言，技术只决定下限，审美决定上限！

1.4 立意要高远

几年前，我从我的老师那里，认识到了学习体系里立意层面的 3 个重要指标，我又根据自己的切身体会和理解对其重新进行了整理，在这里与大家分享，这 3 个指标总结下来有 3 句话。

1.4.1 取法乎上，寻师经典

取乎法上，寻师经典。这是思路和大方向的问题。

原句出自唐太宗的《帝范》：**"取法乎上，仅得其中。"** 意思是即使你有一个很好的榜样作为参照物，你也有可能只能学到一半的精髓。

《孙子兵法》里有更详细的解释：**"求其上，得其中；求其中，得其下；求其下，必败。"** 意思是在有 3 个策略的情况下，如果你用上策，可能会得到中等效果；如果你用中策，可能会得到下等效果；而如果你用下策，失败就是必然的。

学习思路中特别重要的一点，就是选择榜样或选择老师的时候，需要确认他是否在这个行业里面是最好的。

学 Photoshop 有很多方式，举个最简单的例子，你随便在路边找一个打字复印店，也能学会 Photoshop。但你既然决定要学，就要向这个行业里顶级的老师学习，而且还要追问他的老师是谁，他的灵感又从哪儿来，寻师经典，你才能够学到真正核心的东西。

我们在前文中引用了安塞尔·亚当斯的名言，亚当斯是直接摄影的一代宗师，他发明的区域曝光法和预想法一直被摄影界所认可。那么是谁影响了他？除了他的父亲和他的音乐老师，谁在摄影上对他影响最大？为什么他看到保罗·斯特兰德（Paul Strand）的作品后，说"他的照片让我知道，什么才是我该走下去的道路"。另外一个例子是大名鼎鼎的法国摄影师亨利·卡蒂埃 - 布列松（Henri Cartier-Bresson），他因为"决定性瞬间"的理论而被世人所熟知，但他却曾公开并尊敬地说过："无论我们做过什么，柯特兹总是先行一步。"以至于有另外一个观点，即布列松的所有创新，都只是跟在了柯特兹的后面……摄影才不过 180 多年的历史，脉络相对容易梳理，甚至还可以再往前追溯——摄影有没有受到绘画的影响？彼此之间的脉络到底是怎样的？等等。这就叫取法乎上。

所以，你的目标要足够高，才能学到最接近真理的知识。

1.4.2　务先大体，鉴必穷源

"务先大体，鉴必穷源"这句话出自《文心雕龙》，指的是写文章首先要有大的法则，借鉴和引用的内容必须找到源头或出处。

如果你想学一套体系，那么就先去找一个大的框架，这个框架是你这一段时间发展的方向、创作的思路，然后在这个大的框架里去找到它的根源，一点一点追问这个框架里都有什么内容，去追根溯源。

有句俗话叫"打破砂锅问到底"，说的就是这个意思。一直追到头，彻底理解整个体系的来龙去脉，就清楚了，而不至于被不同人的不同说法所左右。因为无论他人怎么说，你去根源上一看就知道了，原来他们的说法都从这儿来，这样你就明白了，所以这就叫作"务先大体，鉴必穷源"。

除了根源，旁系和衍生也要深挖，我主张的"深度学习"就是这个意思。老师最难得的地方在于讲述问题时能"深入浅出"，因为深入研究过，才能把复杂的问题用浅显的方式表达出来，学生也就越听越明白。级别不够的老师，则容易反其道而行之，会把简单的问题复杂化，说一堆专业术语，显得高深莫测，而学生实则一头雾水。

广泛学习非常重要，相互联系的知识节点会汇成一张网，网上的节点越密，知识结构就越严谨，知识面也就会越宽阔。

还是举亚当斯的例子，当完成了对安塞尔·亚当斯体系的学习，为了避免陷入一谈摄影只知道安塞尔·亚当斯的窘境，不妨跨出去平行研究一下另两位亚当斯，一位是拍摄"新地形学"摄影作品的罗伯特·亚当斯（Robert Adams），另一位是获得过现场新闻摄影类别普利策奖的埃迪·亚当斯（Eddie Adams），他们在各自的领域都有着各自传奇的故事，你会觉得就像是打开了另外一个世界的另一扇门。每种摄影风格都是摄影大家庭里的一员，都有"源头活水"。

1.4.3 诚心正意，自证良知

诚心正意是端正你的学习态度。比如我们说学习时要把手机调至静音放远，因为一旦有一个事物分散你的注意力，你就无法聚焦。释家讲"戒定慧"，"戒"就是聚焦、诚心正意地只干一件事情。

自证良知的核心是"证"，就是要亲自去实践，只有通过实践，你才能够知道事情和你的关系。我十分信奉王阳明的"**知行合一**"——理论需要实践，必须自己去证明这件事情，这个过程要用到良知。良知就是本能，没有太多的包装，你用原始的本能判断就知道这个东西是好的还是不好的，就这么简单，不需要别人来干扰你。

只有达到"知行合一"的状态，你学的东西才有用。对本书中讲到的所有知识，你要做的最重要的就是实践。如果你只是觉得这个理论很好而不去实践，那么这个知识永远都不是你自己的，和你一点儿关系也没有，你也无法从中体会学到的乐趣。

1.5 目标要长远

经常有人会问：一个好作品的标准应该是什么？广大读者肯定各有各的答案，因为确实很难用标准的一个词来表述主观的作品。好比有人喜欢简洁的作品，就会有人喜欢精细复杂的；有人喜欢刺激炫酷的作品，就会有人喜欢平淡宁静的。

我们不妨试着用"赏心悦目"来形容一幅好作品，"赏心悦目"是由两部分组成的，一部分叫"赏心"，另一部分叫"悦目"。"悦目"就是作品好看、漂亮、简洁、影调层次丰富都是"悦目"这个部分的；而"赏心"这个部分所追求的则是共鸣、情怀、爱……

所以要创作一件好作品，你会发现从技术和心理两个层面上都要让它符合一定的标准。但要同时做到"赏心"和"悦目"，还真的挺难的。

我个人主张，在不同的阶段实现不一样的目标。对于初学者而言，不要一开始就对自己要求过高，要求自己一定要创作出有情怀的作品来。虽然不排除很多有天分的人一上手就一鸣惊人，但更多的人可能还是需要经过一个学习过程。所以定期调整目标很重要，初学者更要在基本功上下功夫，做到"悦目"就是完成目标。

但从另一个角度来说，如果基本功已经扎实，而作品还停留在"悦目"层面的摄影者则需要自省一下。不同的时期给自己确定不同的目标，才能让人在美学路上不停探索、永不止步。

因此，大家不妨在学习之初就给自己描绘一张摄影认知地图，先全面地对整个摄影风格类型做一次不带个人喜好评价的扫描，以后再不断通过学习来扩大这张地图的"疆土"。同时，把自己的目标路径放在地图上，通过实践去认知，这样确定出来的学习目标就是长远的目标，而不会卡在某个点上就认为这就是摄影的全部了。

1.6　方法要得当

前面说了一大堆"道"，读者可能会觉得"虚"。请放心，本书的内容最后还是会落到实处，因为所谓"道法术"是从"术"开始的，所以我还是会讲最基层的操作、最基本的流程，只是不能因为有术而心中无道。下面，我们再聊聊具体的学习方法。

我曾经很不喜欢钓鱼，觉得纯属浪费时间，坐在那里两三个小时，又晒又累很可能还一无所获。哪有什么乐趣可言？

后来我发现，方法其实很重要。如果你不喜欢钓鱼，一般是因为不懂得钓鱼的方法。没有方法当然就没有乐趣。

有一次在一些高手的指导下，我迅速掌握了方法，一早上钓了 8 条鱼，马上就找到了钓鱼的乐趣。这也促使我在教学中尽可能总结方法而不是单纯传授技术，相信很多人从《Photoshop CS2 的高手之路》的视频一路看来，也深谙这个道理。

我所阐述的学习思路和学习方法是我从多年的上课过程中慢慢总结出来的，核心只有 6 个字，那就是发现、联系、重组。

这 6 个字经过十多年的总结、琢磨、删改，最后立在我面前，没准过些年又会被重新提炼修正，但现在，这 6 个字基本上就是我用来指导学生的核心宗旨。如何在观察力、联想力、创造力、剖析度、包容心和逻辑感等多方面提高自身能力？这就需要"发现、联系、重组"这 6 个字的学习方法来支撑了。

1.6.1　发现

《道德经》里有一句话叫"天下大事，必作于细"，我把它分成两个层面来解读。

第一个层面，多么大的事，也需要被细化拆分成小事来完成。正所谓一口吃不成个胖子，好作品需要经过长年的积累，尤其是成系列的作品，更需要经年累月慢慢地分期完成。

第二个层面，要善于发现"小事"，不要老想着"出大片""成大名"，动不动就想个宏大主题要去完成。其实，生活中有很多小事情、小人物、小细节都非常值得我们去细心观察。正如细节决定成败，能否在大感觉不丢的情况下尽可能地观察到细节，使常见之物纤毫毕现，变得耐人寻味，就决定了能否使观众驻足在画面前久久不能离去。我常说："观众在你作品面前的观看时间和你创作作品时的思考时间成正比。"对生活中的细节小事是否观察到位，是一个很重要的能力指标。而长时间的练习，则可以提高人的观察能力和剖析能力，此为第一步，是为"发现"。

1.6.2　联系

佛教有众生平等的理念，这个理念不只是说人与人是平等的，而且是说人和万物都是平等的，人要带着世界大同的心态去看待整个宇宙。理解了这种平等，你就会从中找到万物之间的联系。联系的目的是找到人和人、物和物、人和物的关系，在特征上、性情上、思想上形成联结点，产生共情共鸣。

有些联系是显而易见的，人人熟悉，甚至是常识，不需要被强调。而更多的联系则是隐性的，是藏匿于表皮之下的，需要你尝试挖掘才能发现。比如人们常说的"六度理论"：我和你之间貌似陌生，但通过不超过 6 个熟人我们就可以建立联系。这种联系的挖掘，对作品创作有着非常深刻的揭示性，让我们在不同事物间寻找相同点成为可能。

以前貌似完全不相关的事物，只要尝试发掘，就都有联系，而这种联系正是创作的切入点。这种联系产生的切入点能让观众和你产生共鸣，观众在你建立的联系中找到了作品背后的秩序，体会到了你想要表达的深义。

所以从一些图案、一些符号或者一些信息中间找到它们彼此的联系，真的是对创作来说非常有意义的一件事。

建立万物平等的心态，努力挖掘事物间的联系，对这种能力加以练习，就可以提高包容心和想象力，是为"联系"。

1.6.3　重组

大家都觉得这个事情理所当然就是这样子，我们称之为"情理之中"；而如果结局以你完全没有想到的方式出现，我们称之为"意料之外"。"情理之中，意料之外"，是我们认为一件作品出彩的部分，尤其在创意类摄影作品中，这种手法更为常用。

如同我们经常去看电影，如果一个电影开场 5 分钟你就猜到了结尾，必然中途就无聊到想退场了。而好的电影是你刚以为剧情如你所料，画面一转，情节的发展又完全在你意料以外，导演非常有功力地吸引你一直看下去，最后让你恍然大悟，结尾完全在你想象之外。但是情节的发展不能空想，也不能不符合逻辑，而得是在意料之外却符合逻辑的一个结果。

发现

作品要想避免平淡，画面中必须有一个逻辑支撑的焦点。对这个焦点的深度理解，伴随着揭示、解读、重新整合，即"情理之中，意料之外"。

对这种能力的锻炼，也伴随着逻辑能力和创造力的提升，是为"重组"。综上，这3句话带来的3件事就是要长期关注和反复练习的，也是和艺术创作相关的能力提升方法。

联系

"天下大事，必作于细"，要用剖析的眼光去发现细节及小事。

众生平等，皆有联系，就是要从那些看似不相关的事物中建立联系。

情理之中，意料之外，最后一步就是实现重组。

重组后的内容就变成你自己的东西了，别人抄不走，因为你把这些联系和特征重新组合了。这就是我说的发现、联系、重组的核心。

重组

仔细想一下，发现、联系、重组背后反映的3个能力就是观察力、想象力和创造力。经常有人说自己的作品没有创造力，没有创造力的原因是没有把前面两个环节做好。创造力来自观察力，也就是你是否能够看到细节；有了观察力，还要有想象力，也就是如何在两个看似不相关的事物之间建立联系。万事万物都有联系，只是你看不到这个联系，建立这个联系要有想象力；有了想象力的情况下，最后再重组，锻炼的就是你的创造力。

所以，发现、联系、重组，就是创意学习方法的主旨。

世上的事物可归纳为"能被立即理解的"和"无法被立即理解的"两大类。那些无法被立即理解的，需经过多次的交会，我们才能点点滴滴地领会，进而将其蜕变成崭新的体悟。最爽的莫过于在一瞬间，品尝到醍醐味……

所以，诸位读者，莫急，如果对上面所说的还不能完全体会，就先放一放，开始自证"良知"吧，时候一到，自然豁然开朗，所谓"放开眼界，践行当下"。

祝阅读愉快。

靳浩同学根据本章内容而创作的插画笔记

CHAPTER 2

准 备 工 作

请重视摄影的一系列前期准备工作：对相机的认知、图片的常用格式、色彩空间表达、显示器校准、照片的不同表现风格以及相关 Adobe 系列软件的安装，来真正开启一段摄影旅程吧！

2.1 相机设置

2.1.1 照片格式

对照片进行数码后期处理，拍摄时将其设置为 RAW 格式文件是必要的操作。

RAW 格式文件是由数码相机传感器直接生成的、未经任何处理和压缩的文件，它包含数码相机中的原始图像数据及定义数据含义的元数据，而且能够记录更大的动态范围，色彩深度可达 16 位 / 通道。使用 Lightroom、Camera Raw 等软件打开 RAW 格式的照片时，可以对白平衡、色调、曝光等参数进行最大范围的调整，而且调整时所有操作都会被存储在与原文件同名的一个 XMP 文件中（Lightroom 中的调整操作存储在 LRCAT 文件中），不会对原来的 RAW 文件造成任何破坏。

我们最熟悉的 JPEG 格式是一种有损压缩格式，它有选择地扔掉数据来压缩文件大小，色彩深度最高只支持 8 位 / 通道，所以通常同一张照片的 JPEG 格式文件比 RAW 格式文件要小很多。相机在生成 JPEG 格式文件时会自动对照片进行处理和压缩，不仅会对画质造成损失，而且我们也很难去精细控制画面处理的效果，更何况生成 JPEG 格式文件时的处理和压缩还是不可逆的。虽然 JPEG 图像依然可以放在 Photoshop 或 Lightroom 等后期软件中去再处理，但是它们只能对被照相机处理过的文件进行再加工，无论是操作余地还是最终效果都会大打折扣。

不同品牌的相机厂商会用不同的编码方式记录 RAW 数据，所以不同相机生成的 RAW 格式文件的后缀名也不同。比如图 2-1 中的 3 张 RAW 格式文件，佳能相机的 RAW 格式文件后缀名是 "CR2"，尼康相机的 RAW 格式文件后缀名是 "NEF"，索尼相机的 RAW 格式文件后缀名是 "ARW"。不同于 JPEG、TIFF 等文件格式名称，RAW 只是用于描述一种格式的名称。

佳能 .CR2

尼康 .NEF

索尼 .ARW

图 2-1

2.1.2 色彩空间

通常情况下，不同设备、软件之间存在着不同的色彩空间设置，这一点非常容易被忽略，导致在拍摄、后期、输出打印等过程中传递同一文件时，会出现颜色上的偏差和改变。常见的情况就是在电脑上已经调整好的照片，通过微信等软件发送到手机上后，颜色发生了变化。这让很多用户很头疼。所以，我们有必要在拍摄阶段就设置好色彩空间。

我们最常见到的色彩空间有 3 种，分别是 ProPhoto RGB、Adobe RGB（1998）和 sRGB。

它们也是数码摄影中最常用的色彩空间。但在一些相机的内部色彩设置中，通常只可以看到 Adobe RGB（1998）和 sRGB。我们需要在二者之间进行选择。

如图 2-2 所示，在色域的比较上，ProPhoto RGB > Adobe RGB（1998）> sRGB。ProPhoto RGB 拥有最广的色域空间，显示颜色最丰富，在后期调色中可以相对减少色彩损失，不过 ProPhoto RGB 的部分色彩已经超出了人眼能识别的范围，人眼很难分辨出来。而 Adobe RGB（1998）比 sRGB 拥有更大的色域范围空间，尤其是包含一些无法使用 sRGB 定义的可打印颜色（特别是青色和蓝色）。所以对于使用专业级数码相机的摄影师，我推荐将相机的色彩空间设为 ProPhoto RGB 或 Adobe RGB（1998）。

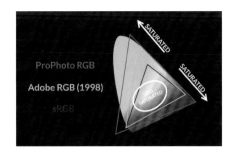
图 2-2

如果要将拍摄好的 RAW 格式文件通过 Camera Raw 解释为普通图像文件，为了将来应对各种输出，最好将 RAW 格式文件的色彩空间转换到 ProPhoto RGB 模式。

技巧提示

如果照片仅仅是用于互联网传播或者是家庭分享，sRGB 是不错的选择。这是因为一方面，互联网图像的默认色彩空间标准就是 sRGB；另一方面，sRGB 的色域范围空间小，除了少数专业显示器外，目前大部分显示器并不能再现 Adobe RGB 色彩空间中的全部颜色。

2.1.3 照片风格

各个品牌的数码相机通常都有照片风格（佳能）或优化校准（尼康）选项，通常包括标准、风光、人像、可靠设置、单色等模式，每个模式下相机会对照片的对比度、锐度、饱和度等项目进行不同的设置。

这种风格化的拍摄方式对于快速呈现效果有非常大的帮助，但多数人好像只是将照片风格设为"标准"或"自动"。这样做浪费了在现场找到风格感觉的机会。以佳能相机为例，其"照片风格"设置如图 2-3 所示。

我们给相机设置照片风格后，效果会直接体现在输出的 JPEG 格式照片上，而对于 RAW 格式文件则没有任何影响。这会让我们误认为相机风格设置意义不大。所以，如果不是 JPEG 直接输出，照片风格设置的意义似乎更多地在于拍摄时可以从液晶屏预览特定效果，比如可将照片风格设为"单色"或"颜色"（图2-4），就可以在拍摄时从液晶屏预览黑白效果或彩色效果，但导出的 RAW 格式照片仍然是彩色的。

当然，也许只是每个人的习惯不一样。比如我自己会习惯在相机里设置 RAW+JPEG 双格式输出，这时，风格对我来说就非常重要，因为除了可以即时看到想要的现场效果，更重要的是我可以自定义很多特别的效果。

还有锐化，很多人不敢动这个选项，认为对它进行设置后拍摄出来的照片

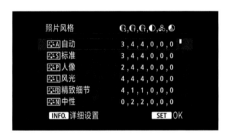
图 2-3

图 2-4

会出现过度锐化或者难看的轮廓线亮边，甚至有人还会担心损坏原始文件。但你别忘了，这些风格化的设置只是一些外挂预设信息，并不会对 RAW 格式的原始文件造成损坏。相反，在相机里设置更高的锐度，就直接影响到了生成的 JPEG 格式的照片，相当于直接完成了后期的一部分工作（图 2-5）。

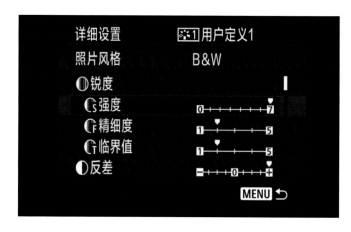

图 2-5

关于这些风格化的照片，换一种思路看，就是直接把后期的一部分功能前置了。因为自定义风格化里可调整的参数太多了，如锐化、曲线、彩度等。有一部分不需要精修的照片，通过双格式（RAW+JPEG）输出，既保留了底片 RAW 格式文件，又可以高效地直接拿到成片 JPEG 格式文件，何乐而不为呢？

当然，佳能相机的用户也可以做出适合自己的自定义风格。这里需要如下两个步骤。

1. 在专用的佳能照片风格编辑软件（Picture Style Editor, PSE）里细心调整，利用 PSE 里关于风格化设置的参数，导出照片风格文件（图 2-6）。

图 2-6

2. 然后再用佳能 EOS 数码单反随机软件（Digital Photo Professional, DPP）通过数据线将照片风格文件导入相机内部（图 2-7）。

图 2-7

将某一类图像设置成一个专用风格化预设，做到心中对多种场景有多种风格化预设来应对，就会在这个节奏快速的社会中找到自己的一个高级的法宝。多尝试，一定会有很多惊喜。

这些独特的风格化设置在拍摄时，尤其是在初学人像拍摄时，也因为效果与众不同，可以轻易地引发拍摄对象的兴趣，起到更有效的沟通作用，成为辅助摄影师打破与拍摄对象"尬聊"的小技巧。

我自己在佳能相机中常用的用户自定义风格如图 2-8 所示。摄影师形成自己的风格很重要，作品有统一的风格是摄影成熟稳定的标志。所以就从设定自己专有的风格化预设开始吧。

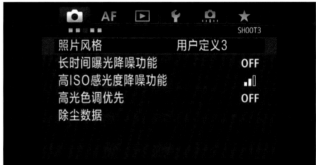

图 2-8

对于佳能相机用户而言，应学会使用 PSE 来编辑制作照片风格预设文件（样式文件），以及在 DPP 或相机中加载预设文件，可详见第 14 章。由于本书无法涉及每一款相机的预设调整，这里就不展开细讲了。

2.2　显示器校准

如果我们在对图像进行后期处理时，显示器没有真实再现图像的色彩，那么我们所做的一切调整都将失去标准。所以对于任何价位或品牌的显示器而言，周期性的显示器校准都是非常必要的。

显示器的色彩可以通过显示器上的按键或显卡控制软件等方法进行调整，但这些方法只能以肉眼判定色彩准确与否，缺乏客观的标准，因此色彩的准确性受到一定的限制。即使是有经验的用户凭借肉眼和经验进行精心调整，也很难让显示器达到令人完全满意的显示效果。想彻底解决这个问题，最好选择使用专门的显示器校色仪，这种仪器能校准显示器的亮度、色温及灰度系数，让显示屏保持标准状态。图2-9（左）是德塔（datacolor）的SpyderX显示器校色仪。

校色仪用起来很简单，把连在计算机上的色度计放在显示器上【图2-9（右）】，校色软件在显示器上会显示出标准的RGB数值图像，同时读取显示器的实际光亮度及色彩响应值。校色软件会比较显示器的色差实际响应与标准值之间的差异并做出自动修正。修正后会产生一个显示器色彩配置文件并存在系统内。以后计算机每次启动时，会自动加载此配置文件，这样显示器便能依据此配置文件正确地显示色彩了。

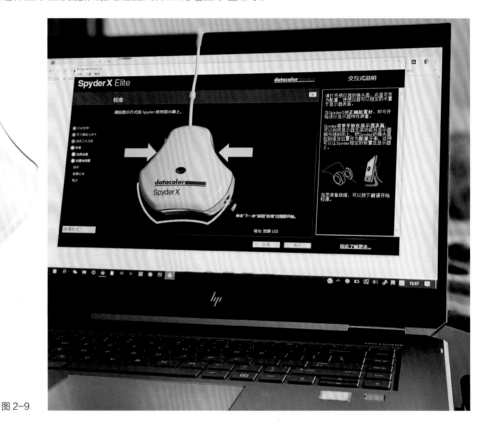

图2-9

技巧提示

亮度： 亮度的不同可以让人眼感觉出色彩的差异，显示器亮度太高会令我们不知不觉地把照片调暗，而显示器太暗也会让我们把照片调得过亮，这些都会影响显示的效果。因为人眼会根据环境适应光线，所以不论你的显示器过亮或者过暗，你自己都不会察觉。因此，一般情况下，显示器的亮度最好调整至中间值左右，以此为标准让眼睛产生适应性，且不会伤害到眼睛。

色温： 色温实际上是人眼在不同波段光波下所感受的颜色变化，色温高低会直接影响显示器的显示感受。当两台显示器色温不一样时，其色彩差异会相当大。

灰度系数（Gamma值）： 简单来说，灰度系数是显卡输送到显示器的亮度值与显示器实际响应的亮度值的比值。当两台显示器的灰度系数不同时，反差对比及立体感会令我们觉得图像之间存在很大的色差。

2.3 认识后期常用软件

2.3.1 Adobe Bridge

Adobe Bridge(以下简称 Bridge)是 Adobe 公司的一款文件浏览器,它主要服务于设计师、摄影师等 Adobe 软件的使用人群,不仅可以用来浏览、管理 RAW 格式的照片、视频以及 PSD、INDD、AI 等多种格式的文件,而且与 Adobe 多款软件直接关联,方便使用时直接跳转。

对于摄影师和摄影爱好者来说,Bridge 主要用于浏览、搜索、筛选、移动、批量处理照片,查看照片的拍摄参数信息,为照片添加版权信息和关键字等。Bridge 通常会在安装 Photoshop 时被同时安装,建议使用最新版本。图 2–10 为 Bridge 10 的工作界面。

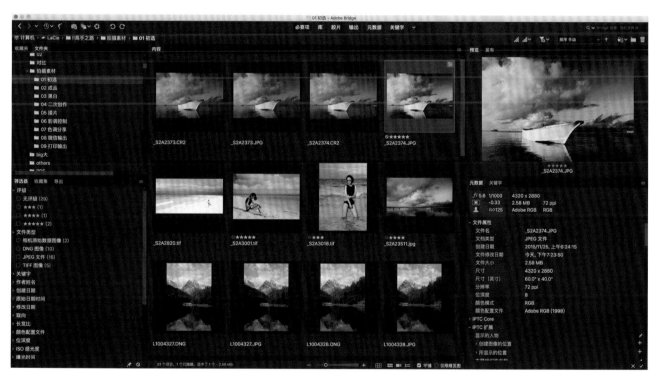

图 2-10

2.3.2 Adobe Photoshop

Adobe Photoshop(以下简称 Photoshop)可谓是世界著名的修图软件,其强大的图像处理能力不仅让它成为摄影师必备软件,也吸引了众多的设计师、视频摄像师、3D 艺术家等使用。Photoshop 能够实现纠正曝光、调整颜色、裁剪照片等数字照片后期基本操作,还具备强大的图像合成功能,能够帮助我们制作出极富创意的影像。图 2–12 为 Photoshop 2020 版的工作界面。

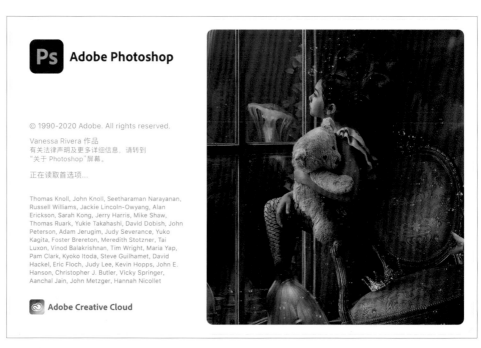

图 2-11

截至本书完稿时，Photoshop 最新发布的版本是 2020 版（图 2-11 为该版本 Photoshop 的加载界面），建议使用 Photoshop CC 及以上版本，以便实现本书中所介绍的功能（图 2-12）。

图 2-12

Photoshop 同时也提供了 iPad 版，虽然目前只有部分功能被移植，还有很多功能无法在 iPad 上使用，但其发展前景是非常好的。图 2-13 为 iPad 版本的 Photoshop 界面。

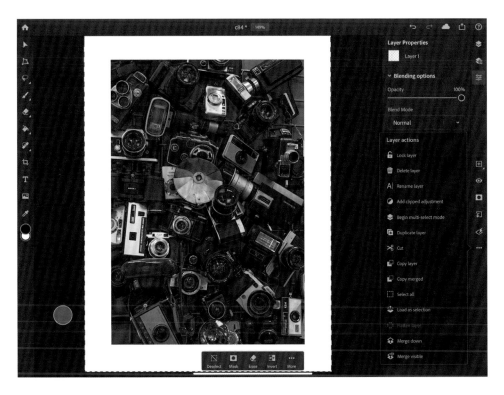

图 2-13

2.3.3　Adobe Camera Raw

　　Adobe Camera Raw（以下简称 Camera Raw）是 Photoshop 和 Bridge 中都会用到的一款非常重要的插件，因为 2003 年前的 Photoshop 软件是无法打开 RAW 格式文件的，摄影师只能使用各个相机厂商自己开发的解读 RAW 格式文件的软件。配合 Photoshop 使用时，软件间的转化严重影响工作效率，使用起来很不方便。

　　Adobe 公司推出的 Camera Raw 插件最初只是为了能够把 RAW 格式文件顺利导入 Photoshop，但随着版本的不断更新，它的功能愈加强大，不仅可以解读市面上绝大多数相机品牌的 RAW 格式文件，还能完成 70% 以上的图像后期处理操作（少量需要合成和对精细操作的处理仍需要在 Photoshop 中完成）。而且 Camera Raw 对于照片的处理都是无损编辑，即对 RAW 格式文件没有任何破坏。

　　本书涉及的操作需要将 Camera Raw 更新至 12.0 及以上版本。由于数码相机厂商不断推出新的机型，Camera Raw 也会不断更新版本，以能够解析新机型的 RAW 格式文件，所以 Camera Raw 的更新频率要比 Photoshop 频繁很多。如果你的照片在 Bridge 或 Photoshop 中无法打开，很有可能是因为使用了最新的机型，这时就需要更新 Camera Raw 的版本。图 2-14 为 Camera Raw 12.0 版本的工作界面。

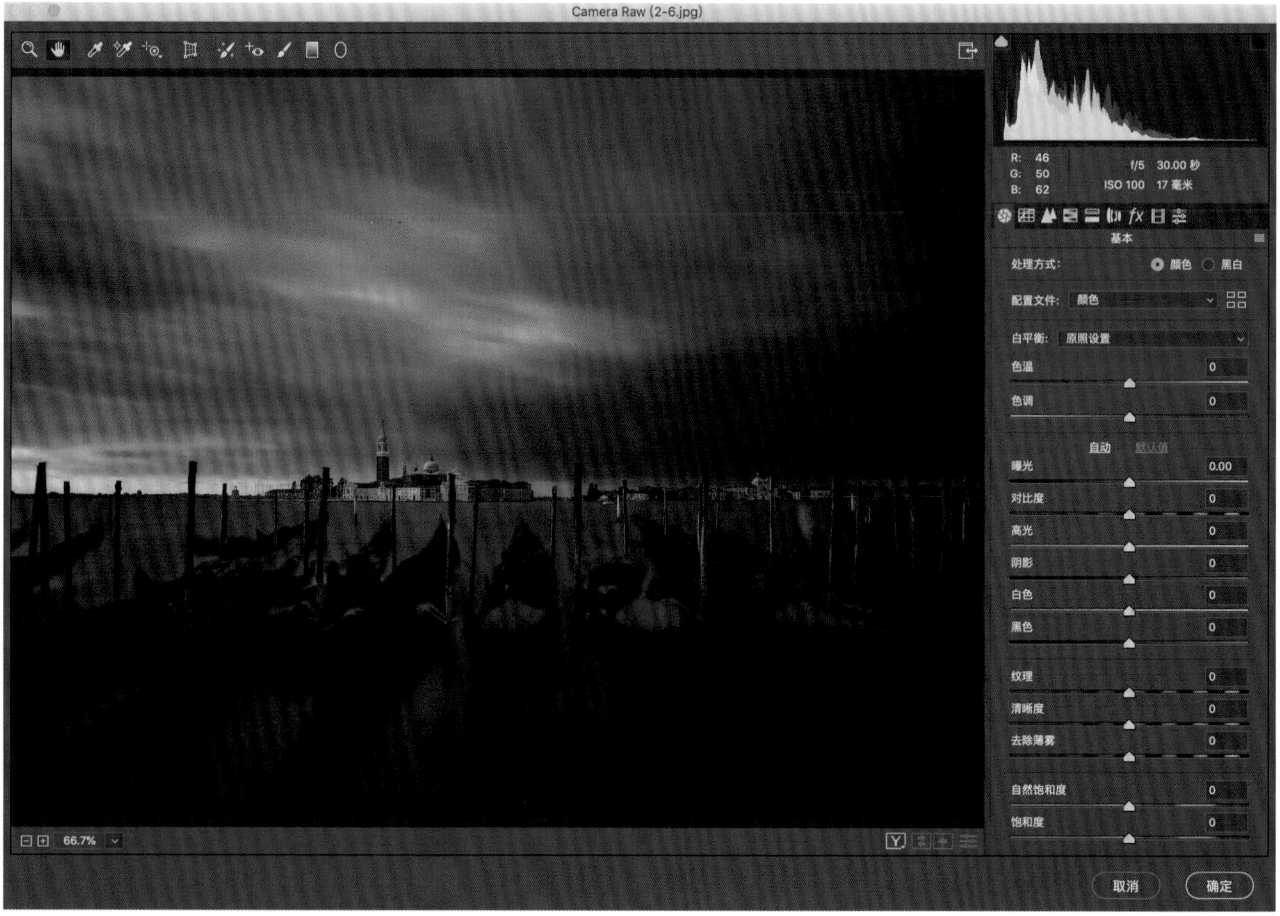

图 2-14

034

2.3.4 Adobe Photoshop Lightroom

　　Adobe Photoshop Lightroom（以下简称 Lightroom）是一款集照片管理、编辑等多用途的软件。从名称可以看出，Lightroom 也是 Photoshop 大家族中的一员。因为 Photoshop 作为图像处理软件过于庞大，很多摄影师尤其是商业摄影师，以及图片报道记者，要求图像处理起来更快、功能更集中，所以 Adobe 公司提供了专门针对特定摄影师群体的 Lightroom，它的开发理念和工作流程更加适合特定摄影师对图片编辑处理的要求。图 2-15 和图 2-16 为 Photoshop Lightroom Classic 的加载界面和工作界面。

　　必须强调的是，Lightroom 并不能取代 Photoshop，它只是在 Camera Raw 的模块基础上，增加了一些图像组织和输出分享等管理模块，使其更符合简捷的图像工作流程。从功能上来看，图像处理不可离开 Photoshop，而大部分 Camera Raw 的模块和 Lightroom 完全一样，所以本书不单独讲解 Lightroom，只是在结束的部分提供了 Camera Raw 和 Lightroom 的模块对比。学会本书的内容，Lightroom 自然也就学会了。

　　截至本书完稿时，Lightroom 发布的最新版本是 Lightroom 经典版（版本 3.0）（图 2-15）和 Lightroom 移动版（版本 5.0）（图 2-16）。请注意分辨两款软件的图标，经典版和移动版

不再以方角和圆角以示区别，而是统一更换为圆角图标，二者以 logo 内字母缩写区分。移动
版的界面及操作习惯都有调整和改变，用户可根据喜好自由选择。

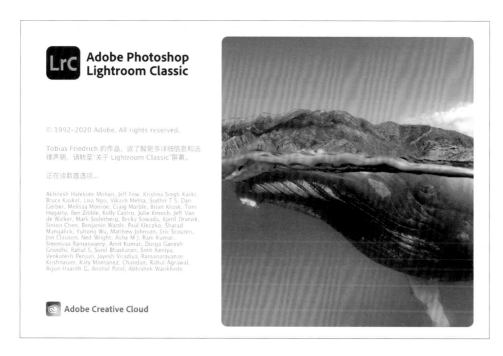

图 2-15

正在读取首选项...

Abhijit Apte, Kent Carlson, Simon Chen, Perry Clarke, Jon Clauson, Michael Cragg, Kjetil Drarvik, Jaideep Jeyakar, Julie Kmoch, Brian Kruse, Ankur Murarka, Hari Panicker, Gavin Peacock, Sudhir T S, Bao Tran, Priya Verma, Yuhong Wu, Ben Zibble, Mike Abbott, Sneha Agarwal, Kelly Castro, Rikk Flohr, Dan Gerber, LaDonna Hoopman, William Lee, Harrison Liu, Craig Marble, Sandeep Mondal, Hema Nagireddi, Alex Seabold, Bruce Showalter, Mark Soderberg, Becky Sowada, Jeff Van de Walker, Shrutika Maheshwari, Ashutosh Nigam, Vartika Paul, Irina Satanovskaya, Spoorthi K S, Ben Olsem, Ned Wright, Katy Montanez, Donna Powell, Sharad Mangalick, Benjamin Warde, Tom Hogarty, Barry Young

Adobe Creative Cloud

图 2-16

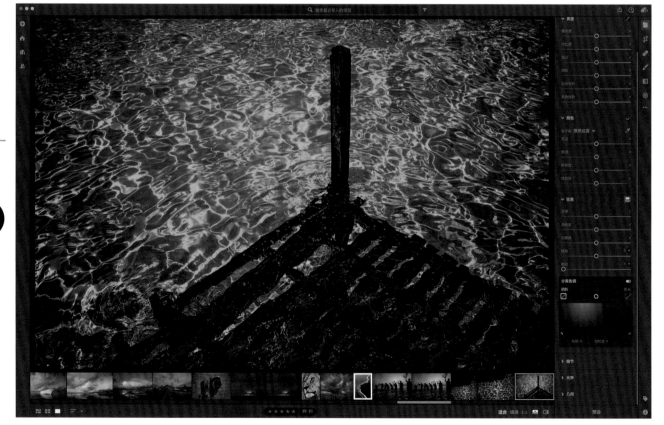

2.3.5 Adobe Photoshop Elements

Adobe Photoshop Elements（以下简称 Photoshop Elements）是 Adobe 公司是继 Photoshop 之后全新推出的具有图像编辑、照片修饰，可提供 Web 图形解决方案等功能的软件。它界面友好，易于使用，功能强大，具有简单而快捷的操作方式、直观的效果预览、图像智能处理的集成等全新特性。这款软件专为业余摄影师、摄影爱好者和商务用户设计，用户无须掌握太多的专业知识，就可以轻松地对照片进行修饰加工，还可以编辑成精美的图片，通过电子邮件发送给亲朋好友，并能够将图片发布到网上，供更多的朋友欣赏。

Photoshop Elements 可以说是 Photoshop 的基础版，最新的版本是 2020 版（图 2-17）。值得一提的是，2020 版里加入了给老旧黑白照片自动上色的功能，喜欢的用户可以试验一下。

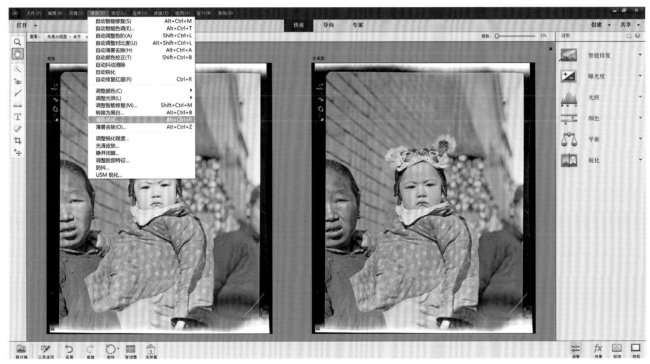

图 2-17

技巧提示

细心的读者会发现 2020 版本的 Photoshop 图标已由方角图标变为圆角图标，这代表着 Photoshop 已开发了移动版应用。从方角转变为圆角这个小小的变化，意味着在新时代开启、互联网技术愈发发达的当下，

Adobe 各系列产品会越来越多地渗透到丰富的跨平台的互联网应用中，而不只是存在于专业设计师的计算机桌面上。

CHAPTER 3

图 片 管 理

　　如何对拍摄后的图片进行管理一直以来是一个被忽略的问题。在数码摄影时代，每一次的拍摄往往都会产生成百上千张照片，一年下来，即使爱好者也会积攒下成千上万张照片，职业摄影师的产出量更是不计其数。本章为个人作品的管理提供了可行的解决方案，并且为参与摄影赛事的读者提出了需重点关注的事项。

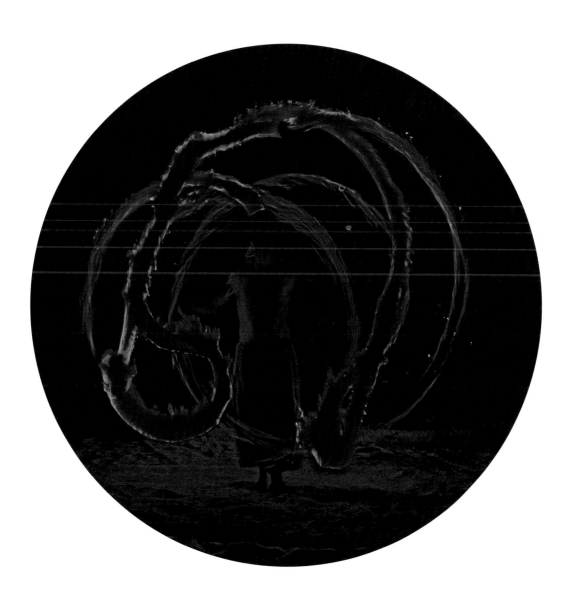

3.1　Bridge 界面简介

　　打开 Bridge，会看到一个由不同模块组成的完整工作区，工作区里不同的模块被称为面板（图 3-1）。Bridge 的特点之一是可以自定义工作区的布局方式（界面上方）。系统默认的标准工作区有 6 个："必要项""库""胶片""输出""元数据""关键字"（图 3-2）。单击右侧下拉箭头，可看到其余工作区。不同的布局对应不同的功能面板组合，例如"必要项"布局方式（图 3-3），会在界面右侧的面板中显示当前选定照片的"文件属性"和"元数据"等；而"胶片"布局方式（图 3-4），会将照片的预览放在界面的显著位置。

图 3-1

图 3-2

图 3-3

图 3-4

图 3-5

每个人可以根据自己的使用习惯去选择工作区中面板的布局方式，根据我的经验，工作区界面上至少要出现以下面板。

"文件夹"面板（图 3-5），可以看到照片所在文件夹的目录路径。

"筛选器"面板（图 3-6），可以通过"标签""评级""文件类型""关键字"等对照片进行筛选。

"内容"面板（图 3-7），用于浏览照片缩览图。拖动"内容"面板右下方的滑块，可以对缩览图进行放大或缩小，便于用户自定义缩览图的尺寸。

图 3-6

图 3-7

技巧提示

每一种工作区的布局方式都支持用户按上下左右 4 个方向拖曳面板的边框来改变面板的大小。在图 3-8 中，向左拖动"元数据"面板的边框，能使"元数据"面板显示更完整的信息。还可以通过拖曳面板本身来改变其出现的位置，例如将图 3-8 中"关键字"面板拖曳至"元数据"面板下方，使得两个面板的信息可以同时在 Bridge 界面中显示（图 3-9），以便用户更方便地查看。

图 3-8

图 3-9

3.2 原始文件的保管和命名方式

通常情况下，我们拍摄完一个主题，首要的步骤就是把相机存储卡里的照片复制到计算机不同的文件夹中进行保存。下面我们来学习如何认识照片，如何对照片进行更好的管理。

3.2.1 什么是原始文件

在经济水平日益提高、摄影器材和信息技术不断发展、文化氛围长期浸润的情况下，摄影的门槛逐渐变低，摄影群体的整体摄影水准有了较高的提升，摄影真正地开启了全民参与模式。在当下火热的摄影氛围里，专业的摄影师和摄影爱好者们也越来越多地将自己的作品通过网络平台分享发布，并参与国内外和地方举办的各种摄影比赛。与此同时，也会产生诸如照片版权的归属、如何合规地参加摄影比赛等需要摄影人士去重新审视和重视的相关问题。

近年频繁出现的一个专业词汇叫原始文件。什么是原始文件？

1. 摄影师个人拍摄，非从他人或网络渠道获取的照片，摄影师对这种照片拥有版权。

2. 摄影师用相机拍摄完照片后，直接从相机存储卡中获取到的 RAW 格式、JPEG 格式或 TIFF 格式的照片。过程中没有经过任何后期处理软件（如 Photoshop 或 Camera Raw）的处理，包括修改与保存。

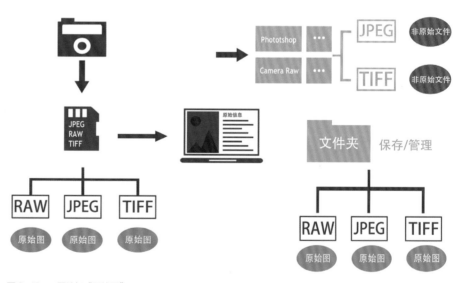

图 3-10　一图认知"原始图"

提示

第 26 届全国摄影艺术展对纪实类摄影作品的鉴定方法之一是"3 个"文件同时比对，即参展作品的电子文件、纸质照片、原始图三合一互相验证比对，以甄别鉴定作品的完整性和一致性。

因摄影领域里所说的原始文件基本都是图片格式，我们经常也称之为原始图。

在倡导真实感和严谨态度的纪实类摄影门类下，摄影师明确原始文件尤为重要。图3-10清楚地说明了原始文件的界定方法：相机存储卡中存储的RAW格式、JPEG格式、TIFF格式的图片都是原始图；将存储卡中的这些图片复制到计算机中，存放在文件夹里，依然也是原始。在这里需要注意的是，如果摄影师通过后期处理软件（例如Photoshop或Camera Raw）打开原始文件，打开文件的同时，软件便已经根据相机配置文件对当前图片进行了"后台"的加工和优化，此时哪怕只是将图片转换格式和另行保存，之后的文件也不能称之为原始文件了。

除此之外，摄影师们为了"优化"图片而进行的抹去一些多余的元素，移动图片里的某个对象到一个更合适的位置等，这些数字时代的"举手之劳"是摄影人士为了追求画面完美而做的一些锦上添花的操作，也是一种二次创作。但恰恰就是这些"无意的违规"，却触碰了纪实类摄影需要遵循的最基本的原则——真实性。

3.2.2　文件夹命名的方式

在数码摄影时代，每一次的拍摄往往都会产生成百上千张的照片，一年下来，即使是摄影爱好者也会积攒下成千上万张照片，职业摄影师的产出量更是不计其数。如何合理命名文件夹以便于查找？我推荐以日期8位数字的方式命名：年（4位）-月（2位）-日（2位）。

例如，管理2020年1月29日拍摄的照片，就可以把文件夹命名为"2020-01-29"，这样在按文件名排序的时候，就可以保证1月照片的文件夹不会排在上一年12月照片的文件夹后面。

3.2.3　文件夹分级管理

摄影师们通常会将全部精力聚焦于如何拍出好的作品，实际上对于日常积累的众多的作品进行规划和管理也是很重要的工作。

我推荐按照这样的思路，即项目 > 选出 > 成品 > 作品来梳理拍摄的照片，并推荐两级4个文件夹的结构来管理图片库。以某一次水长城采风拍摄的200多张照片为例，第一步，将第一级定为项目主题文件夹，名称可取为"2020-01-29水长城采风"，将本次拍摄的照片都复制到其中；第二步，对这些照片打星标并进行筛选，筛选后的照片移至第二级文件夹"选出"；第三步，对照片进行后期的调整，然后放在另一个二级文件夹"成品"中；第四步，对其中的优秀作品，我们建立一个"作品"文件夹进行存放（图3-11）。

图3-11　项目文件夹图示

当前的不少摄影展会设立"长期关注单元"这样的特别项目，比如有的摄影师长期关注某一题材，时间跨度在几年以上，可以用一组或几组照片来讲述某一主题的影像故事。这样的单元类别就对拍摄的时间跨度和作品数量都有一定的要求，那么摄影师"管理"好自己的摄影作品的能力也就显得很重要。

如果在日常拍摄中疏于去做图片管理，那么在调取原始图的过程中，有些摄影师会把欲参展文件的原始图和连拍系列中的其他原始图搞混。尽管这其中的差别非常细微，却逃不过鉴定专家的眼睛。摄影师无法提供准确的原始图，就有可能因为原始图不合格而丧失了参展的入围资格，这特别令人惋惜。所以我建议大家一定要做好图片的管理工作。

技巧提示

还可以将一个文件夹命名为"日历"，并把它放在桌面。如果你平时拍了不少照片，可以每个月从当月众多5星级的照片中挑1张出来，一年挑出12张。无论拍了多少张5星级的照片，每个月就挑出1张，一年凑出12张，把它们印成台历送给亲友，这是很有意义的。读者可以尝试一下。

3.3　Bridge 浏览照片的方式

用 Bridge 浏览照片的好处之一是可以方便地实现全屏浏览。在"内容"面板中选择一张缩略图（图 3-12），按键盘上的空格键，图片就会全屏显示（图 3-13）。若要查看下一张，只需按下键盘上的向右方向键→即可；同理，回看前一张，按下向左方向键←即可。

图 3-12

在全屏浏览时，遇到喜欢的照片，想放大看一下其中的细节，只需要用鼠标左键单击照片的任意位置（或者按键盘上的 + 号键 ⟨Q），照片就会放大到 100%（图 3-14）；再次单击鼠标左键（或者按键盘上的 - 号键 ⟨Q），照片就会恢复全屏显示。

如果我们在"内容"面板看到多张照片的缩略图很相似，想比较一下，从中进行筛选，可以同时选择这几张照片（图 3-15），然后按下快捷键 command+B（Windows 操作系统：Ctrl+B）进入遴选模式（图 3-16）。

图 3-13

图 3-14

图 3-15

图 3-16

　　在遴选模式下想放大照片看局部细节，如图 3-16 把指针移动到照片上，单击鼠标左键，指针所在位置将被放大至 100% 显示（图 3-17）。

图 3-17

需要注意的是,进入遴选模式的几张照片中,有一张的文件名是高亮显示的,表示这张照片目前是被选择的(图 3-18),使用键盘上的向左方向键或者向右方向键可以切换选择的照片。如果此时不需要这张照片,直接按下键盘上的向下方向键↓,这张照片就被剔除掉了(图 3-19)。在剩下的照片中再以同样的方式进行挑选,直到只剩下最后一张照片为止。遴选模式非常实用,尤其是在组图拍摄的状态下,有助于从众多照片中筛选出最佳照片。

图 3-18

图 3-19

3.4 筛选照片（评级和标签）

有时候我们往往在一个主题中拍摄了众多照片，需要反复比较才能挑出真正需要的好照片，所以我们需要对照片进行筛选。

在"内容"面板中，我们使用键盘上的左右方向键切换不同的照片，同时可使用 command+ 数字（Windows 操作系统：Ctrl+ 数字）快捷键对当前照片进行星标评级。比如按 command+1，照片被标记为 1 颗星（图 3-20），command+2 被标记为 2 颗星，以此类推，一张照片最多可被标记 为 5 颗星。

command+1　1 颗星
command+2　2 颗星
command+3　3 颗星
command+4　4 颗星
command+5　5 颗星

图 3-20

图 3-21

如果是在全屏显示模式，可以直接按数字键，为照片添加星标。在图 3-21 中，我们直接按下键盘上的数字 5，就可以看到画面左下角显示照片被标记了 5 颗星。

评级的好处是帮助你在庞大的素材库里，能够以最快的速度找到相关照片。比如只想看 5 星级的照片，在"筛选器"面板的评级中勾选 5 星，"内容"面板里就只显示 5 星级的照片，其他的照片就都被"筛选"隐藏了（图 3-22）。

除星标外，我们还可以对照片添加不同的颜色标签。command 与数字键 6~9 配合，可以依次将照片标记为红色、黄色、绿色、蓝色。

command + 6 选择（红色）

command + 7 第二（黄色）

command + 8 已批准（绿色）

command + 9 审阅（蓝色）

图 3-22

如图3-23，我们选择照片后使用快捷键command+9，蓝色标记就会出现在照片下方。标签的作用在于对照片进行系列化整理和筛选。比如在延时摄影或接片时，需要用到多张素材照片组成一个系列，这时候就可以用不同颜色的标签来标注，以便后期操作时筛选与评级的星标有所区别。

当你有一组内容相似的照片，并且它们占据了"内容"面板很大的面积时，我们可利用快捷键command+G（Windows操作系统：Ctrl+G）将照片归组为堆栈，令图片管理更加高效。在图3-24中，我们将用于接片的6张素材全部选择，按下快捷键command+G（Windows操作系统：Ctrl+G），全部6张照片被堆叠一起，只显示这组照片的第一张作为封面，并在左上角显示数字角标6，表示这是由6张照片组成的堆栈（图3-25、图3-26）。如果想查看堆栈内的照片，只需单击数字角标，堆栈即被展开。如果想解除堆栈，在菜单栏中选择"堆栈">"取消堆栈组"即可。

图 3-23

技巧提示

一次出行，可能会因为各种情况按下快门。我们可以先定一个筛选的标准，符合这个标准的标为3星，特别出众的标为4星，以这两个档对所有照片进行评级。然后对标为4星的照片进行如下的二次筛选。

把4星中非常震撼的、后期要进行精致处理的照片标为5星，这是将来的作品系列。

把和别人相关的旅游纪念照等通通标为2星，将来方便整体打包分享出去。

把和自己相关的照片通通标为1星。

相信我，这样的管理技巧非常有效。

图 3-24

图 3-25

图 3-26

　　除了"评级"和"标签"外，"筛选器"中的筛选方式还有很多种：如按"文件类型"进行筛选，我们可以只看当前文件夹中的 RAW 格式文件（"相机原始数据图像"）（图 3-27）；按"取向"进行筛选，我们可以快速地看到文件夹内所有"方形"画幅的作品（图 3-28）；如按"镜头"进行筛选，我们可以只看"12-24mm F4 DG HSM"镜头拍摄的照片（图 3-29）。在此不一一列举了。

图 3-27

054

图 3-28

图 3-29

技巧提示

RAW 格式文件的全称是 RAW Image Format，RAW 的原意就是"未经加工的"。我们可以这样理解：RAW 格式的图像就是 CMOS 或者 CCD 图像感应器将捕捉到的光源信号转化为数字信号的原始数据。RAW 格式文件记录了数码相机传感器的原始信息，同时也记录了由相机拍摄所产生的一些元数据。虽然 RAW 格式文件附有饱和度、对比度等标记信息，但是在编辑修改的过程中，其真实的图像数据并没有改变。用户可以自由地对某一张图片进行个性化的调整，而不必只基于一两种预先设定好的模式。

CHAPTER 4

后期流程——
典型工作流

在摄影图像的修正处理工作中，有很大一部分常规处理都可以在 Camera Raw 中完成，更复杂的创意或者细节调整则需要进入 Photoshop 中处理。可以说，如果只是简单的镜头校正、二次构图、局部调整、色调处理、锐化降噪、输出储存等工作，甚至可以在不打开 Photoshop 的情况下，只是通过 Camera Raw 就可以完成；而 Photoshop 的优势在于抠图、合成、图层、通道、滤镜等方面的精细化复杂处理。

本章我们将介绍在摄影后期流程当中，如何尽可能通过 Camera Raw 进行图像的全过程调整。

4.1 软件预设工作

我们已知 Camera Raw 和 Photoshop 是我们要重点使用的后期处理软件，但在正式进入图像处理流程前，我们还需要对这两个软件进行一些预设，以保证我们所做的工作处在一个正确的环境下。

4.1.1 Camera Raw 素材解释

素材解释主要是针对数字底片文件，即 RAW 格式文件。前面我们已经介绍过 RAW 格式文件的特性和重要性。在 Camera Raw 里打开一张 RAW 格式文件时，需要对其进行解释，才可以在 Photoshop 里正确打开。

在默认环境下，Camera Raw 打开一张 RAW 格式文件时，并没有按最高质量对图像进行解释，默认参数如图 4-1。

图 4-1

可以看到，此时的默认解释参数色彩空间为 Adobe RGB（1998），图像位深度是 8 位。这样解释的图片，在网络上传播并没有什么大问题，但如果图像最终要进行精细化处理，甚至输出时，则会有所损失，因为这样解释并没有把 RAW 格式文件作为数字底片的信息最大化地"压榨"出来。

正确的做法是单击这一排信息，在弹出的工作流程选项对话框里，将色彩空间从"Adobe RGB（1998）"改为 ProPhoto RGB，并将色彩深度从 8 位 / 通道，改为 16 位 / 通道（图 4-2）。

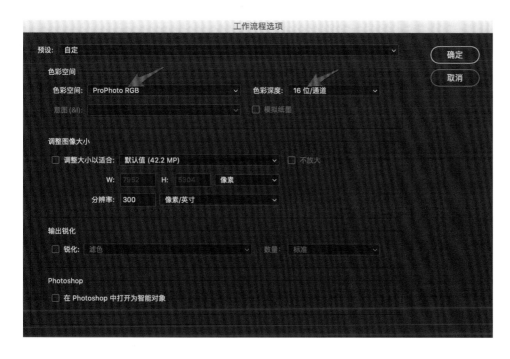

图 4-2

关于色彩空间，我们前文（第 2 章 2.1.2 小节）已经有所描述，ProPhoto RGB 是色域最广的色彩空间，这样解释的素材，可以保证将来在任何介质上处理图像，都有最大的色彩范围向下兼容。

而 16 位 / 通道的图像比 8 位 / 通道的图像拥有更大的色彩过渡空间，可以更好地抑制数码图像最容易出现的渐变"断层"现象。

注意：这里只需要修改这一次，以后每次在 Camera Raw 里选择"打开图像"时，Camera Raw 都会以这个设置解释素材，并将其在 Photoshop 里打开（图 4-3）。

图 4-3

4.1.2　Photoshop 预设修改

图像被正确解释后，在 Photoshop 里打开，我们可以在图像的标签位检查并再次确认图像是否处于 16 位 / 通道状态下（图 4-4 左侧箭头所示）。

此时的 Photoshop 工具界面，呈现默认的 "基本功能" 状态。众所周知，Photoshop 是个大而全的图像处理软件，可以面向图像处理的全行业提供服务。但目前，我们只需要 Photoshop 单纯为摄影来服务，所以有些摄影不需要的面板就可以隐藏起来，同时，摄影常用的面板则应该呈现出来。

因此，在 Photoshop 里的**第一步调整**，就是将工具区由 "基本功能" 状态切换至 **"摄影"** 状态（图 4-4 右侧箭头所示）。

图 4-4

第二步，调整 Photoshop 的性能参数。

打开首选项里的性能面板，位置如图 4-5 所示。

这里，我们重点调整 "历史记录状态" 的参数，默认参数为 50。这个默认数值已经存在几十年了，当时的计算机硬件性能远不如现在，硬盘还是机械式的，内存可能只有 256MB。而现今，我们的硬件设备早已更新换代，硬盘都是固态化的，内存至少都有几个 GB 甚至更大。所以，放心大胆地在 50 后面加个 0 吧，把 "历史记录状态" 改为 500（图 4-6）甚至改为最大值 1000 都是可以的。

这样做是因为在正常图像处理过程中，经常会使用到画笔、减淡、加深等工具。使用这些工具的过程非常类似于绘画的过程，需要反复大量地描绘细节，较短的时间里，几百笔就画满了，如果需要历史记录回溯之前的效果对比，50 步的记录状态肯定是不够用的。

第三步，关掉闹人的动画提示。在 "首选项" 面板里，切换至 "工具" 选项，去掉对 "显示丰富的工具提示" 的勾选（图 4-7）。

默认情况下，Photoshop 会视用户为初学者，所以每次当指针停留在工具上时，都会弹出

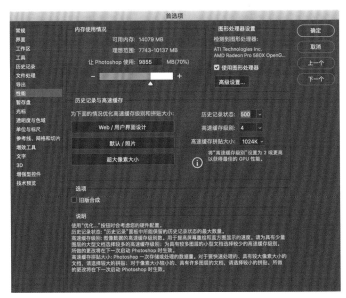

图 4-5　　　　　　　　　　　　　　　　　　　　　　图 4-6

一个动画短片，来演示这个工具如何使用。当熟悉了 Photoshop 之后，这就变得非常"闹人"，如果想尽早脱离初学者的苦海，那就把这个"显示丰富的工具提示"关掉吧。

　　第四步，将默认文件输出模式定为 JPG。在菜单栏找到"文件" > "导出" > "快速导出为 PNG"（图 4-8）。

　　默认情况下，Photoshop 的快速输出格式为 PNG。这个格式由于支持网络并且带有透明通道，最近几年大有取代 JPG 格式的趋势。但 JPG 格式地位稳定，和当下多种设备介质兼容性好，为大家所熟知，所以，我们还是将默认的 PNG 格式改为我们常用的 JPG 格式会更方便。

图 4-7

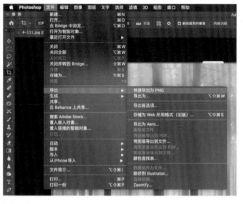

图 4-8

图 4-9

JPG 是一种图片压缩格式，每次在输出前都会要求你输入压缩比率和色彩空间。如果我们能提前设置好常用的模版，就可以快速输出，而不用每次都询问了。如图 4-9 所示，在"首选项"面板里切换至"导出"。在弹出的对话面板里，将"快速导出格式"改为"JPG"，将"品质"改为"80"，这个设置足够平常在网上使用了，而且质量还很好。最重要的是，为了避免色彩在显示器上显示和手机上显示不统一，一定要勾选"转换为 sRGB"。其他一些关于存储位置的选项，则可以根据自己的喜好而做出修改。修改后的面板请参考图 4-9。

这样，你的快速输出格式就改为常用的 JPG 格式了（图 4-10）。

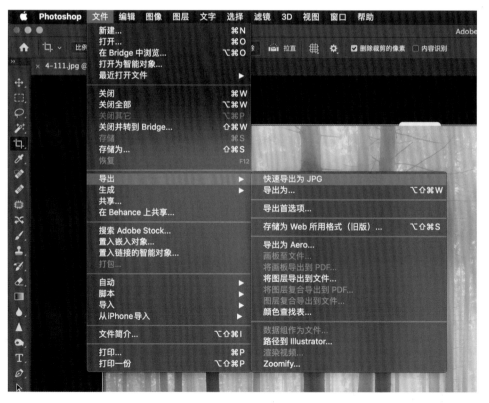

图 4-10

现在，你已经有一个正确且清静的工作环境了，让我们重新回到 Camera Raw 里，开始学习图像的基本调整思路。

4.2 画面校正

在拍摄的过程中,由于镜头的种类和特性不同,画面有可能会产生畸变、色差等光学现象。在图像的后期处理流程里,我们可以将这些不同类型的缺陷做校正处理。但并不是所有由数码相机拍摄的图像都会存在这种情况,所以,此部分的内容是必要检查项而非必须操作项。如果图像未出现需要校正的情况,可以跳过此部分直接阅读下一节。常见的校正在 Camera Raw "镜头校正"选项卡中可对图像明显的扭曲和色差进行校正,在"相机校准"选项卡中可对相机配置文件及图像的色彩色调进行管理。下面我们来分别介绍与镜头校正和相机校准相关的操作。

4.2.1 校正镜头配置文件

Adobe 公司提供的镜头配置文件包含了绝大多数镜头厂商的镜头型号。一款镜头的配置文件包含了镜头的成像表现数据,它是由镜头厂商和 Adobe 工程师根据这款镜头不同光圈、不同焦距的大量实拍样图得到的结果。Camera Raw(以及 Lightroom)以此为依据对该镜头产生的畸变和暗角现象进行校正。

以图4-11为例,这张照片使用佳能 RF 24-105mmF4 L IS USM 镜头的24mm广角端拍摄,导致画面中的建筑向外凸出,形成明显的桶形畸变,画面四周偶尔也会产生暗角。使用镜头配置文件进行校正时,可采用如下操作步骤。

图 4-11

注意：镜头校正的变化非常微妙，而且大部分情况下，只有广角镜头的校正才会显得明显。这一步操作不是必要操作，请根据图像的具体情况而施加。本例中，请仔细观察图像左右两侧边缘，即可看到校正的痕迹。

图 4-12

步骤 1

在 Camera Raw 中打开照片，进入"镜头校正"选项卡的"配置文件"子选项（图 4-12），勾选"启用配置文件校正"复选框。Camera Raw 会根据照片的 Exif 数据，马上侦测出这张照片是使用佳能 RF 24-105mm F4 L IS USM 镜头的 24 mm 广角端拍摄的，并自动根据配置文件对画面进行补偿，校正镜头产生的畸变和暗角，调整后效果如图 4-13。

图 4-13

步骤 2

可以将"晕影"滑块向右拖动，减少因为镜头像场不足造成的四周暗角。也有部分摄影师喜欢用暗角突出画面中的主体，将"晕影"滑块向左拖动到 0，即可在校正镜头畸变的同时，仍然保留暗角的效果（图 4-14）。

图 4-14

在镜头校正的配置文件选项中，系统默认按配置文件校正量的 100% 对画面的畸变和暗角进行校正，所以一旦勾选了"启用配置文件校正"复选框，"校正量"选项下的"扭曲度"和"晕影"的参数默认值都为 100。对画面畸变进行校正时，默认值为 100 将应用配置文件中的 100% 扭曲校正，大于 100 的值将应用更大的扭曲校正，小于 100 的值将应用更小的扭曲校正。对画面中的暗角进行校正时，默认值为 100 将应用配置文件中的 100% 晕影校正，大于 100 的值将应用更大的晕影校正，小于 100 值将应用更小的晕影校正。当值为 0 时，意味着无任何校正效果。

技巧提示

桶形畸变可导致直线向外弯曲，枕形畸变可导致直线向内弯曲，（图 4-15）晕影可导致图像边缘（尤其是角落）比图像中心暗。

| 正常物体 | 桶形畸变 | 枕形畸变 |

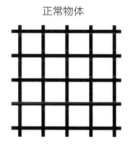 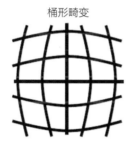 

图 4-15

在后期操作中，如果 Camera Raw 无法自动识别镜头配置文件，则需要手动选择镜头的制造商、机型和配置文件。图 4-16 是使用鱼眼镜头航拍的风景，画面中地平线已经变为弧线。当然，鱼眼镜头拍摄的画面也别具特色，但本例只探讨校正的问题，这时可采用如下操作方法和步骤对画面进行校正。

图 4-16

步骤 1

在 Camera Raw 中打开照片，进入"镜头校正"选项卡的"配置文件"子选项，勾选"启用配置文件校正"复选框，但画面没有发生任何变化。此时 Camera Raw 界面右下角提示"无法自动找到匹配的镜头配置文件"（图 4-17）。

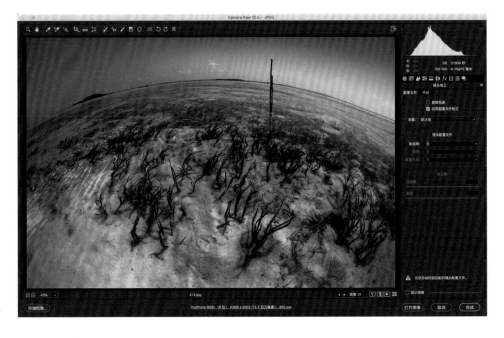

图 4-17

步骤 2

手动选择镜头的型号。在镜头配置文件下，"制造商"选择"Canon"，"机型"选择拍摄时所用的鱼眼镜头"Canon EF 15mm f/2.8"，配置文件选择"Canon EOS 5D Mark II"（图 4-18）。立即得到了理想的画面校正效果（图 4-19）。

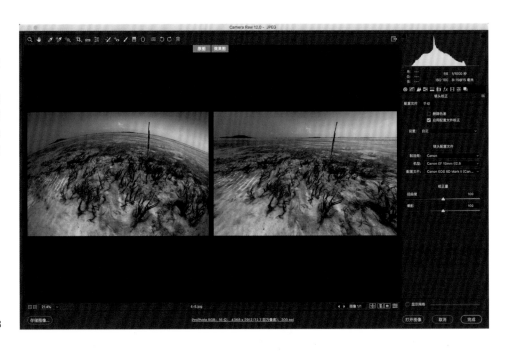

图 4-18

技巧提示

上面这个案例只是演示了镜头校正的功能。一般情况下我们并不鼓励对鱼眼镜头拍摄的照片进行拉直的校正，每种镜头有其特定的镜头语言，极度夸张就是广角鱼眼镜头的特质，选择适合的镜头表现相应的题材也是摄影师能力的表现。

图 4-19

4.2.2 去除色差

在镜头校正面板中，校正色差是非常重要的一步。色差是由于镜头无法将不同颜色的光线聚焦到同一点而造成的。有一种色差导致每种光线颜色的图像均在焦点上，但各图像的大小略有不同；还有一种色差造成的色彩不自然感影响到物体的镜面高光（如光线从水面或光洁的金属上反射时产生的镜面高光）的边缘，这些高光区域的轮廓线上会出现紫色或绿色的色相。由于光在镜头上折射时会出现一些色差，尤其是在大光比的画面中，所以可以看到紫边通常会出现在焦平面前部，绿边出现在焦平面后部。

在 Camera Raw 中，我们可以在"镜头校正"选项卡中选择"颜色"，勾选"删除色差"复选框，这样软件会根据 Exif 数据提供的镜头及相机信息，自动识别照片中紫色和绿色的色差并进行校正。平时这个色差值不易被察觉，但放大到 100% 以上就可以被观察到，所以"删除色差"是必勾选的选项（图 4-20a）。

图 4-20a

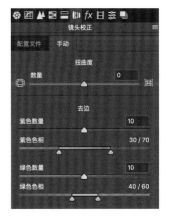

图 4-20b

进入"镜头校正"选项卡的"手动"子选项（图4-20b），在"去边"调节项中，可以调整"紫色数量"和"绿色数量"滑块，数值为0~20。数值越大，去除的色边越多，但要注意不要在图像中应用，以免影响紫色或绿色对象的调整。另外，可使用"紫色色相"和"绿色色相"滑块调整受影响的紫色或绿色的色相范围，数值为0~100。拖动任意一个端点滑块可扩大或减小受影响颜色的范围。在端点滑块之间拖动可移动色相范围。端点滑块之间的最小间距为10个单位。为保护绿色／黄色图像的颜色（如叶子），绿色滑块的默认间距会较小。

为清晰地看到颜色边缘，可以在按住 option 键 Windows 操作系统：Alt 键的同时拖动任意滑块，帮助观察边缘颜色的变化情况。随着拖动滑块来调整颜色，边缘的颜色将逐渐变淡。

我们通过一个实际的案例来演示去除色差的具体应用和操作。图4-21a 所示是在夕阳下拍摄的教堂风景，由于环境光比较强，建筑物石材的表面会形成一些镜面高光，导致轮廓边缘出现色差。我们在 Camera Raw 中可以加以校正，校正后的效果如图4-21b 所示。

图4-21a

图4-21b

步骤 1

在 Camera Raw 中打开照片，进入"镜头校正"选项卡的"颜色"子选项（图 4-22），勾选"删除色差"复选框。Camera Raw 会根据照片的 Exif 数据，自动识别照片中紫色和绿色的色差并进行校正。为了看清楚效果，我们将原图放大到 400%，取图 4-22 中红框的局部画面来观察调整前后的效果。图 4-23 是校正前的情况，图 4-24 是校正后的效果。

图 4-22

图 4-23

图 4-24

图 4-25

步骤 2

自动去除色差后，建筑轮廓边缘的绿色和紫色色差消除效果显著，但仍然会有一些残留需要手动微调去除。在"去边"调节项中，可调节"紫色数量"和"绿色数量"滑块，并控制"紫色色相"和"绿色色相"来调节边缘的色相范围，在调节的同时可以配合 option 键（Windows 操作系统中为 Alt 键）观察边缘颜色的变化（图 4-25）。手动调节后，色差会去除得更干净。

注意：色差只会在特别情况下出现，如果画面中没有出现色差，请直接跳过此步骤。

4.2.3　校正透视变形

　　虽然在镜头校正配置文件中勾选"启用配置文件校正"复选框可以解决大部分镜头本身产生的扭曲变形，但拍摄角度有问题、使用不正确的镜头或相机晃动也都可能导致照片中的物体透视变形或倾斜，画面中往往也会产生水平方向或纵向的透视扭曲，使得拍摄对象与我们在现实生活中看到的样子人相径庭。这些情况在包含连续垂直线条或几何图形的照片中更为明显。以教堂中拍摄的照片为例，因为教堂的进深非常窄，所以只有广角镜头才能把建筑拍全，但是只要用到广角镜头，画面就一定会伴随着畸变；此外，由于拍摄角度只能选择仰拍，所以虽然照片中的水平线基本没有问题，但几乎所有的垂直线全是斜的（图4-26）。

　　如果要解决建筑物透视变形和镜头造成的畸变问题，可以拉直画面中由于扭曲而显得倾斜的几何图形。我们可以在界面顶部的工具栏中选择"变换工具"，通过"变换"面板中的"Upright"来实现校正和调整（图4-27）。

图 4-26

　　细看图4-27中的"Upright"中有6个按钮，从左到右依次是"关闭"（默认情况下禁用Upright）、"自动"（自动应用一组平衡的透视校正）、"水平"（仅水平应用透视校正以确保图像处于水平位置）、 "纵向"（纵向应用水平和纵

图 4-27

向透视校正）、"完全"（在整个图像上应用水平、纵向和横向透视校正）、"导向"（可用于校正扭曲或歪斜的照片角度）。第六个按钮"导向"是 Camera Raw 在现有的 Upright 功能中新增的选项，支持用户最多可以直接在照片上绘制 4 条参考线（线段），以标示出需与水平轴或垂直轴对齐的图像特征。绘制参考线时，照片也会随之调整。

除了第一项"关闭"外，其余 5 种校正的方式没有优劣之分，都可自动修复透视图，操作时可逐一尝试，从中找出最适合当前照片的校正方式。

此外，虽然 Camera Raw 中的透视变形校正功能很强大，但软件调整的结果毕竟不能十全十美，在应用适合的"Upright"模式后，还要根据当前照片的实际情况手动对"扭曲度""垂直""水平""旋转""缩放""长宽比"等参数进行微调，以达到最理想的效果，这些可在"变换"面板的选项中通过滑块的拖动来操作。

"扭曲度"：向右拖动可校正桶形畸变，并使向远离中心方向弯曲的线条变直；向左拖动可校正枕形畸变，并使向中心方向弯曲的线条变直。

"垂直"：校正由于向上或向下倾斜相机而产生的透视，使垂直线变为平行线。

"水平"：校正由于向左或向右倾斜相机而产生的透视，使水平线变为平行线。

"旋转"：校正相机倾斜而产生的透视。

"长宽比"：将长宽比滑块移至左侧，以调整照片的纵向透视；将长宽比滑块移至右侧，以调整照片的横向透视。

"缩放"：由小到大调整图像缩放比例，有助于消除由透视校正和扭曲产生的空白区域。

"横向补正"：可适当左右调整，以补正因透视而产生的水平位移。

"纵向补正"：可适当上下调整，以补正因透视而产生的垂直位移。

下面我们以校正图 4-26 的透视变形为例，演示具体的方法和步骤。

图 4-28

步骤 1

在 Bridge 中使用快捷键 command+R（Windows 操作系统中为 Ctrl+R）打开图 4-26，进入 Camera Raw。选择"镜头校正"选项卡，进入"配置文件"面板，勾选"启用配置文件校正"复选框。此时 Camera Raw 会根据照片的 Exif 数据，马上侦测出这张照片是使用佳能 RF 24-105mm F4 L IS USM 镜头的 24mm 广角端拍摄的，并自动根据配置文件对画面进行补偿，校正镜头产生的畸变和暗角（图 4-28）。

步骤 2

选择"变换工具"，在"变换"面板"Upright"中单击左起第四个按钮"纵向"，对画面进行垂直透视校正。校正后画面中建筑所有的纵向线条都变竖直了，但是明显被校正过度了（图 4-29）。

图 4-29

步骤 3

将"缩放"滑块向左拖动至 82 左右，全屏显示校正后的画面。然后将"垂直"滑块向左拖动至 -5，让画面恢复到视觉能够接受的垂直水平（图 4-30）。

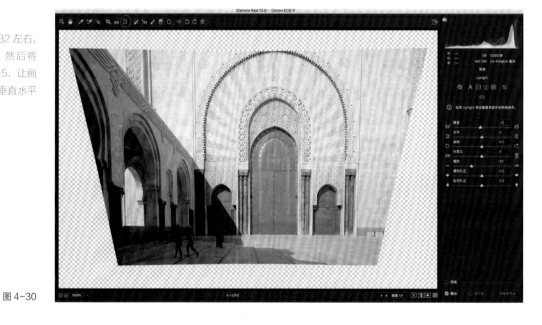

图 4-30

技巧提示

在应用"Upright"任意一项预设前，强烈建议首先应用镜头校正配置文件，应用镜头校正配置文件可以更好地分析图像，以进行正确的扭曲校正。如果再次选择或取消选择"启用配置文件校正"复选框，需重新单击"Upright"预设按钮下面的"重新分析"进行链接。勾选"显示网格"复选框，可以在图像上增添网格，以便为水平线和垂直线校正提供参考。

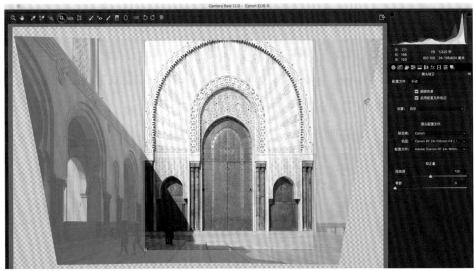

步骤 4

选择工具栏中的"裁剪工具",对
画面进行二次构图。为了削减镜头
的变形,使建筑物中规中矩地立在
画面中,故采用对称构图的方式进
行裁切,让拱门上下左右都填满画
面(图 4-31)。裁剪选区确定后按
下 Enter 键,裁切完成(图 4-32)。

图 4-31

图 4-32

步骤 5

回到"基本"选项卡,对画面的层
次进行调节。将"黑色"滑块调高
到 +29,"白色"滑块调高至 +18,
做实黑白场;"对比度"略微增加
至 +10;"自然饱和度"略微调
高至 +3;"饱和度"略微调高至
+1;参数如图 4-33,最终效果如
图 4-34。

图 4-33

图 4-34

　　被裁切修正的照片和原图比较起来已经相差甚远，之所以进行幅度这么大的校正，其美学依据在于人眼是看不到建筑物的透视倾斜的，而镜头尤其是广角镜头却可以通过透视变形以扩大视场的方式尽可能多地包纳对象。在校正透视时，我们舍弃了多余的对象，还原了建筑物真实的美，这是人眼所能感受到的美。

4.3 基本调整

对图像进行画面校正之后就进入了基本调整环节。我把对于图像的基本调整归纳为以下5个重要的环节：理解直方图；校准白平衡；定位黑白场；适当饱和度；针对性反差。这也可以作为后期处理的基本流程。

4.3.1 理解直方图

在 Camera Raw 中，直方图位于工作界面的右上角。直方图用图形表示图像的每个亮度级别的像素数量，展示像素在图像中的分布情况。图像中所有像素的亮度值都介于 0 至

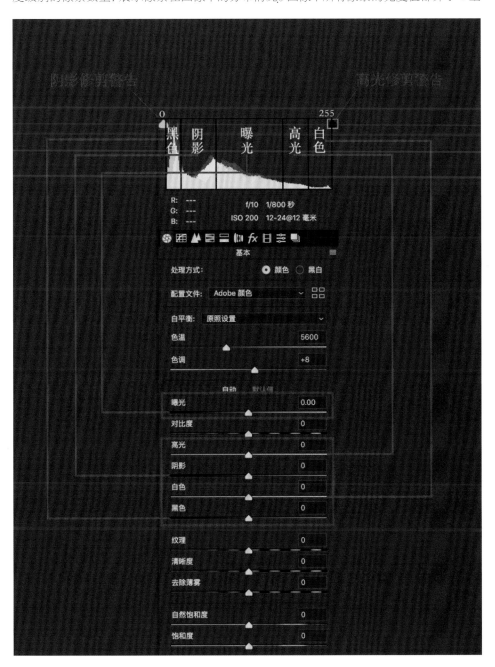

图 4-35

255：最左侧的亮度值为 0，代表纯黑色；最右侧的亮度值为 255，代表纯白色。直方图从左侧到右侧（从黑场到白场）分为 5 个区域，对应图像中的黑色（暗影）、阴影（常规阴影）、曝光（中间调）、高光、白色（极度高光），同时也——对应基本选项卡中"黑色""阴影""曝光""高光""白色"这 5 个调节滑块（图 4-35）。

　　直方图通过波峰的起伏和位置很好地量化了图像的影调、色调分布情况，使用户可以根据直方图分析和研判画面中存在的问题，做出准确的调节。因此，对于图像的基本调整也就是对于直方图的调整；直方图可以帮助用户确定某个图像是否有足够的细节来进行良好的校正；对图像影调对应的各个参数进行调节，能让直方图中的信息变得丰富起来。一旦直方图结合图像的调节变得"合理"了，图像的层次也就丰富而到位了。**理解直方图的最终目的就是获得丰富合理的画面层次。**

　　观察图 4-31 中所示的直方图，图中的波形是由 3 层颜色组成的，它们分别代表红色（R）、绿色（G）和蓝色（B）通道，也就是 RGB 模式。3 个通道重叠的部分显示为白色。当只有两个通道重叠时，将会显示黄色（红＋绿）、品色（红＋蓝）或青色（绿＋蓝）。低色调图像的细节集中在阴影处，高色调图像的细节集中在高光处，而平均色调图像的细节集中在中间调处。全色调范围的图像在所有区域中都有大量的像素。识别色调范围有助于确定相应的色调校正方法，这在后期的高级技法中可以通过直方图中的通道对原色进行调节，从而达到调色的目的。

　　直方图在数码摄影中非常重要，不仅出现在 Camera Raw 主界面中，也在曲线调节面板中配合曲线一同出现。目前大多数的数码相机在回放照片时也支持直方图显示，以方便摄影师在前期拍摄时对曝光和影调进行控制。一般情况下，在前期拍摄和后期处理时，读取直方

图 4-36

图的首要目的就是了解曝光和影调反差的跨度和分布情况。简单来说曝光结果有以下3种情况：1. 照片曝光过度（图4-36）；2. 照片具有全影调的正常曝光（图4-37）；3. 照片曝光不足（图4-38）。

图4-37

图4-38

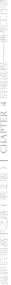

对于直方图，有一些特殊情况需要加以说明。如图4-39，拍摄于日落时的风景照片的光线反差极大，在这张照片中，太阳的光点和前景的部分海面都已经超出了直方图黑场到白场（0~255）的显示范围。直方图（图4-40）左上角有一个三角形是"阴影修剪警告"，右上角有一个三角形是"高光修剪警告"。分别单击这两个三角形按钮后，图4-39中标示蓝色的画面正是阴影中超出黑场极限被修剪掉的部分，标示红色的画面正是高光中超出白场极限被修剪掉的部分。这意味这些局部画面是"死黑"或"死白"，不会有任何层次和细节。此外，观察黑场区域的直方图，波峰超出了顶部的范围，出现了"切头"的情况，这意味着阴影中有大量溢出，整个照片一定会偏暗。

图4-39

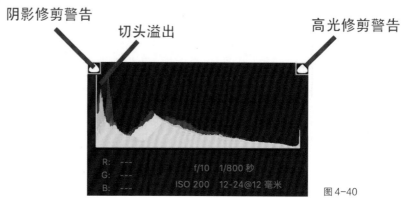

阴影修剪警告　　切头溢出　　高光修剪警告

图4-40

技巧提示

当直方图发生变化时，三角形修剪警告的颜色也会随之发生变化。黑色三角形意味着直方图未被修剪；如果看到红、绿、蓝、黄、品、青这些颜色的三角形警告，意味着对应该通道颜色的图像直方图被溢出修剪，而其他颜色的细节依然存在；白色三角形是相对糟糕的情况，意味着原色都发生了溢出，直方图所对应的画面局部会出现"死黑"或"死白"；如果单击三角形开启了修剪警告提示，对应的画面中就会用蓝色标示出阴影中溢出的部分，用红色标示出高光中溢出的部分。

不同的照片对应不同的直方图，不同的直方图也展现了照片所具有的不同调性特点。直方图没有严格意义上的对与错，展示的只是影调分布的节奏和韵律。根据照片的整体调性，我们常常可以把照片的调子分为高调、中调、低调。如果再按照明暗反差层次的长、中、短来划分，就可以将影调细分为 9 种常见的形态：高短调、高中调、高长调、中短调、中中调、中长调、低短调、低中调和低长调。这 9 种影调使得直方图的形态具有丰富的变化。此外，还有一种长调，其黑白两头多而中性灰少，黑白比例大致相当，属于少见的情况。图 4-41 列出了上述 10 种影调的直方图效果，至于更为详细的内容，读者可参阅第 10 章影调部分。

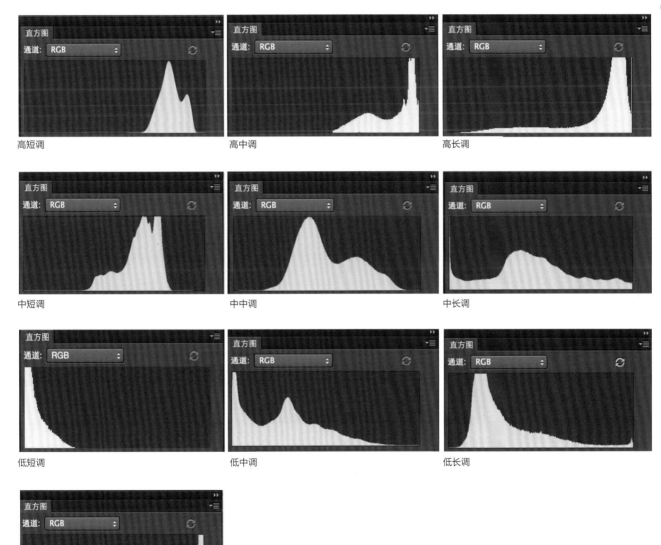

高短调 高中调 高长调

中短调 中中调 中长调

低短调 低中调 低长调

平均调 图 4-41

4.3.2　校准白平衡

在日常的拍摄中，我们经常遇到这样的情况：在灯光下拍摄的白纸不是白色，而是偏黄色。这是因为光是具有欺骗性的。我们默认情况下谈到的光，指的是传统意义上的白光，但是自然界中的多数环境下，视觉感受到的光是带有颜色的，比如白天不同时段的光也会发生颜色变化，早上的阳光与正午的阳光颜色就不一样。因此，自然光线不能完全准确地还原出物休本来的颜色，在后期处理的过程中就需要校准画面的白平衡，还原拍摄对象本身准确的色彩。

白平衡用于表示光学信息中何为基准白色，目的在于通过定义基准白点来记录正确还原的色彩信息。现在的数码相机能够提供丰富的光源色温设定和自动白平衡功能，在实际应用中可根据光源信息进行选择，如日常拍摄时按照人眼最适应的 5500K 左右的色温或日光色温作为标准白平衡设置。当然，有了 RAW 格式，数码暗房技术能允许人们在后期处理时自如地调节照片的诸多属性，包括重新设定白平衡。

第一种最简单常用的方法是在 Camera Raw 中 "基本" 选项卡的白平衡下拉列表中选择所使用相机的白平衡预设。比如在树荫当中拍摄的画面可以选择 "阴影" 白平衡（图 4-42）。这对于白平衡的矫正有一定帮助，但在实践当中我们会发现这种方式并不适用于所有情况，对于与预设匹配的光线条件在选择后也有一些偏差，并不精准。

白平衡，字面上的理解是白色的平衡。白平衡是描述显示器中红、绿、蓝三基色混合生成后白色精确度的一项指标。许多人在使用数码摄像机拍摄的时候都会遇到这样的问题：在日光灯的房间里拍摄的影像会显得发绿，在室内钨丝灯光下拍摄出来的景物就会偏黄，而在日光阴影处拍摄到的照片则莫名其妙地偏蓝，其原因就在于对白平衡的设置。

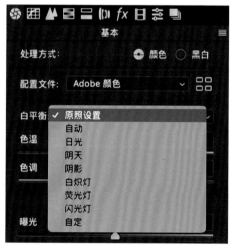

图 4-42

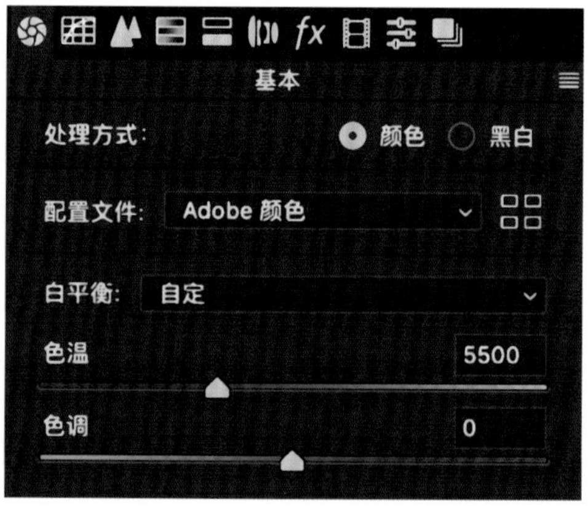

图 4-43

技巧提示

如果拖动 "色温" 或 "色调" 滑块后觉得效果不满意，但又忘记了之前的数值，只需在滑块的小三角上双击，就会回到最初的位置。通常来说，"色温" 滑块调节的幅度会比较大，而 "色调" 滑块调节的幅度很小，甚至不动。

第二种方法是使用"色温"和"色调"滑块来自定"白平衡"。这里的"白平衡"是由色温和色调两个因素决定的。拍摄者常常会有一个误区——调白平衡就等于调色温——这种认识是片面的，这样校正的白平衡也是不准确的。我推荐的方法是先根据画面选择适合的白平衡预设获得接近的效果，然后再对色温和色调进行微调，从而获得准确的白平衡。观察"色温"和"色调"滑块会发现："色温"滑块的左端是蓝色，右端是黄色；"色调"左端是绿色，右端是品色（图4-43）。这正好符合原色的补色原理（详见第9章"通透"部分），因此可以利用补色关系平衡色偏，使颜色还原。

第三种方法较为专业，在Camera Raw中使用界面上方工具栏中的"白平衡工具"（图4-44左侧箭头所示）来实现色彩还原。白平衡工具并不是找白色，而是通过吸取画面中18%的中性灰，对画面的色彩进行还原校正。如果我们在拍摄时持有灰卡，直接用白平衡工具吸取画面中灰卡的灰色即可。

图4-44

如图4-45，当"白平衡工具"吸管停留在模特手中的灰卡上时，可以在直方图下的信息中读到RGB的值为102、115、104，3个数值并不相等。本着灰卡不应该有色彩倾向的原则，G（绿）值高于R值和B值10以上，说明照片偏绿，这与视觉感受也相符。对于RGB数值的分析也可使用"颜色取样器工具"（图4-44左侧箭头所示），它可以在画面上进行多点取样，从而对色偏进行分析与比较。

图4-45

使用白平衡工具吸取模特手中的灰卡，画面色彩即刻被校正。这时我们会发现，经过白平衡调整后，色温和色调的参数发生了变化，肤色恢复了正常，较之原图，模特的肤色不再偏绿了（图4-46）。此时如果用"颜色取样器工具"单击灰卡的位置，会发现RGB的3个数值相等，中性灰没有任何色彩倾向，表示画面颜色也被准确还原了。

图 4-46

如果拍摄时没有灰卡这样的专业工具，也可以在画面中找近似灰色的地方，使用白平衡工具单击即可。如果感觉调整后的效果不准确，可以在画面中其他地方继续寻找接近18%中性灰的部位。在图4-47中，如果不使用灰卡来校色，靠眼睛判断，可辨别模特白色衣服上的小灰面比较接近纯灰色，因此可以根据该位置颜色使用白平衡工具校准。将"白平衡工具"吸管停留在该位置，或用"颜色取样器工具"测得该点的RGB值为175、186、173，说明R、B两值接近且平衡。G值高出R值和B值10以上，说明照片偏绿。通过数值的分析和视觉比对，可以证明该取样点选择正确。接着用"白平衡工具"吸取该点，画面颜色也得到了校准还原（图4-48）。

技巧提示

如果我们使用白平衡工具单击画面中黑色的地方，会出现什么情况？单击白色呢？通过实际操作，我们发现色温值会有轻微的差别，在画面中基本辨别不出来。这是因为黑白灰是消色，特点是没有色相，白平衡工具不是只能定在18%中性灰，它认为18%中性灰是最准确的，但如果不准确的情况下，它会在宽容度的范围内对色温有一些调节。如果你在画面中实在找不到灰色，可以找白色，白色找不到可以找黑色。但是，一定不能选择黑白灰以外的颜色，如果用白平衡工具在有色相的地方去单击，就会出现严重的偏色。比如在红颜色上单击，照片就会偏青色，因为红和青是补色，白平衡工具会认为红颜色是基准，就会大量补青色，所以建议一定不要点到画面中有色相的地方。

图 4-47

图 4-48

图 4-49

图 4-50

084

在实际拍摄当中，常常需要对同一光源环境下拍摄的一系列照片进行白平衡校正。如果一张一张处理就会耗费大量的时间，这时可以使用批量处理的方法来提高效率。在 Bridge 中选择所有需要调整的照片，使用快捷键 command+R（Windows 操作系统：Ctrl+R）进入 Camera Raw，然后在照片中找到含有灰卡的照片，或者画面中有比较接近 18% 中性灰元素的照片，仔细校准这一张照片。之后全选所有的照片，在界面左上角的 Filmstrip 菜单中选择"同步设置"（图 4-49），在弹出的"同步"对话框中单击"确定"按钮，这样所有照片的白平衡在一瞬间就校正完成了（图 4-50）。上述操作也可以在全选照片的状态下，对画面中 18% 中性灰进行吸取，同样也可以快速完成白平衡校正的批量处理。

4.3.3　定位黑白场

理想的黑白场指的是照片中白色做得很高亮,黑色做得很暗沉,整个照片是一种全长的调性。一旦黑白场确定,照片的层次就会鲜明而具体,高光内的白色影阶接近或刚刚达到纯白,阴影内的黑色影阶接近或刚刚达到纯黑。在实际拍摄当中,经常出现的问题是由于曝光不足或过度而导致暗部或亮部没有细节,这时就需要在后期调整中通过定位黑白场来补救和丰富画面的层次和细节。

定位黑白场的具体操作包括 3 个方面的调节:1. 调整整体曝光;2. 定位黑色;3. 定位白色。对应在 Camera Raw 中的基本操作即是对曝光、黑色、白色的滑块参数进行调节。

"曝光"用于调节照片全局的亮度级别,通过移动中间影调的位置实现,曝光值与相机的光圈值(f 挡)挡位相当。曝光调节 +1.00 挡相当于调大光圈值 1 挡,同理,调节 −1.00 挡相当于光圈值减小 1 挡。提升曝光度可能导致溢出现象发生,调节会使高光产生变化,但白色色阶会被延缓溢出。

"黑色"用于微调照片中的纯黑色溢出的区域。负向调节增加黑色溢出,使阴影区域的纯黑色比重增加;正向调节降低阴影区域的黑色溢出。

"白色"用于微调照片中的纯白色溢出的区域。负向调节降低高光溢出,正向调节会增加高光溢出。

图 4-51 是使用批量处理方法校准好白平衡的照片中的一张,我们以此图为例来说明如何定位照片的黑白场。观察和分析画面,最亮的地方是模特眼睛中的高光,最暗的地方是头发的阴影。这张照片虽然曝光基本正确,但整体影调层次略有不足。具体的操作步骤如下。

步骤 1

调整整体曝光。在 Camera Raw 中打开照片，进入"基本"选项卡，根据直方图和对画面的视觉判断微调曝光量（+0.25），让画面的曝光更加精确（图 4-52）。有时候，为了获得定量的判断，也可以在按住 option 键（Windows 操作系统：Alt 键）的同时慢慢加大曝光量，画面会以黑、白、红、黄、蓝的色块区域来帮助用户提示照片过曝的溢出情况。如果能与视觉判断相互配合，就能有效避免画面中因曝光过度而丢失细节。

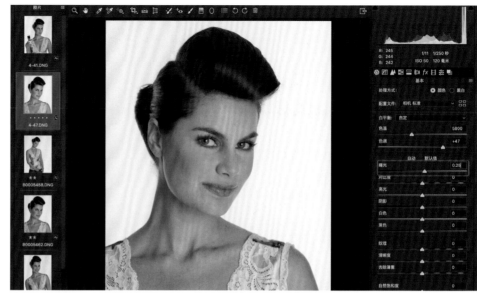

图 4-52

步骤 2

定位黑色。按住 option 键（Windows 操作系统：Alt 键）的同时，向左拖动"黑色"滑块，会看到黑色头发部位的阴影修剪警告。当头发的阴影处出现一些黑色时，说明画面中已经出现了没有细节和层次的纯黑色，这些地方在印刷时也将是"死黑"（图 4-53），需要避免。正确的做法是在出现一点点黑色后，就要将滑块再稍向右退，退到黑色刚刚消失，处于一个临界点的位置，这样黑色就被定位好了（图 4-54）。放大头发的部位会发现，此时的黑色很沉稳、不轻浮，同时头发里也有层次和细节（图 4-55）。

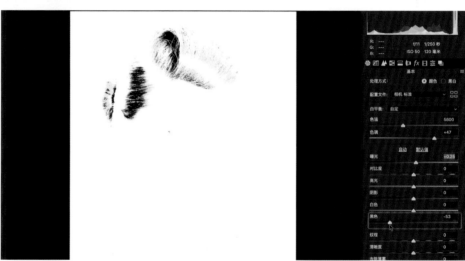

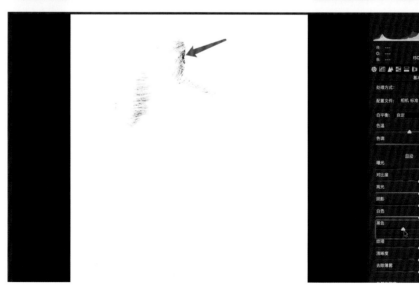

图 4-53（中图）

图 4-54（下图）

图 4-55

087

步骤 3

定位白色。按住 option 键
（Windows 操作系统：Alt 键）的
同时，向右拖动"白色"滑块。由
于这张照片中人物拍摄于白色背
景之上，背景首先会出现高光修
剪警告。根据画面分析，背景曝
光过度没有细节是可以接受的，
我们一般也希望背景是干净的纯
白色，但人的皮肤和瞳孔中的高
光和反光是不应溢出的。所以我
们将"白色"滑块拖动到背景刚刚
全部过曝为止，这样白色就被定
位好了（图 4-56、图 4-57）。此
时观察直方图，黑色、阴影、曝光、
高光、白色 5 个区域全部有信息，
定位黑白场后，照片的整个调性
都被拉开了，意味着其层次也丰
富了。

图 4-56（中图）

图 4-57（下图）

数码摄影后期的藏手之路（第 2 版）| CHAPTER 4 后期流程——典型工作流

图 4-58

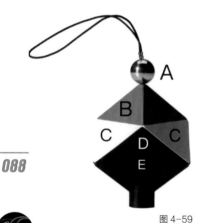

图 4-59

技巧提示

为了便于用户比较原图和效果图在调节前后的差别，Camera Raw 中提供了 4 种对比方式。我们可以在图 4-58 红框标示的位置单击第一项切换视图，也可使用快捷键 Q 来切换。在使用这一功能时，也可配合 command++（Windows 操作系统：Ctrl++）键来放大图像，command+-（Windows 操作系统：Ctrl+-）键缩小图像，并结合抓手工具获得最佳的放大对比效果。

在学习了校准白平衡和定位黑白场的内容后，我向读者推荐一个在拍摄和后期中都很实用的工具——德塔校色立方蜘蛛（datacolor Spyder CUBE）。这个工具对于设定白平衡和定位黑白场都十分方便快捷，也可以解决很多场景画面中的棘手问题——如画面中找不到中性灰参照物，无法准确校准白平衡；画面中没有重色甚至没有阴影黑色，无法定位黑色；画面暗沉，最亮只到灰色，没有高光和白色参照物。

图 4-59 所示就是德塔校色立方蜘蛛。它的使用方法是：在同一光源环境下拍摄一系列照片时，将校色立方蜘蛛放在画面中一同拍摄，然后在后期时通过它来校色，并批量处理照片。它有以下 5 种主要的构成和功能。

A. 金属球，镜子一般的金属面可以记录下当时拍摄的光源情况。

B.18% 中性灰的灰面，等同于灰板，但特点是有两个不同朝向的灰面。通常情况下，其中一个面朝向主光源方向，可校正主光面和受光面的白平衡；另一个面朝向辅光或背阴面，可校正阴影面的白平衡。在校正白平衡时只能选择其一，这取决于画面主次和表达主体的选择。

C. 白色面，为纯白色，同样有受光和背阴两个面，常以受光面作为测定依据，对应 Camera Raw "基本" 选项卡中的 "白色"。

D. 黑色面，对应画面中有层次和细节的深色暗部区域。

E. 绝对黑，这是校色立方蜘蛛黑色面上的一个黑洞，黑洞内部没有任何光线，因此在任何时候它呈现出的颜色都是绝对黑。

下面我们通过一个案例来演示校色立方蜘蛛的具体应用方法和步骤。如图 4-60，这是一张白平衡失准，画面偏冷偏蓝的照片。在拍摄时让校色立方蜘蛛一同入镜。

图 4-60

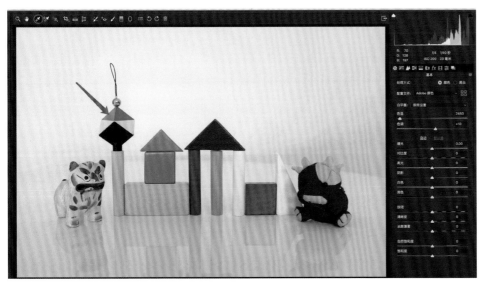

步骤 1

校准白平衡。在 Camera Raw 中打开原图，使用工具栏中的"白平衡工具"吸取校色立方蜘蛛上受光面的灰面（图 4-61）。照片的白平衡即刻被校准了（图 4-62）。

图 4-61

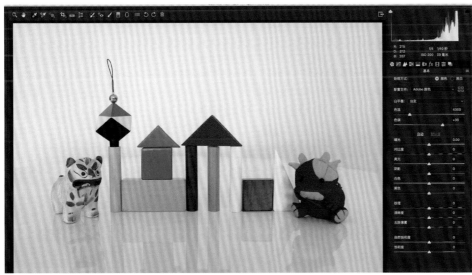

图 4-62

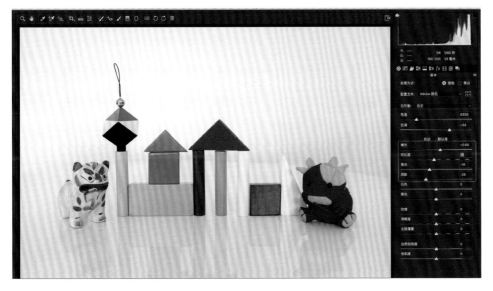

步骤 2

丰富影调层次。根据直方图和视觉判断，可略增加画面的整体曝光。曝光增加后略降一些高光，让亮部不要太过。以校色立方蜘蛛的黑色面为参照，调整阴影，让校色立方蜘蛛上的黑色面和黑洞能够清晰可辨，同时画面的暗部细节也得到了提升（图 4-63）。

图 4-63

步骤 3

定位白色。以校色立方蜘蛛上的白色面为参照，确保受光面的白色面接近纯白，但也要确保画面中所有白色物体的白色不能溢出。向右拖动"白色"滑块的同时配合 option 键（Windows 操作系统：Alt 键），便于量化观察（图 4-64）。

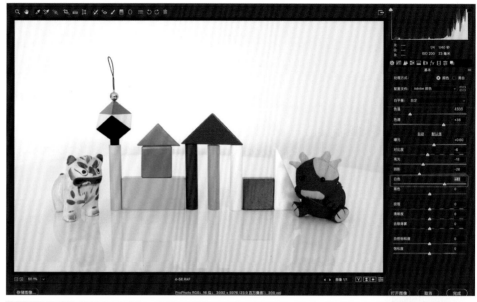

图 4-64

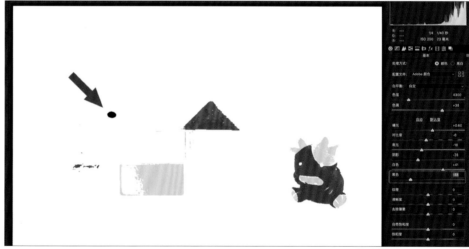

图 4-65

步骤 4

定位黑色。以校色立方蜘蛛上的黑洞为参照，它始终是画面中最黑的。向左拖动"黑色"滑块的同时配合 option 键（Windows 操作系统：Alt 键），直到黑洞中的绝对黑刚刚溢出，这时黑色就算定好了（图 4-65、图 4-66）。

图 4-66

4.3.4　适当饱和度

饱和度指颜色的强度或纯度，在后期操作当中表示色相中灰色成分所占的比例。在 Camera Raw 的"基本"选项卡中，有两个滑块是关于饱和度调节的——"自然饱和度"和"饱和度"。

"自然饱和度"功能调整细微颜色的强度。可调节值为 –100 至 +100，默认值为 0。 正向调节时可以将欠饱和色彩的饱和度提升到超过饱和的程度，同时又减少、避免了将已经高饱和的色彩调节成超饱和的色彩，造成色彩太过。负向调节时可以降低色彩的饱和度，但是即便数值为 –100 时也不能完全去除色彩以至于变成单色的灰度照片，它所实现的效果是一种老化的褪色效果，色彩虽清淡，但依然可感受，这非常实用。

"饱和度"功能可以均匀地调整画面中所有颜色的饱和度。可调节值为 –100 至 +100，默认值为 0。当饱和度值被设置成 –100 的时候，照片会变成单色的灰度照片；当饱和度值被设置成 +100 时，饱和度会加倍。虽然向右拖动"饱和度"滑块可以把画面中所有颜色的纯度加强，但我鼓励大家首先使用"自然饱和度"功能进行调整，因为自然饱和度只修改画面中饱和度较低的像素的颜色纯度，把那些若隐若现的颜色提纯，而对高饱和度的颜色像素影响较小，这样画面就不会因颜色过度饱和而造成图像失真或颜色对比过于强烈。

下面以下图 4–67 为例，说明"自然饱和度"和"饱和度"分别进行等量调节时二者的效果差别。如图 4–68，将"自然饱和度"滑块向右拖动至 +80 后，天空、建筑、街道上那些若隐若现的颜色都出现了，不但汽车的黄色的纯度被提高了，天空的蓝色也被加强了，如图 4–69 所示。

图 4-67

图 4-68

图 4-69

图 4-70

图 4-71

　　如图 4-70，同样将 "饱和度" 滑块向右拖动至 80，得到的图像如图 4-71 所示。图 4-71
与图 4-69 相比，天空的层次和纯度并没有前者效果好，建筑、街道地面的颜色显得过于饱和，
尤其是汽车的黄色和公车上的蓝色显得饱和过度，比前者颜色焦灼，让人感到不舒服。从饱
和度调节的程度上看，"饱和度" 功能的调节比 "自然饱和度" 功能的调节要猛烈一些，但 "自
然饱和度" 从视觉上和舒适度上更容易被人接受。

　　需注意的是，很多摄影爱好者在初学摄影后期的时候，容易在饱和度上跌跟头。因为对
于影调偏灰的照片，增加饱和度后画面颜色就很容易显示出来，所以摄影后期初学者调出的
照片往往特别鲜艳。但饱和度一旦过度就会出现对比很明显的互补色，照片会显得花哨，所
以饱和度的调节一定要适当。

本书在后面的第 10 章中还会讲述影调的问题，欠饱和度也是一种影调，这种影调看起来很舒服。我曾经发过一条微博，同一张照片，一种调法是画面比较浓郁，饱和度相对过高（图4-72）；另一种调法恰恰相反，把画面的饱和度抽离，做成欠饱和度、褪色的效果（图4-73）。结果网友一边倒地倾向喜欢欠饱和度的照片。你会发现饱和度过高的照片抓人眼球，容易从视觉识别中凸出；但是欠饱和度的照片更耐看，让人能够静下心来慢慢欣赏。所以，本小节从标题开始就在强调适当的饱和度。

图 4-72

093

　　饱和度是指色彩的鲜艳程度，也叫色彩的纯度。饱和度取决于该色中含色成分和消色成分（黑白灰 3种颜色）的比例。含色成分越大，饱和度越高；消色成分越大，饱和度越低。纯色都是高度饱和的，如鲜红、鲜绿。混杂上白色、灰色或其他色调的颜色是不饱和的颜色，如绛紫、粉红、黄褐等。完全不饱和的颜色根本没有色调，如黑白之间的各种灰色。

图 4-73

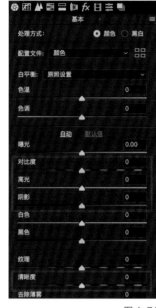

图4-74

4.3.5 针对性反差

"**反差**"指的是画面层次的多寡和强烈程度——高反差的画面层次势必简单，低反差的画面层次势必丰富。在 Camera Raw "基本"选项卡中，调节画面反差效果最直接的工具是"对比度""高光""阴影""清晰度"滑块（图4-74）。所谓针对性反差，就是在理解直方图、定位黑白场的基础上对画面的反差层次加以控制，让画面具有丰富且合理的影调层次。在实际操作当中，为了获得最佳效果，针对性反差经常与之前讲到的步骤同时进行（如对曝光的调节和黑白场定位）。这些步骤之间是互相牵制的，需要反复斟酌来进行调节。

"**对比度**"的提升和降低实际是在控制画面中高光部分和阴影部分的反差和强弱。直方图与曲线经常配合使用，以 S 形的曲线为例，它提亮了亮部，压暗了暗部，实际上是实现了对比度和反差的提升。由此可见，对比度的调节是阴影和高光两个影阶相互作用的结果，倘若单独调节阴影或单独调节高光，都会对明暗间的对比度以及层次的多寡产生相关的影响。对于低反差场景的照片而言，一般通过提升对比度来加强反差，效果等同于降低阴影和提高高光，这样会造成画面反差加大、层次减少；对于高反差场景的照片而言，如果要丰富画面的层次，有时应该在调节高光或阴影之前先降低对比度，让降低了对比度的画面能够预留出更多的影调层次空间，让高光和阴影的调节有的放矢，这样才能获得更为理想的影调效果。

"**高光**"是用来在对照片做完基本对比度调节之后，进行更深入的高光区域精细调节。负向调节可以实现高光区域的修复，让高光区域恢复尽可能多的细节；正向调节可以提亮高

图4-75

光,不过纯白区域会有保护设计,能够防止白色溢出。

"**阴影**"是用来在对照片做完基本对比度调节之后,进行更深入的暗部区域精细调节。负向调节可以压暗阴影区域,不过纯黑区域会有保护设计,能防止和减少黑色溢出;正向调节可以有效减轻阴影效果并修复、加强阴影细节。

"**清晰度**"是一种图像自适应的对比度控制,用以提高或降低照片中间调的反差和对比度,而不影响画面的高光或阴影部分。使用清晰度功能的时候要适度,它不单只有锐化的效果,还能影响色调分布,随着正向数值的提高还会带来副作用——加大反差对比度,提亮曝光(需要重新修正曝光)。在使用中,虽然它能够提高画面的清晰程度,带来很好的视觉效果,但常常会因为需要画面更清晰而发生调节过度的情况,使画面产生类似高动态范围图像(High-Dynamic Range, HDR)的糟糕效果(关于锐化的相关知识可阅读第 7 章"后期流程——锐化和降噪")。

清晰度和对比度都能增加画面反差,相比之下对比度比清晰度在提高反差方面要更强烈一些。要想获得视觉上较为自然的清晰度效果,清晰度是加还是不加?要加到多少才合适?在有一定经验后会发现,实践时有时可以先降低对比度,再加清晰度,因为加清晰度的同时伴随着加对比度的效果,所以降低对比度可以在增加清晰度的同时使对比度不至于提升过大,造成画面不自然。此外 ,负向调节"清晰度"滑块对减少照片的中间调对比度非常有用,较低的清晰度设置还能产生柔化、虚化画面的效果,在人像摄影中能改善人物的皮肤状态。

图 4-75 是一张光影反差极大的典型案例。拍摄者在拍摄时有意识地控制曝光,避免天空和建筑的亮部曝光过度,但这也导致了建筑内部的大量暗部细节曝光不足。拿到这样的原照片对于后期处理来说十分有利,虽然照片反差极大,但层次都蕴含其间。所以这张照片后期处理的重点是对于反差的理解和控制,从而使照片获得丰富合理的画面层次。操作的重点和步骤如下。

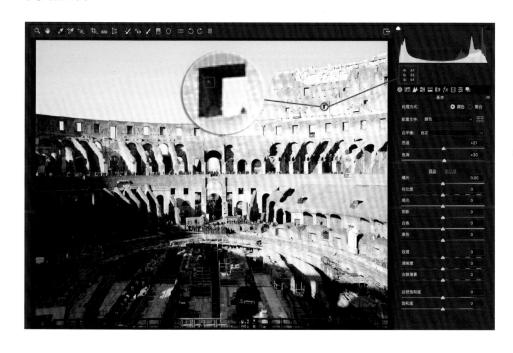

图 4-76

步骤 1

在 Camera Raw 中打开照片,进入"基本"选项卡。观察画面并分析直方图,首先校准白平衡,在画面中寻找到一处取样点,测得 RGB 值为 47、52、54(图 4-76),符合中性灰的特征。 用"白平衡工具"吸取该取样点的颜色,校准画面白平衡。由于整体画面曝光稍有不足,所以可以在按住 option 键(Windows 操作系统:Alt 键)的同时慢慢向右加大曝光量,保证曝光不要溢出即可,"曝光"减少至 -0.76(图 4-78)。建筑的暗部细节这时呈现出来,远景的天空和建筑没有溢出,但曝光显得过亮,整体画面反差依然很大。白平衡和曝光校正后的效果如图 4-78 所示。

图 4-77

图 4-78

步骤 2

针对性反差。向左拖动"对比度"
滑块至 -31，降低画面对比度；向
左拖动"高光"滑块至 -47，把过
亮的高光影调压下来；向右拖动"阴
影"滑块至 +26，进一步提亮建
筑内部的暗部阴影；向右拖动"纹
理"滑块至 +26，使画面中的纹理
更加细腻；向右拖动"清晰度"滑
块至 +20，使画面的清晰度得到提
升。通过对画面不同区域进行反差
调节，画面的层次细节丰富了起来，
调节效果如图 4-79。

图 4-79

步骤 3

定位黑白场。在按住 option 键（Windows 操作系统：Alt 键）的同时向左拖动"黑色"滑块至 -11，定位黑色；用同样的方法调节"白色"，滑块至 +18（图 4-80）。

图 4-80

步骤 4

适当增加"自然饱和度"至 +13，"饱和度至 +2"，如图 4-81 所示。如有必要，还可对建筑的透视进行镜头校正。最终效果如图 4-82 所示。

图 4-81（中图）

图 4-82（下图）

技巧提示

在处理一张图片前可以单击"自动"按钮，"自动"功能可以通过直方图分析画面，自动控制曝光、对比度，调节高光和阴影的量，并定位黑白场以获得符合"规矩"的画面。但是面对不同的画面，"自动"功能有时表现得非常好，而有时却并不适用。在具体实践中，可以先使用"自动"功能获得一个大致的感觉（图4-83），然后因片而异，用户再自行检查和调整参数设置，这对于提高修片的效率很有帮助。

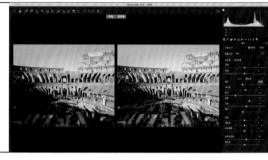

图4-83

4.3.6 基本调整的综合案例

本小节以一张照片为例，演示基本调整的后期方法和具体步骤，希望可以帮助读者掌握基本调整相关的工具使用方法，并使读者能够举一反三，锻炼综合应用能力。

图4-84是一张古堡风格房屋的内部照片，亮部和暗部细节在拍摄时都做了很好的保留，给后期调整提供了非常大的空间，只要通过 Camera Raw 的基本调整就可让画面的层次丰富起来。具体方法将通过下面的步骤来演示说明。

图4-84

步骤 1

镜头校正。在 Camera Raw 中打开照片，进入"镜头校正"选项卡的"配置文件"子选项。勾选"启用配置文件校正"复选框。Camera Raw 会根据照片的 Exif 数据，马上侦测出这张照片是使用佳能 EF-S 10-22mm f/3.5-4.5 USM 镜头拍摄的，并根据配置文件自动对画面进行补偿，校正镜头产生的畸变和暗角，调整后效果如图4-85所示。

图4-85

步骤2

透视校正。在菜单栏中选择"变换工具"，在"Upright"中单击左起第四个按钮"纵向"，对画面进行垂直透视校正。校正后画面中建筑所有的纵向线条都变竖直了（图4-86）。

图 4-86

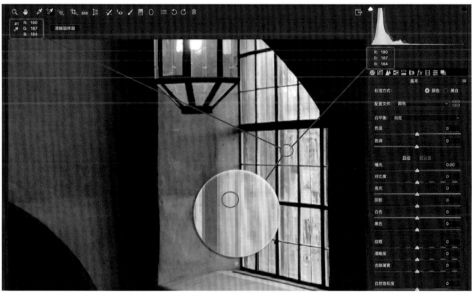

步骤3

校准白平衡。进入"基本"选项卡，在菜单栏选择"颜色取样器工具"，在画面中的灰墙上找到一处取样点，测得 RGB 值为 190、187、184，该点颜色符合 18% 中性灰的特征（图 4-87）。然后用"白平衡工具"吸取该取样点颜色，校准画面白平衡（图 4-88）。

图 4-87

图 4-88

步骤 4

调整曝光。观察直方图，可知整体画面严重曝光不足，可以在按住 option 键（Windows 操作系统：Alt 键）的同时慢慢向右加大曝光量，保证曝光不要溢出即可，此处将"曝光"增加至 +1.00（相当于增加了 1 挡曝光）。房屋的暗部细节这时呈现出来了，白墙上有阳光的部分也没有溢出，但曝光显得过亮，整体画面反差依然较大（图4-89）。

图 4-89

步骤 5

定位黑白场。按住 option 键（Windows 操作系统：Alt 键）的同时，向右拖动"白色"滑块至 +30。在看到窗户部分有高光修剪警告前停止。同样，按住 option 键（Windows 操作系统：Alt 键）的同时，向左拖动"黑色"滑块至 -10（图 4-90）。

图 4-90

步骤 6

针对性反差。向右拖动"对比度"滑块至 +20，提高画面对比度；向左拖动"高光"滑块至 -38，把过亮的窗户高光压下来；向右拖动"阴影"滑块至 +5，轻微提亮场景中暗部的阴影。向右拖动"清晰度"滑块至 +20，画面的清晰度得到提升。通过对画面不同区域进行反差调节，画面的层次细节丰富了起来（图 4-91）。

图 4-91

步骤 7

适当调整饱和度。将"自然饱和度"滑块向右拖动至 +30。画面的颜色纯度得到提升，画面更生动（图 4-92）。

步骤 8

调色。在"HSL 调整"面板中通过可选颜色的调整来完善画面中的色彩。比如可以适当增加橙色的饱和度以及蓝色的明亮度，使房屋内部古老泛黄的墙面和地面对外部光线产生的漫反射的环境光更明亮而融合（图 4-93）。最终获得图 4-94 的效果。

图 4-92　（上图）
图 4-93　（中图）

图 4-94

4.4 二次构图

如果说拍摄时的构图是第一次构图，那么利用数码后期对图像进行剪裁就是二次构图。数码摄影为拍摄带来了诸多方便，但在拍摄时我们也经常会忽略构图的基本问题。初学者应该尽量在前期拍摄时解决构图的问题，这是对视觉观察最好的训练，也是提高摄影技艺正确的方法。如果在拍摄时受时间、拍摄位置、镜头焦距等方面的限制，构图难以做到严谨，那么在拍摄后可以利用后期进行画面裁剪和地平线校正。后期的二次构图使拍摄者能够有充足的时间细致地思考、经营构图。在这一过程中，拍摄者的构图意识也会逐步提高，反过来会促进前期拍摄时对构图的把握，提升拍摄技艺。

4.4.1 按比例裁剪照片

如图 4-95 所示，在 Camera Raw 中选择"裁剪工具"（快捷键 C），将指针在"裁剪工具"上长按会弹出下拉菜单，或按住 command 单击（Mac）或右键单击（Windows）也可弹出下拉菜单。在下拉菜单中可供选择的比例有 1∶1，2∶3，3∶4，4∶5，5∶7，9∶16。用户也可自定义长宽的比例。如果要随意调整长宽裁剪比例，可选择"正常"；如果要将初始裁剪比例设定为特定的长宽比例裁剪，可选择相应的长宽比例。选定好比例后，在预览图像中拖曳以绘制裁剪区域。要移动、缩放或旋转裁剪区域，可拖移裁剪区域或其手柄。如果要取消裁剪操作，可在"裁剪工具"处于使用状态时按 Esc 键，或者单击并按住"裁剪工具"按钮，然后在菜单中选择"清除裁剪"选项。当对裁剪区域感到满意时，按 Enter 键确定。裁剪后的图像会调整大小以填满预览区域，下方的工作流程选项链接会更新图像的大小和尺寸。

图 4-95

对于同一张图像，每个人的视觉平衡感和美感不同，自然会有多种不同的裁剪方法。我们以下面的案例来演示按正方形比例裁剪的具体操作方法。

步骤 1

打开一张照片。单击并按住"裁剪工具"按钮，然后在下拉菜单中选择 1∶1 裁剪比例（图 4-96）。

图 4-96

步骤 2

在预览图像中拖曳绘制裁剪框。通过移动、缩放、旋转裁剪区域,获得合适的构图(图 4-97)。

图 4-97

步骤 3

按 Enter 键确定裁剪构图(图 4-98),得到裁剪后的照片(图 4-99)。

图 4-98

图 4-99

4.4.2 水平拉直

二次构图操作简单，但可以让人从一些废片中间再次发掘出好的作品，因为在稍纵即逝的拍摄时机前，我们往往来不及将各种拍摄要素考虑得面面俱到。比如，我们坐在行进中的车上，忽然间看见远处美丽的风景，但当时的情况不允许我们停车拍照，所以只能拿起相机先拍下米，回去再做调整。

在 Camera Raw 对话框中，选择"拉直工具"（图 4-100），或者按快捷键 A 启用。在预览图像中拖移拉直工具以确定水平或垂直基准。在使用"拉直工具"后，"裁剪工具"也会被立即激活。通过下列 3 种方式之一可以自动拉直图像。

1. 双击工具栏中的"拉直工具"。

2. 在"拉直工具"处于选定状态时，双击预览图像中的任意位置。

3. 在"裁剪工具"处于选定状态时，按住 command 键（Mac）或 Ctrl 键（Windows）可以暂时切换到"拉直工具"，此时双击预览图像中的任意位置，即可自动拉直图像。

图 4-100

下面将通过具体案例来说明如何使用"拉直工具"。如图 4-101 所示，这是一幅从车窗内向外拍摄的照片，受条件限制，拍摄时无法过多考虑构图，所以画面上部有电线，下部的地平线也不齐，看起来很可能是一张废片。但是如果做好二次构图，这样的照片也可以变废为宝，呈现非常棒的效果。

图 4-101

步骤 1

对照片进行水平校正。在 Camera Raw 中打开照片，选择"拉直工具"，按下鼠标左键并沿画面中的地平线拖动（图4-102）。在释放鼠标左键的同时，画面自动显示出裁剪框，裁剪框旋转的角度为水平校正照片所需的角度（图 4-103）。

图 4-102

图 4-103

步骤 2

但是在现有的裁剪框范围内，画面右下角还能看出一部分车窗，所以我们还要将裁剪框的下边缘往上推，推到非常高的地方，可以让这个画面下方只留一小部分地面；而画面上方，至少要把电线裁掉。为了突出云彩，我们还可以把天空再压少一些（图 4-104）。

图 4-104

步骤 3

由于垂直方向裁剪得很多，水平范围就不用留很大的宽度，可以稍微收窄一些。如果想让画面具有前进感，我们可以剪裁人物后面的部分画面，让人物前面留有更多的空间（图 4-105）。调整后的画面如图 4-106 所示。

图 4-105

图 4-106

步骤 4

这时我们再做画面的全局调整：把"黑色"滑块拖动到 −48，把"白色"滑块拖动到 +10，做实黑白场；减少"高光"至 −52，使天空的蓝颜色稍微加深一些；将"对比度"稍微降至 −2；向左适当滑动"色温"滑块，令蓝色的效果更加明显（图 4-107）。依照个人对图片的感觉去做微调，裁切后的照片和最初比起来好很多（图 4-108）。

图 4-107

图 4-108

图 4-109

108　图 4-110

　　藤井保与无印良品合作的"地平线"系列摄影作品，打造了一种"在一无所有中蕴含所有"的独特美学风格。藤井保非常擅于用极简的影像捕捉物象的本质气息，他大胆地提出了以"地平线"为主要元素进行与无印良品的商业拍摄创作。为了拍到完美的地平线，藤井保研究了半天地球仪之后，最终选择了玻利维亚乌尤尼的盐湖和蒙古的大草原。最后呈现出的作品中，地平线上有一个人孤独地伫立着，象征着地球与人类的终极组合（图 4-109、图 4-110）。现在，你也可以拥有自己的"地平线"系列作品了。

4.5　常用效果

　　摄影后期里经常用到的效果还有"纹理""去除薄雾""颗粒""裁剪后晕影"。"纹理"和"去除薄雾"功能在 Camera Raw 的"基本"面板里可以找到，"颗粒""裁剪后晕影"在"效果"选项卡里可以找到（图 4-111）。

4.5.1 纹理和清晰度

大自然中的事物有着丰富的纹理,树木的年轮、植物的叶脉、动物的毛发、人的皮肤……纹理赋予眼睛一些品味,并增加了照片的深度感和拍摄对象的独特质感。

在拍摄的过程中,光线的强弱对比、适当的直射光强度、主体与背景的特征对比都可以帮助提升拍摄对象的质感和纹理。如果我们拍摄的照片需要一些后期处理来帮助绘制、加强或减弱纹理,以及更改照片的清晰程度,Camera Raw 的"纹理"和"清晰度"滑块是常用的工具(图 4-111)。

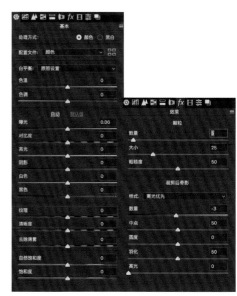

"纹理": 即增加或减少照片中的纹理细节,使用纹理滑块突出或者平滑中等大小的细节,比如皮肤、树皮和头发等。

"清晰度": 增加画面的清晰程度,本质是增加中间调的反差,获取视觉上的凹凸感,强调画面的微反差和质感。

图 4-111

在这里,我们需要比较一下"清晰度"与"锐化"的异同。二者对画面的影响同等重要,总体上都是用锐化勾勒线条,用清晰度控制质感。但锐化增强的是拍摄对象的边缘效应,尤其对高反差像素作用力度最强,与轮廓勾勒作用最紧密。而清晰度是综合调整画面,作用于细节处的对比度、亮度、饱和度、锐度来全面自然地提升画面的质感,以使其变得清晰。

"清晰度"也有其缺点,就是在强化亮部和暗部的时候容易过度而导致画面丧失层次,在这一点上,"纹理"的算法就比"清晰度"好很多。

以图 4-112 为例,左图是原图,中图是提升纹理后的效果,右图是提升清晰度后的效果。

切记应适度调整,过度平滑的皮肤和过度粗糙的石头一样是不吸引人的。

图 4-112

原图

提升纹理

提升清晰度

4.5.2 去除薄雾

去除薄雾这个效果最早是在 2014 Adobe Max 创意大会上展示的，现场的演示使每个 Photoshop 爱好者兴奋不已。最终，Adobe 公司在 Camera Raw 9.1 中新增了 "Dehaze" 去除薄雾模块，这个功能真是摄影人的福音！用户利用此功能可以增加或减少照片中的雾气的量，数值加大可以使雾气一扫而空，数值减少可以创造云雾缭绕的意境。

若要使用该功能，直接在 "基本" 面板里，通过调整滑块来增减雾气。除整体调整外，用户还可以局部调整。通过使用 "径向滤镜" "渐变滤镜" 或 "调整画笔" 工具，可以调整 "去除薄雾" 的滑块对画面局部进行去雾修饰。

在这里还要澄清一下去除薄雾功能的用法，雾气其实在拍摄中可遇不可求，所以这里要去除的雾不是指那些袅袅的晨雾，而特指那些因为环境、大气不通透而引起的雾或霾，诸如拍摄时不得已隔着玻璃产生的不通透。

下面以图 4-113 为例，演示 "去除薄雾" 功能的使用方法和效果。

步骤 1

在 Camera Raw 中打开隔窗拍摄的风景照片（图 4-113），可先对照片进行一些基本参数的调整（图 4-114）。

步骤 2

在 "基本" 面板中调整 "去除薄雾" 滑块来改变雾气的量。向右拖动滑块便可减少雾或霾，使照片顿时变得通透起来（图 4-115）。可稍微添加一些前一个案例所说的纹理效果，在适当降低饱和度后获得最终的效果（图 4-116）。

图 4-113

图 4-114

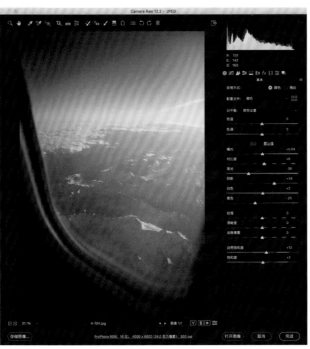

图 4-115

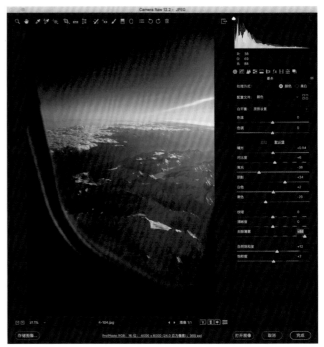

图 4-116

"去除薄雾"这个功能应该活学活用，既可以减少薄雾，也可以在一些照片中增加薄雾，起到美化画面的作用。下面以图4-117 为例，演示一下增加薄雾的效果。

图 4-117

往左拖动"去除薄雾"滑块便可增加雾气的量，景物就会更加朦胧缥缈。如果想强化这种效果，还可以配合上面提到的"清晰度"滑块，同样向左移动，效果如图4-118 所示。

图 4-118

如果再做一些消色处理，照片可以转为黑白效果，其意境往往也是令人感到神秘安宁的，如图 4-119 所示。

图 4-119

总之，活用这个功能能适当拯救在恶劣天气下拍摄的照片，使照片的近景部分瞬间变得通透、明朗一些，从而与远处雾气弥漫的背景形成空间感。但同时也要注意这个功能的副作用是会提高颜色的饱和度，有时会使画面过于"艳丽"。如图 4-120 和图 4-121、图 4-122 和图 4-123 所示，它们为两组照片使用"去除薄雾"功能的前后对比效果。

图 4-120　原图

图 4-121　去除薄雾后

图 4-122　原图

图 4-123　去除薄雾后

4.5.3　颗粒

　　"效果"选项卡中的"颗粒"用于模拟胶片颗粒以获得电影感的艺术效果。在进行大尺寸打印时，也可以使用"颗粒"遮盖放大产生的不自然效果。"颗粒"下有 3 项参数设置，"数量""大小""粗糙度"共同决定了颗粒的特性和视觉特征。使用时可以用不同缩放级别检查颗粒，以确保所需的效果。

　　"数量"：控制图像中生成的颗粒数量。向右拖动可增加数量，设置为 0 时可停用"颗粒"。

　　"大小"：控制颗粒的大小。设置为 25% 或更高的值时可能导致图像模糊。

　　"粗糙度"：控制颗粒的均匀性。向左拖动可使颗粒更均匀；向右拖动可使颗粒不均匀，更自然随意。

　　上述 3 个参数值相互配合，才能获得令人满意的颗粒感视觉效果。以图 4-124 为例，调出"效果"选项卡（图 4-125），调整颗粒的参数如下："数量"增至 55、"大小"减少至 24、"粗糙度"调整至 28（图 4-126）。增加颗粒后的最终效果如图 4-127。

图 4-124　原图

技巧提示

在进行大尺寸打印时，也可以使用"颗粒"效果遮盖放大产生的颜色过渡"断层"效果。"大小"和"粗糙度"共同决定了颗粒的特性和视觉特征。请在不同缩放级别检查颗粒，以确保画面具有所需的效果。

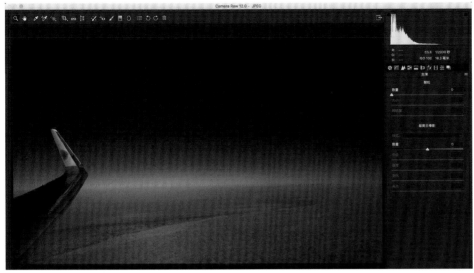

图 4-125　颗粒界面

图 4-126　增加颗粒

图 4-127　效果图

4.5.4　裁剪后晕影

对未进行任何裁剪的原图及裁剪后的图像应用晕影以获得艺术效果，可以使用"裁剪后晕影"功能。即使是使用 Camera Raw "剪裁工具"剪裁画面后，晕影效果也始终是在新画框基础上叠加的。

在"效果"选项卡"裁剪后晕影"区域中，可供选择的"样式"有3种，分别为"高光优先""颜色优先""绘画叠加"（图4-128）。

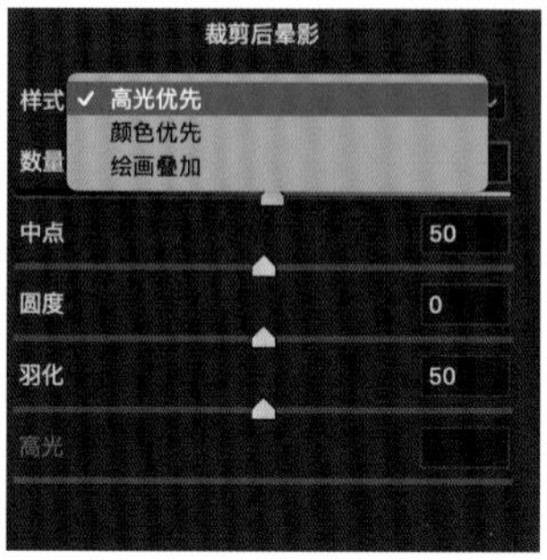

"数量"：正值使角落变亮，负值使角落变暗。

"中点"：值越高会将调整范围限制在离角落越近的区域，而值越低会将调整应用于角落周围越大的区域。

"圆度"：正值增强圆形效果，负值增强椭圆效果。

"羽化"：值增大将增加效果与其周围像素之间的柔化程度，值降低会减小效果与其周围像素之间的柔化程度。

"高光"：当"数量"为负值时，"高光优先"或"颜色优先"样式下此滑块可用，控制图像亮区中的高光"穿透"程度，如在路灯或其他明亮光源照射下。

"高光优先"：在保护高光对比度的同时应用"裁剪后晕影"，但可能会导致图像暗区的颜色发生变化。适用于具有重要高光区域的图像。

图4-128

116

图4-129　原图

"颜色优先"：在保留色相的同时应用"裁剪后晕影"，但可能会导致明亮高光部分丢失细节。

"绘画叠加"：通过将原始图像颜色与黑色或白色混合来应用"裁剪后晕影"。适用于需要柔和效果的情况，但可能会降低高光对比度。

下面通过两个案例来看"裁剪后晕影"在照片中添加的方法。

案例1

以原图（图4-129）为例，通过图4-130中晕影的参数设置压暗角落的晕影，产生汇聚、厚重的视觉效果（图4-131）。

图 4-130

图 4-131　效果图

案例2

以原图（图4-132）为例，通过图4-133中晕影的参数设置，加亮角落的柔和晕影，产生柔美、浪漫的视觉效果（图4-134）。

图4-132　原图

图4-133

图 4-134　效果图

4.6 综合案例

这一章里，我们学习了后期流程中需要用到的基本功能。下面，我们通过一个完整的图像处理过程，将上面所学到基本功能进行一次融会贯通，你将会从一个RAW格式文件开始，最终得到一个可以发布到网上或朋友圈的"艺术习作"。

需要调整的图像如图4-135。我们可以看到，这是一张水中倒影的图片，色彩比较杂乱，构图很一般，而且左下角还有一个无法避让的元素破坏了画面效果，这让它基本上属于一张"废片"。下面，让我们看看如何通过后期调整来变废为宝。

图4-135

步骤1

在Camera Raw中打开图像，因为颜色并不特别也不统一，所以在这里我们做消色处理，改为单色黑白模式，即在"基本"面板中将"处理方式"选为"黑白"（图4-136）。

图4-136

图 4-137

步骤 2

在"黑白混合"选项卡中根据画面中原有的颜色情况，精细化调整每一种颜色的灰度值，这相当于在拍摄前施加了颜色滤镜，可以控制每一种颜色的灰度，使其更靠近黑色或者更靠近白色。为了黑白影调的整体性，建议灰度值可以整体调低一些（图 4-137）。

图 4-138

步骤 3

在工具栏中选择"污点去除"工具，调整笔刷大小，以水面较干净的地方为取样点，覆盖左下角的多余物体（图 4-138）。

图 4-139

步骤 4

画面上半部分的内容明暗不一，显得有点花且不够统一。在工具栏中选择"渐变滤镜"工具，将曝光值降低 2.50 档，自画面上部拖曳至画面 1/3 处，降低覆盖区域的灰度值，使画面整体影调统一（图 4-139）。

步骤 5

画面只是黑白的，并不能完全表达这一池水给人的清冷感觉。为了强化清冷的感觉，可以打开"分离色调"选项卡，将高光的颜色向黄绿色分离，将阴影的颜色向同类色黄橙色分离，适当地增加两种分离色调的饱和度和平衡值，让画面整体偏向冷色调，即可得到图 4-140 的效果。

图 4-140

步骤 6

至 此，我 们 在 Camera Raw 里所做的基本调整就结束了，更多的细节和构图处理，我们要在 Photoshop 里完成。所以，单击"打开图像"按钮，将图像在 Photoshop 里打开（图 4-141）。

图 4-141

122

步骤 7

画面的构图比例是审美的重要形式之一，二次构图经常可以从形式上挽救废片。这个水池的下半部分拥挤，不如释放出更多的空间可以让画面更有意境。平常所说的二次构图多半是裁剪画面，但其实，添加画面往往也是二次构图的重要手段，尤其是 Photoshop 有强大的内容填充功能，这个功能可以在此一显身手。我们在工具栏中选择"裁剪工具"，在工具属性条里将比例设置为"1：1"的正方形构图，并勾选"内容识别"复选框，然后在画面上向下拉裁剪框（图 4-142）。

图 4-142

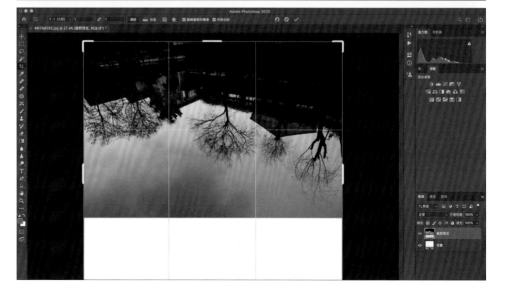

步骤 8

单击对勾，提交当前裁剪操作，可以看到画面空白的区域被自动内容填充了，且毫无违和感（图 4-143）。

图 4-143

图 4-144

步骤 9

现在这张照片基本上就可以算得上一张成品了，为了让画面更具装饰感，在传到网上或者手机上和朋友分享前，还可以为画面做一个白色边框，起到装饰作用，这样图片看起来会有装裱在相框里的效果。在"图像"菜单中选择"画布大小"（图 4-144）。

图 4-145

步骤 10

在弹出的对话框里，不管原图有多大，强制将"新建大小"的单位改为"百分比"，勾选"相对"复选框，确认"画布扩展颜色"为"白色"。然后在此基础上，为画面添加"宽度"和"高度"均为 10% 百分比的白边（图 4-145）。

图 4-146

步骤 11

现在，我们可以在 Photoshop 里模拟画面被打印在纸上装裱的效果，看起来非常有高级感（图4-146）。

步骤 12

最后一步，我们把处理好的习作保存为 JPG 格式文件，输出到计算机的指定文件夹中，然后就可以上传到网上或者发到朋友圈了，就用我们一开始设置好的"快速导出为JPG"（图 4-147）。

图 4-147

图 4-148

恭喜，我们已经完成了这个案例，将一张差点被删掉的"废片"通过后期处理挽救成了一张"艺术习作"（图 4-148）。希望通过这个综合流程，你能明了 Camera Raw 和 Photoshop 的关系以及后期处理的基本工作。从下一章起，我们将针对后期过程的具体任务，分门别类地给大家详细介绍局部操作和模块化的知识。

CHAPTER 5

后期流程——
局 部 调 整

了解了基本的后期流程，还要明白对照片的调整应该分为整体和局部。那么，图像局部元素应该如何选取和控制？ 本章将着重讲解在后期流程当中，尤其是在 Camera Raw 中如何进行局部的后期调整。

5.1　局部调整

5.1.1　"HSL 调整"面板简介

我们依旧选择从 Camera Raw 中进入局部调色。在 Camera Raw 的操作中，前面章节中讲解的重点是"基本"面板，其中关于全局调整的方法已经有很详细的描述。本章我们将深入解析另外一个关于颜色控制的面板，即位于左起第四个的"HSL 调整"面板，这个面板可以帮助我们做到图像局部的精细化控制和颜色的精细化管理（图 5-1）。

HSL 是英文的缩写，第一个 H 是 Hue（色相），第二个 S 是 Saturation（饱和度），第三个 L 代表 Lightness（明亮度）。HSL 指的就是色相、饱和度和明亮度的组合，这 3 项是颜色最基本的属性。

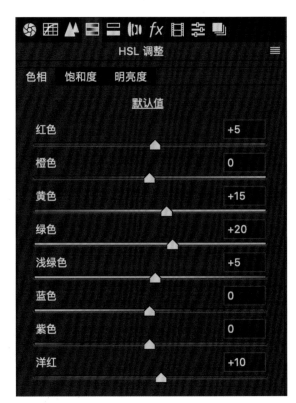

图 5-1

5.1.2　色相

图 5-2 中，这个女孩戴着红色的帽子，这里红色指的就是色相，我们称之为色彩的相貌，也叫色彩的名称，如红色、橙色或绿色。赤橙黄绿青蓝紫，这些都叫作颜色。黑白灰没有色相，所以我们不把黑白灰作为色相属性来形容。

图 5-2

色相是可以转换的。图 5-2 中的女孩穿了一件蓝色的衣服，我们希望能改变女孩衣服的颜色，这时需要修改的就是色相。在"HSL 调整"面板"色相"选项卡中，将"蓝色"滑块向右拖动到 +100，便可以看到蓝色转换成了紫色（图 5-3）。

图 5-3

5.1.3 饱和度

对于图 5-2，我们来看饱和度。我们形容图中绿植的颜色是鲜艳的还是灰暗的，就是指这个颜色饱和度的不同。从视觉角度看饱和度是指颜色的鲜艳程度。从参数角度看，饱和度表示色相中灰色所占的比例，它使用从 0%（灰色）到 100%（完全饱和）的百分比来度量。图中如果绿色的饱和度很高，它会显得非常鲜艳（图 5-4）；如果绿色的饱和度不高，会显得比较灰暗（图 5-5）。

图 5-4

图 5-5

5.1.4　明亮度

　　明亮度指的是色彩的亮度或明暗程度。以图 5-2 中的红色帽子为例，增加明亮度，红色变亮（图 5-6）；减少明亮度，则红色变暗（图 5-7）。

　　所以对照片进行后期处理的时候，我们要做的工作之一就是对画面中的颜色进行判断：哪些颜色是需要加强的，哪些颜色是需要弱化的，哪些颜色是可以在色相之间转换的。本质上，调色就是在做色相、饱和度和明亮度的调整。

图 5-6

图 5-7

5.1.5　目标调整工具

如上所述，在图 5-2 中，如果想要调节女孩衣服的饱和度，可以切换到"HSL 调整"面板，把"饱和度"选项卡中的"蓝色"滑块向右拖动就可以了。但通常情况下，肉眼并不是很容易判断这个蓝颜色由"饱和度"选项卡中的哪几个颜色组成，你会发现它里面不仅有蓝色，可能还有一点浅绿色。此时，最好的方法是借助与 HSL 选项组相配合使用的"目标调整工具"。

"目标调整工具"位于工具栏左起第五个，它可以直接定位所选颜色相关的颜色滑块（图 5-8）。使用"目标调整工具"时，首先要确认当前处于哪个调整选项卡。如果我们想调整饱和度，那就要停在"HSL 调整"面板的"饱和度"选项卡。

选择"目标调整工具"，在女孩的蓝色衣服上按住鼠标左键，并向右拖动，蓝色的饱和度增加的同时，浅绿色的饱和度也增加了，这表示当前的取样点里含有两种色彩（图 5-8）。往左拖动，则蓝色和浅绿色的饱和度同时降了下去（图 5-9）。

图 5-8

132

图 5-9

我们再以调节色相为例，尝试调整帽子的颜色。切换到"色相"选项卡，并将指针放在帽子上，按住鼠标左键并向右拖动，红颜色变成了咖色，可以看到"红色"和"橙色"滑块向右分别滑动至 +100 和 +76（图 5-10）；按住鼠标左键再向左拖动，又会看到这两个滑块都在向左移动。所以，我们可以判断出其中既有红色，又有橙色，"目标调整工具"是同时对这两个颜色进行调节的。

图 5-10

鼠标长按"目标调整工具"位于工具栏的图标，会出现下拉菜单，其中可以看到有"参数曲线""色相""饱和度""明亮度""黑白混合"选项（图 5-11）。我们也可以在这些选项中选择要调整的颜色属性。

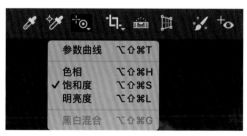

图 5-11

还有一个很重要的调色方式，是使用曲线进行调色，关于曲线的使用方法，我们将在第 6 章中详细地讲解，本章就不另行讲述。

另外，Bridge 里面关于调色的核心内容也在于对色相、饱和度、明亮度的调整以及配合"目标调整工具"的使用。只要把这些内容消化理解，分离色调等其他关于调色的操作就可以触类旁通，因为它们的原理都是一致的。我们只要知道了调整颜色的方向，就可以根据具体情况使用不同的工具去调节。

5.1.6　通过"HSL 调整"控制黑白影调

　　并不是所有图像都适合转为黑白，黑白图像也不只是简单的去色处理。黑白图像从光的角度来说，涵盖了所有的颜色，而每一种颜色转为黑白图像后产生的灰度，又确定了黑白影像的丰富影调。以图 5-12 为例，这是一种典型的彩色图像，画面中色彩分明，有蓝色的天空、绿色的草地、粉红色的花。从颜色成分划分，有蓝色、绿色、黄色还有红色，画面色彩非常丰富。如果把这样的彩色图像转为黑白，就看不到刚才所描述的所有颜色了。但是，如果能将每一种颜色都变成不同级别的灰度，反倒是会让新的黑白图像产生非常丰富的黑白影调。

　　通过颜色来控制黑白影调，有点像在前期拍摄时为镜头添加颜色滤镜。以前在黑白图像中为了得到更黑的天空，往往要在镜头前安装一个黄色滤镜，现在有了强大的后期处理软件，这个前期投入就可以省掉了。下面，我们将通过实际案例，看看色彩转化为黑白的过程中，每一种色彩的层次是怎样控制的。

图 5-12

方法一

首先,我们只需要在"基本"面板中单击"黑白"选项,这张照片就变成黑白的了(图 5-13)。但转成黑白也并不会让它瞬间就变成让人眼前一亮的黑白大片。图 5-12 里的红色、绿色、蓝色、黄色等颜色,它们转化成灰度后影调连在了一起,无法明确地区分出它们的结构和主次。所以在这张照片里,我们感觉不到明显的影调风格。

图 5-13

这时,再切换回刚才的"HSL 调整"面板,发现名字已经变成了"黑白混合",面板上出现了"红色""橙色""黄色"等颜色的滑块,即表示颜色的色相。它们是按照色谱成像的显色波段模式依次呈现出来的,即平时我们常说的赤橙黄绿青蓝紫,可以通过控制这些颜色滑块来调整照片的影调。

图 5-14

将"绿色"滑块向右拖动，不受光的绿色草地就会变得更亮（图 5-14）；当把"黄色"滑块向左拖动，受光的黄色草地颜色就会变得更深（图 5-15）；而向左拖动"蓝色"滑块，蓝色的天空一下就被压暗了（图 5-16），衬托出白色的雪山更白。经过这样有目的的调整，画面形成了与刚才不一样的气氛。在黑白影调的体系里，我们主要是通过颜色的明暗程度来控制照片效果的。

图 5-15

图 5-16

到这一步，用"HSL 调整"控制黑白影调的基本方法就介绍完了，但画面影调好像还是较平。我们还可以尝试使用局部修饰工具对画面中心的草和花做一点提高，以达到点睛。在工具栏中选择"径向滤镜"工具，将"曝光"增大 0.40 档、"对比度"增加 70、"白色"增加 60。然后在画面中心的草皮中拖曳一个椭圆，这样，就像有一束光照亮了画面中心（图 5-17）。

图 5-17

最终的画面效果如图 5-18，可以看到，整个画面的黑白影调，按我们的需要控制在了一个整体较暗的调性中。你也可以尝试按自己的喜好，重新定义不同颜色在画面中的黑白明亮度的值，将整个画面的影调控制在较亮的调性中，试一下吧。

图 5-18

方法二

除了上面所讲的转黑白的方法外，还有另一个建议，就是不要直接在"基本"面板中选择"黑白"选项，而是在"HSL调整"面板的"饱和度"选项卡中去除所有颜色的饱和度，即把所有颜色的饱和度设为−100（图5-19）。

图5-19

在彩色照片的基础上再调灰度有两点好处，不仅"HSL调整"面板中的"色相""饱和度""明亮度"属性依然存在，可以像调彩色照片一样继续控制各种颜色的色相和明亮度（图5-20），而且"基本"面板中的"自然饱和度""饱和度"调节滑块也被保留，还可以对画面的整体颜色进行控制（图5-21）。这个时候再去调饱和度，依然可以看到照片会有非常微妙的明暗变化，这个可以变化的属性在某些情况下很可能就会拯救你的照片。

图5-20

图 5-21

　　这样的操作还有另一个好处——我们可以只保留其中某一个颜色的饱和度,照片忽然间就会变得与众不同,从而有可能从所有的照片中脱颖而出。如图 5-22,我们仅仅将"饱和度"选项卡中的"洋红"滑块拖动至 -40,而将其他颜色滑块降为 -100,画面中的花即被强调出来,非常容易地在黑白底色上只保留了一种颜色。

　　如果在"基本"面板中直接选择"黑白"选项,有哪些缺失呢? 首先,"HSL 调整"面板中的"饱和度"和"色相"的调整没有了;其次,"基本"面板中的"自然饱和度"和"饱和度"也没有了。但是,这些东西对画面绝对是有影响的。

图 5-22

　　放开思路,多掌握一种控制黑白的方法,就不会局限在常用的那一两种方法上,从而在处理某一类照片时,就会更加游刃有余。

5.1.7　分离色调

顾名思义，分离色调就是将画面的色调区分开调节，被分离的色调特指画面的高光和阴影部分。分离只针对亮度不针对颜色。因此，分离色调会对高光和阴影重新着色后使照片形成统一的调性，尤其是当照片颜色太杂乱或者没有倾向性的时候，我们就会使用分离色调来调整图像。它能够使一批照片的色调统一，让一组照片看起来更像是一个系列作品。此外，它也可以强化颜色数量不多的照片，使照片更具风格。"分离色调"面板如图 5-23 所示。

图 5-23

在这张风景照片中，洋红色的夕阳在反射着蓝天的雪景中缓缓落下。画面颜色不多，略显平淡，但我们可以通过分离色调来强化这种冷暖关系。首先针对高光区，将"色相"定位为 30 的暖黄色，并将下方的"饱和度"提高到 46，随着饱和度的变化，着色的效果明显提升。因为高光区域包含了部分中间调区域，所以调整会影响到整个画面的色调，呈现出暖暖的感觉（图 5-24）。

图 5-24

参考高光区的着色方式，我们在阴影区可以进行同样的操作。阴影区控制着画面的暗部结构信息，我们定位到偏冷的蓝色，将"色相"调整到 236，增加"饱和度"至 73，强化分离色调效果。如图 5-25 所示，画面中的暗部强化了蓝色。

图 5-25

面板中的"平衡"选项主要用来界定高光和阴影的分界标准，通过改变平衡来偏移两个不同的调整色调对于整体画面影响的强弱。在这里，向右移动"平衡"滑块至 +3。最终效果如图 5-26 所示。

图 5-26

技巧提示

在进行分离色调调节时，尽管"色相"滑块位于上方，但建议先将高光和阴影的"饱和度"拖动到一个较高的值，比如中值 50。这样做的好处是可以预览到即将调整的颜色对画面的影响效果，然后再去对高

光和阴影部分进行调节，选择合适的色相。当对色相满意之后，我们再将"饱和度"调节到合适的范围，并进行细微的调整。

其实，除了给彩色图像定色彩倾向性外，利用分离色调的着色功能还可以为纯粹的黑白图像着色，添加适合的情感因素。这里所说的为黑白图像着色，并不是通过上色把黑白图像还原为彩色图像，而是指通过某种色调来代替画面中的黑白关系，使之偏向某种色彩。我们也称这种图像为单色调图像或者双色调图像。以图 5-27 为例，对这张照片进行着色。

图 5-27

我们可以选择仅对画面中的高光区进行着色，以保证暗部支持的颜色结构不受影响，或者反过来，仅对阴影区进行着色。这时得到的图像都只用一种颜色代替了黑白关系，这样的图像被称为单色调图像。如图 5-28 所示，在亮部为画面添加了暖黄色，使得黑白图像出现了类似铂金的质感。

图 5-28

如果同时对两个区域着不同的颜色，还可以得到比如亮部偏冷、暗部偏暖的图像，因为有两种色调参与，所以这种图像被称为双色调图像。如图 5-29，在之前图像的基础上为暗部着冷色，画面中的暗部出现了蓝色，整个照片显现出冷暖对比的关系。

图 5-29

再适当地调整"平衡"，使冷暖不要太平均。在这里，我们向右移动"平衡"滑块，将高光区的调整色调作为主色调。效果如图 5-30 所示，一张黑白图像被附着了一层影调。

图 5-30

局部修饰的方法除了颜色的修饰外，常用的还有"污点去除"和"红眼去除"。在后期处理中，"污点去除"是使用频率非常高而且非常简单的一个工具，我将在下一小节对它稍做介绍；"红眼去除"则更简单，这里就不占用篇幅介绍它了。

5.1.8　污点去除

　　"污点去除"工具在 Camera Raw 中主要应用于去除画面中的瑕疵部分以及局部影响整体的细微部分，比如去掉脸上的青春痘，去掉乱入画面的电线，去掉皮肤上不合适的纹身等。"污点去除"工具适合小范围修饰，不适合大范围使用，因为难免会在画面上留有明显的修复痕迹。

　　如图 5-31 所示，"污点去除"工具有两个"类型"选项：一个是"仿制"，即修复区的形状和颜色都与取样来源区完全相同；另一个是"修复"，修复区的形状和取样与来源区相同，但颜色与修复区周围相同。

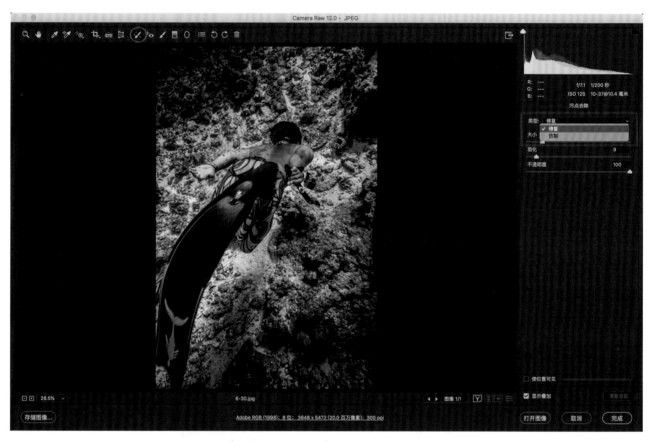

图 5-31

　　"污点去除"工具里的"大小"滑块用来控制修复笔刷的大小。这里有一个快捷的方法是：通过鼠标中间的滚轮滚动或者键盘上的左右方括号键来减少或增加修复笔刷的大小，按左方括号键可缩小修复笔刷，按右方括号键可增大修复笔刷。

技巧提示
按住键盘上的 option 键（Windows 操作系统：Alt 键），出现剪刀标志时，可以删除修复操作。

在使用"污点去除"工具时，可以直接用画笔点按画面中的一个点，比如图 5-32 右上角的一个黑色异物，把画笔的半径调大一点儿，直接点按。相应地，画面中会立即出现一个修复点（红色）和一个取样点（绿色）。如果对取样点的内容不满意，还可以拖曳取样点到一个新的区域，直到得到比较好的效果。

图 5-32

在图 5-32 的正右侧有一长条黑色异物，我猜测那是另一位潜水员的脚蹼。这时要想修复不规则区域，就需要用涂抹的方式来解决。不要把画笔大小调得太大，按住鼠标左键涂抹，即可完成对不规则区域的修复（图 5-33）。

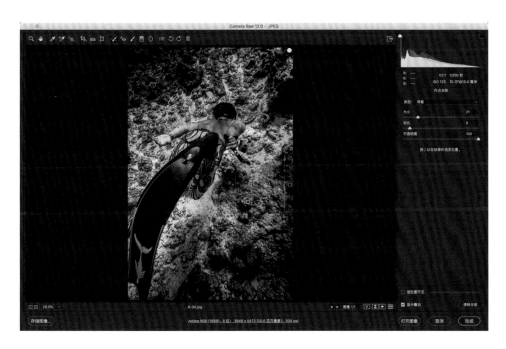

图 5-33

还有另外一个复选框也在此进行介绍。当有大量污点需要修复，比如人脸上的斑点、扫描旧文件上出现的灰尘与划痕，遇到这些污点数量大且有些不容易分辨的情况，以图 5-34 为例，则需要勾选"使位置可见"复选框。这时，画面就会暂时切换到黑白的高反差效果视图，供修复时定位（图 5-35）。画面中少女脸上的雀斑数量多并且有的不是非常清晰，调整时勾选"使位置可见"复选框，所有雀斑就都更加清晰地显现出来了。

图 5-34

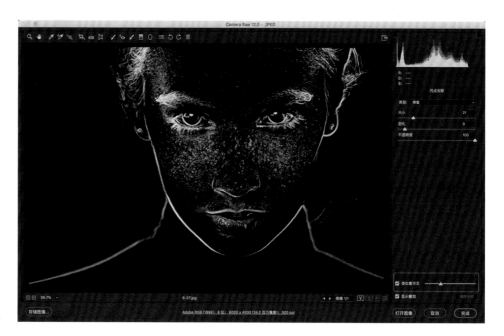

图 5-35

5.2 局部调整案例

局部调整除了颜色的修饰外,还有一些小知识点,就是"污点去除"和"红眼去除"。在后期修片上,"污点去除"是使用频率非常高而且非常简单的一个工具,我对它稍做一下介绍。而"红眼去除"则更简单,这里就不占用篇幅介绍它了。

回顾后期基本操作流程,无论是最开始的校正镜头、校正透视变形,还是随后的校正白平衡、定位黑白场、调整清晰度和饱和度、丰富层次,所有这些操作都是全局性的。全局调整的特点就是对一张照片牵一发而动全身,但是有的时候不管怎么操作,全局调整也不能顾及画面中所有的点。

我们评判一个后期软件是否高级,并非主要看其全局效果,而是要看其局部控制能力如何,细节处理怎么样。细节、局部处理得当,画面效果才会被控制得好。毕竟在多数情况下,对一张照片进行调整时,全局操作不能解决所有的细节问题。

我们知道 Camera Raw 的图像调整选项卡中的控件可以影响整张照片的颜色和色调,而在 Camera Raw 中用于局部调整的工具主要有 3 种:"调整画笔""渐变滤镜""径向滤镜"。

如果要调整(如减淡或加深)照片的特定区域,可使用 Camera Raw 中的"调整画笔"工具和"渐变滤镜"工具。

使用"调整画笔"工具可有选择地应用"曝光度""亮度""清晰度"和其他调整控件,具体方法是将这些调整"绘制"到照片上。

使用"渐变滤镜"工具可将相同类型的调整以渐变的方式应用于照片的某个区域,并且可以随意调整区域的宽度。

这两种类型的局部调整不但可以应用于任何照片,而且可在多个所选图像间同步局部调整设置。 还可创建局部调整预设,以方便快速地重新应用经常使用的效果。

图 5-36

就像 Camera Raw 中应用的所有其他调整一样，局部调整是非破坏性的调整——这些调整并非永久地应用到照片中。局部调整与图像一并存储在 XMP 附属文件或 Camera Raw 数据库中，具体取决于 Camera Raw 首选项中指定了什么。

有时候我们面对大自然会看到特别令人动容的场景，但是人眼和相机的区别就是人眼看到了相机却不一定能拍出来，因为目前相机能够记录的宽容度和人眼对于光线的感知程度相比，后者是前者无法企及的。以图 5-36 为例，遇见这种大光比的情况会产生的问题——无论如何去调整曝光，如果想很好地还原画面右方树木阴影的细节，远方的天空一定会过曝；要想照顾天空云彩的细节，树干处一定会曝光不足，这就是我们所说的无法兼顾。

所以在前期拍摄时，我们只能用相机尽量去捕捉这一画面，然后通过后期调整无限地去接近当时记下的场景中的各处细节，把当时的感受尽量还原、传递并表现出来就可以了。

掌握 Camera Raw 中的局部调整功能需要配合使用"调整画笔""渐变滤镜""径向滤镜"这 3 种工具，以达到局部修饰的目的。我们以图 5-36 的风光照片为例，介绍在后期流程当中配合使用这 3 种工具的思路。

我们先来分析一下这张照片，梳理一下后期思路，就可以有目的地进行处理和调整了。

1. 首先，我们要提升逆光处主体树干的亮度和质感。

2. 需要局部处理的地方还有地平线和云开处那一抹霞光。

3. 然后压暗天空和地面，会更突出作为画面主体的树木。

4. 最后，用常用的冷暖对比色统一影调。

步骤 1

开始局部调整前，先进行画面整体的调节。在 Camera Raw 中打开图 5-36。在"基本"面板中调节色温，向左拖动"色温"滑块至5900 左右，给画面增添蓝色的冷色调。先把整个画面的调性定为暗调，接下来调黑白场。把"黑色"滑块向左移动至 -25，先做实黑色；然后把"白色"滑块也向左移动，压制画面中的亮色范围；云层左边山边的地方最亮，容易曝光过度而没有细节，所以直接把"高光"滑块尽量向左推至 -64，让高光区的细节显现出来。树干处在逆光外，也就是画面阴影的地方，容易没有细节，所以我们把"阴影"滑块向右拖动至 +58，通过数字底片"压榨"出阴影部分的细节。"色调""对比度""曝光"可以适当地增加一些，并用"纹理"强化质感。"自然饱和度"和"饱和度"都应增加，调整后的效果如图 5-37 所示。

图 5-37

步骤 2

在进行更多局部色调调节前，再做一下画面杂物的清理工作。可以明显看到左侧伸入画面的一簇树叶非常细碎，直接使用工具栏上的第九个工具——"污点去除"工具调整出"大小"适当的笔刷，用旁边的天空覆盖这簇小树叶，让画面更干净。效果如图 5-38 所示。

步骤 3

画面的调性依然有些亮，我们使用曲线再压暗一些。可以借助工具栏中的第五个工具——"目标调整工具"，切换到"色调曲线"面板，在天空处按住鼠标左键往左拖动，降低画面的亮度，如图 5-39 所示。

图 5-38

图 5-39

步骤 4

继续使用局部调整工具，在工具栏上还有另外几个常用的调节工具，分别是"调整画笔""渐变滤镜""径向滤镜"。这 3 个工具的调节方法、调节思路都是完全一样的，只是操作面板略有不同，所以要根据需要来选择适当的工具。通常情况下，"调整画笔"是最常用的，大多数的微调都要通过"调整画笔"来实现。这张照片我们想让天空再深一点、蓝一点，如果仅通过改变"色温"滑块来做全局调整，不仅天空会变蓝，画面整体也会变蓝。所以就需要使用局部调整工具。首先我们可以使用"渐变滤镜"，"渐变滤镜"这个功能是完全模仿真实的中灰渐变镜功能，熟练使用外置中灰渐变镜的朋友一定不会觉得陌生。在 Camera Raw 上方的工具栏选择"渐变滤镜"后，我们会发现界面右侧的操作面板也随之更改了。但是其中的大部分属性还是一样的，如"色温""曝光""高光""阴影""饱和度"等，只不过多了"锐化程度""减少杂色""去边"等一些选项（图 5-40）。在做局部调整之前，必须先调整参数。现在是要进行天空的调节，我们想让天空的颜色再暗一些、偏蓝一点，那实际上是要先减少曝光再加蓝，我们先将"曝光"滑块拖动至 -0.50。加蓝色有两种方法，除了最简单的把"色温"滑块拖动到冷色调外，这里再介绍一种类似直接安装蓝色偏色镜的做法：在下面的"颜色"选项里单击色块，在弹出的"拾色器"里选择一块蓝色即可，如图 5-40 所示。

图 5-40

图 5-41

技巧提示

我们平常拍照时大多见过中灰渐变镜，它的镜片由灰色逐渐过渡到完全透明（图 5-41）。中灰渐变镜在风光摄影中很常用，比如在拍摄夕阳时，中灰渐变镜可以把进入镜头上半部分的光线进行一定程度的遮挡，那么天空部分的过度曝光就得到了修正，细节就出来了。而"渐变滤镜"就相当于通过后期处理实现中灰渐变镜的效果，使用起来更加灵活方便。

图 5-42

步骤 5

设置好了参数，现在就可以在画面上方单击鼠标左键并从上往下拖曳，直到画面上方大部分区域都被包含在选区内，渐变效果就生成了（图 5-42）。在做渐变效果的时候，建议不要将照片满屏显示，稍微缩小一点，便于我们观察"渐变滤镜"作用的起始点以及覆盖范围。添加"渐变滤镜"后，如果觉得调整幅度还不够，还可以再次添加。比如我们想让天空再蓝一点，那么"曝光"滑块还可以再降低，让蓝色变得更深。

步骤 6

如果仅对画面中间部分进行调整，可以使用"调整画笔"或"径向滤镜"，这里先以"径向滤镜"为例。我们对地面继续进行加深处理。首先复位参数面板的参数，在"曝光"选项上用鼠标左键单击 $\ominus$，可以看到之前所有改变的参数复位了。然后将"曝光"减至 -1.35。为了呼应天空的蓝色，我们同时将"色温"滑块拖动 -14，使画面偏向蓝色。但同时，因为有夕阳，所以我们把"色调"向右移至 +13，给画面加一点洋红色，营造出夕阳的红色。为了保证地面的雪不至于太黑，把"白色"一项向右移至 +23 以提高白色的色值。最后，再强化一下地表的质感，把"纹理"增至 +33。同样，设置好参数后，在工具栏中选择"径向滤镜"工具，在需要提亮的地面创建椭圆形径向滤镜，此时画面中心的效果如图 5-43 所示。为了便于建立径向滤镜，可以适当缩小照片的观察比例。

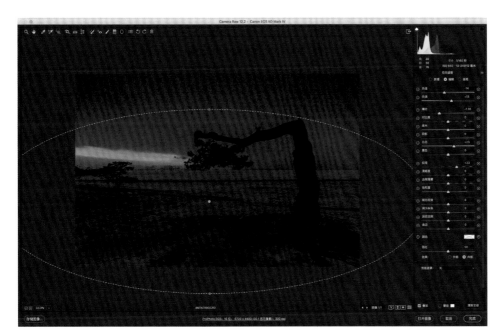

图 5-43

技巧提示

"渐变滤镜"有个特点，即它的作用范围是从边缘开始的。如果我们想把画面中央部分的亮度提高，而从画面中央向右做一个渐变滤镜，操作后就会发现，渐变的影响范围从画面边框就开始了，左侧的大面积区域也被提亮了。所以，设置渐变滤镜一定要从边缘往中间走，尽量不从中间开始。

步骤 7

画面还有几处细节需要通过"调整画笔"来实现局部调整，分别是天际线、云开处和树干。我们先来处理天际线。

图 5-44

在工具栏中切换到"调整画笔"工具后，右侧的面板多了"大小""羽化""流动""浓度"几个选项。在这些参数中，"羽化"是指画笔边缘的渐变范围，调整画笔中央黑色的实线圈和外面虚线圈之间就是羽化的范围。 所以当羽化值调到很大时，实线圈和虚线圈之间的间隙就越大。"流动"的参数值实际上是和"浓度"相关的，所以建议大家千万不要把这个值调得很高，最好是把数值稍微调小一点，操作时淡淡地一层一层往上去刷。我们的目的是把远处的天际线刷亮一些，所以在工具栏选择"调整画笔"工具后，把色温变暖，色调偏红，曝光加大，高光和白色都调高。然后，将画笔"大小"改为3，贴着地平线刷亮天际线，注意不要刷到树干，所以应该分成两笔来画。图 5-44 显示的是画笔的轨迹，最终调整后的效果如图 5-45 所示。

图 5-45

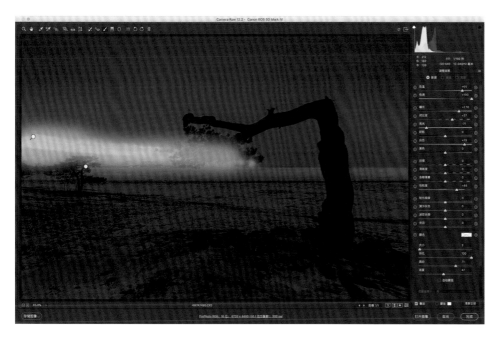

步骤 8

左边的云开处也可以做局部调整，让夕阳透光地方的颜色更鲜亮一点。新建一个画笔，单击"色温"旁边的"⊕"复位所有参数。然后将"色温"调至 +65，"色调"调至 +100，目的是为了将夕阳的色调加黄、加红。"曝光""对比度""白色""饱和度"都加大，具体可以参考图 5-46 中的参数。但为了不让"高光"溢出，要降低它的参数。调整好后，就可以在云开处小心涂抹。图 5-46 显示了画笔的轨迹，最终效果如图 5-47 所示。

图 5-46

图 5-47

步骤 9

我们把画面调暗，主要是想突出逆光处的树干。现在，就可以对作为画面主体的树干做局部调整了，从而让细节更多一些。新建一个画笔并复位所有参数。用"大小"为2的画笔。将"曝光"提高至+3.25。提高"白色"至+100。为了突出树干的质感，将"纹理"增至+59，除"色温""色调"外其他参数不变。使用"调整画笔"工具沿树干内部刷，小心不要刷出树干外，否则会出现很丑的白边。如果不小心刷出了树干，可以选择面板中的"清除"选项，小心清理一下。画笔轨迹如图5-48所示，最终效果如图5-49所示。

图 5-48

图 5-49

技巧提示

要删除修改的效果也很简单，只要用鼠标左键单击代表画笔修改的红色圆点，直接按delete键就删除掉了。

我们在 Camera Raw 里对照片的初期调整就结束了，照片仍然有较多的细节处理在 Camera Raw 里无法完成，需要进行更精细的操作，这就需要单击"打开图像"在 Photoshop 里用更精细的减淡、加深等工具进行修饰了。比如，我们可以在树干上进行更细的绘制，天际线的亮度过渡也可以处理得更平滑。这些都会在之后的章节中慢慢和大家介绍。照片进行初期调整后的最终效果如图 5-50，可以把它和之前的图 5-36 对比一下，看看后期调整前后的差别。

图 5-50

在这个案例中，当相机的宽容度无法同时满足天空适当的曝光需求，又能保证逆光处有足够的颜色和细节时，就需要通过后期局部调整来尽量还原当时的场景。所以评判一张照片的优劣，很大程度要看局部调整是否做得到位。这就要求我们能够灵活熟练地应用"调整画笔""渐变滤镜""径向滤镜"这 3 个专门用来做局部调整的工具。

CHAPTER 6

后期流程——
曲 线 调 整

曲线可能是已知的资格最老的工具之一了，1990 年 Photoshop 推出 1.0 版本时，就有了曲线功能。历经 30 多年的版本变化，曲线却几乎没有什么变动。现在，它甚至多了无数个分身，比如，现在我们使用频率更高的可能是 Camera Raw 里面的"色调曲线"。正因为它是一个元老级的功能，所以大多数人都认为曲线是 Photoshop 中最为专业的控制工具——功能极为强劲且富有极高的灵活性，有人甚至认为曲线犹如一把"万用刀"，集丰富的用途于一身。如果有限定条件表明只能选用一种工具，曲线当然是首选。

然而对曲线的过分"神化"也是不可取的，虽然曲线有十分强大的影像处理能力，但与 Photoshop 的其他各种调整工具相比，曲线能做到的也只有一部分。因此，曲线必须配合其他工具，才能获得完美的结果。

对于新手来说，曲线相当难掌握，特别是要利用曲线校准色彩非常不易。但使用曲线调整画面的明度和反差还是非常容易理解的。在本章，我们不但要通过一些经典案例来理解曲线，更多的还会讲到曲线的原理和其他命令的比较。总体上，本章更像是对曲线原理的介绍。

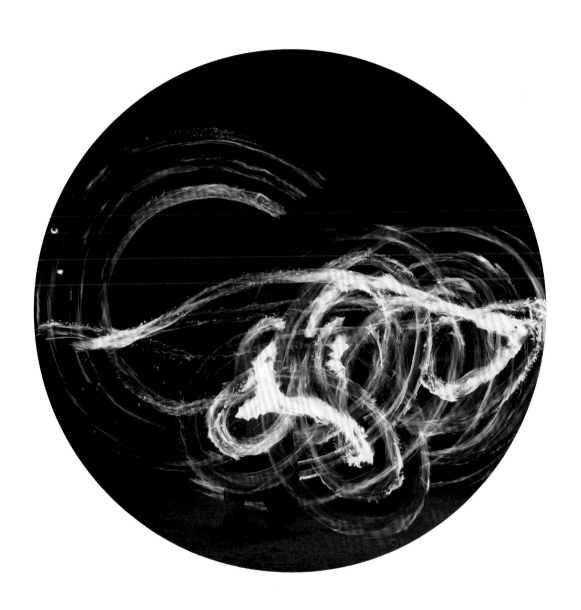

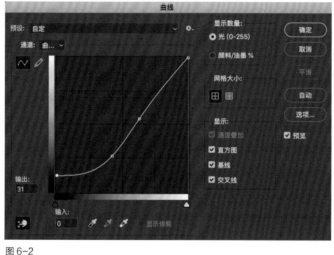

6.1 曲线入门

6.1.1 曲线都在哪里

从传统意义上看，大家熟知的曲线都在常说的"色调曲线"面板里。但在本章中，我会将曲线所有作用到的位置都罗列出来，看看曲线是不是如大家所说的到处都有。总体来说，我们可以在以下 4 个地方看到曲线，包括显见的和隐藏的。

第一个位置，Camera Raw 里有一个专门的"色调曲线"面板，其中的曲线分为"参数"曲线和"点"曲线两种（图 6-1）。

第二个位置，在 Photoshop 里，通过调整菜单下的曲线命令可以找到最经典的曲线调整面板（图 6-2）。

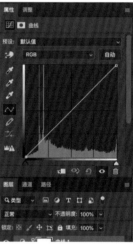

图 6-1

图 6-2

图 6-3

158

第三个位置，多数情况下曲线通过调整图层施加在图层上，这样可以避免在图层上直接调整颜色导致的无法多次修改，曲线操作的方法和施加的效果和上述无异（图 6-3）。

第四个位置，在"图层样式"（图 6-4）里，所有被勾选的效果比如"阴影"或"外发光"效果，都有一个"等高线"效果的选项，这部分效果由内置的曲线形状来控制。如果读者尚不明白，学习完 6.1.4"曲线的形状和功能"小节后，自会知晓其中道理。

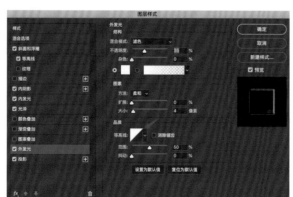

图 6-4

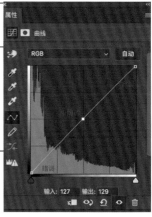

技巧提示

我们经常在音乐播放软件或是组合音响调板上见到音色调整按钮。向上移动为增强，向下移动是减弱。声音有高音、中音、低音之分，体现在具体操作中，一般是左端控制低音部，右端控制高音部。对声音的调

节方式与对曲线的调节方式异曲同工，Photoshop 也将图像的暗调、中间调和高调通过一条线来表达。如图 6-5，线段左下角的端点代表暗调，右上角的端点代表高调，中间的过渡点代表中间调。

图 6-5

159

以上，就是我们总体上看到曲线的地方。所以，本章在讲解曲线的时候，不会局限在某一个位置，可能一会儿用 Camera Raw 里的曲线讲解，一会儿又跳到 Photoshop 里的曲线。请读者务必了解，这样做是为了全面展示曲线功能，但其基本原理都是一样的。曲线的影响力远比它存在的地方还大，换句话说，它甚至可以取代现存的很多命令，关于这一部分，我们在理解了曲线的基本功能后，会在 6.3 节详细展开。

6.1.2　曲线的简易操作方法

Camera Raw 中的"色调曲线"使用频率最高，我们先从这里入手，教大家如何快速上手曲线功能。在 Camera Raw 中打开一张图片，在面板区切换至第二个面板，即"色调曲线"面板。Camera Raw 里有两种曲线，"点"曲线和"参数"曲线，我们先从"点"曲线开始（图 6-6）。

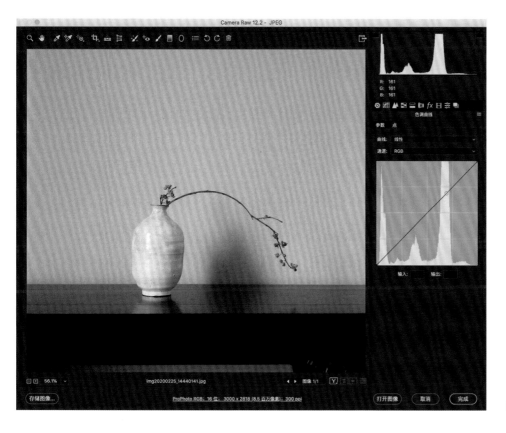

图 6-6

步骤 1

单击"色调曲线"面板中的"点"标签。现在"色调曲线"面板里呈现的是未调整的曲线，它一点儿也不弯曲，而是一条直线。用数学的语言说，这是一条"线性"线，它代表着从输入到输出没有发生变化。

我们为这张图增加一些对比度，最简单的方法就是从"曲线"选项的下拉列表里，将"线性"改为"强对比度"（图6-7）。这是已经预先设置好的，我们可以看到图像有了变化。和之前的图像相比，现在的画面效果对比强烈，差别主要在于曲线变得比之前陡峭了。曲线越陡，对比越强。反之则相反。

拖曳曲线上现有的"锚点"粗调，或者选择"锚点"后利用键盘上的方向键微调。如果要删除某个锚点，将它快速扔出曲线就可以。

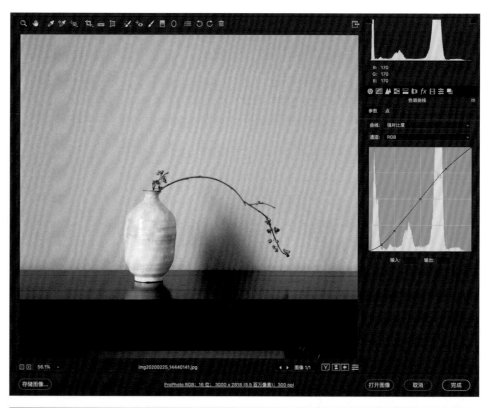

步骤 2

如果你不太习惯使用"点"曲线，那也可以使用"参数"曲线。单击"参数"标签，就会看到4个滑块，分别控制曲线的4个区域。"高光"控制曲线的上方，也就是图像的亮部区域。然后是"亮部"，对应中间调和亮部之间的区域。还记得之前的"强对比度"效果吗？我们拖动滑块往右，使曲线变陡，就会使"亮部"变亮。但是白色的瓷器所处的高光区明显过亮了，将"高光"滑块往左拖动，降低溢出的高光。继续往左拖动"暗调"滑块，加大反差。此时，底部的木桌看不到暗部阴影里的细节，将"阴影"滑块往右拖动，提亮阴影的细节，效果如图6-9。如此调整起来，效果还是比较直观的。

图6-7（上图）

图6-8（下图）

在"预设"面板里，单击"新建"按钮，可以将调整好的曲线设置存储为预设，从而能够提高工作效率，节约后期处理时间（图6-8）。

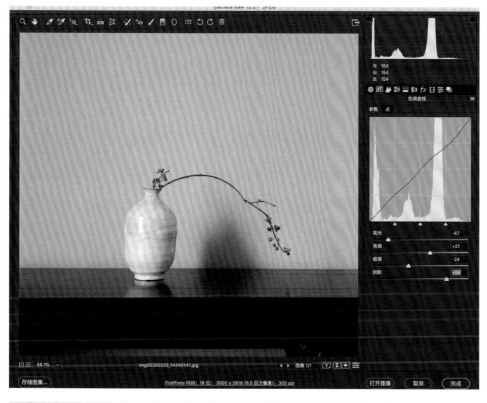

图 6-9

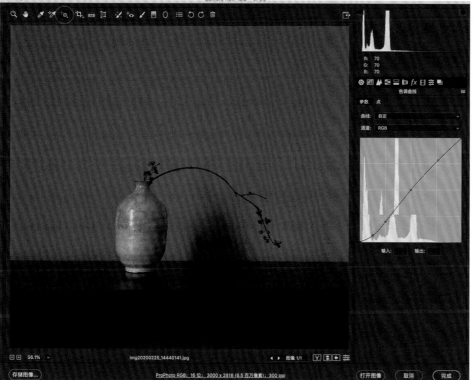

步骤 3

当然，最为直观的曲线调整方法，还要属"目标调整工具"——顶部工具栏中第五个工具。然后将"目标调整工具"移动想要调整的区域，在这里，我们要降低背景墙面的亮度，只需要用"目标调整工具"在这里点按并向下拖曳，就可以压暗并加深该区域（图6-10）。反之，向上会提亮。这让加深和减淡的工作变得更加容易了。需要注意的是：这个工具不仅会调整画面的单一区域，也会影响到曲线本身。这一点要特别注意，但只要不过分调整，基本上还是可以控制到位的。在拖曳的过程中，曲线里的峰值会移动变化，提示用户调整后的峰值位置。

图 6-10

以上 3 个步骤使我们了解了曲线的简易操作，下面我们进入更为专业的层面去理解曲线的本质原理。

6.1.3 曲线的基本状态

关于曲线的基本功能，Adobe 官方做出如下解释：曲线可以更精确地控制色彩和影调，在曲线图上有两个方向的轴，水平轴代表输入色阶（修改前），从左至右表示从暗到亮（0~255）；垂直轴代表输出色阶（修改后），从下到上表示从暗到亮（0 ~ 255）。

初始状态时，图像的色调为一条从左下到右上的直线线段，各个点的输入值等于输出值。直线的左下部分代表阴影，中间部分代表中间调，右上部分代表高光。

我们可以在直线上的任意位置单击来创建一个控制点，向上拖动控制点可提亮对应的图片像素，向下拖动控制点则减暗对应的图片像素。所以，曲线的各种变化其实都是上曲线和下曲线两种形状的各种不同组合，上曲线对应的像素变亮（图 6-11），下曲线对应的像素变暗（图 6-12）。

图 6-11

图 6-12

曲线陡峭, 表示对应部分的影调反差强烈(图 6-13); 曲线平缓, 表示反差较小(图 6-14)。

所以, 不管曲线的形状有多么复杂, 我们只需要知道以下两个基本点。

一是曲线上的每个锚点都有"输入"和"输出"两个值,"输入"代表修改前,"输出"代表修改后。如果输入值和输出值一样, 表示这个点没有发生任何修改。如果要全局修改, 可以拉动整个曲线; 如果要局部修改, 则需要打一些锚点来锁定不需要修改的区域, 只拉动需要修改的目标区域的曲线。

二是曲线如果是在复合通道的坐标系里被修改, 对应的是图片亮度变化, 即明暗变化; 如果是在单色通道里做调整, 对应的是图片的颜色变化。

由此, 我们实际上一共可以操作 4 条曲线(复合通道: RGB。单色通道: 红色、绿色、蓝色)。仅仅这 4 条曲线, 却可以涵盖色阶、对比度、饱和度、亮度、色彩平衡、反相、色彩分离、阈值等调整命令的作用, 而且万变不离其宗。

图 6-13

图 6-14

在 Camera Raw 里，我们可以完成曲线的基本调节，但如果需要更复杂深入的调节方式，则需要回到 Photoshop 的"曲线"面板里，这里提供了更全面的选项，如图 6-15。

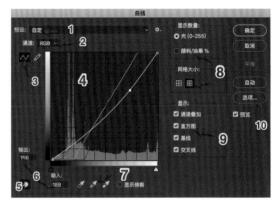

图 6-15

图 6-16

1．"预设"，可选择已经内置好的曲线，方便好用，推荐多多试用。

2．"通道"选择，可以选择 RGB 复合通道调整亮度，或者选择 R、G、B 单色通道调整颜色。

3．调整方式，可以选择手绘曲线或用锚点控制曲线。

4．曲线显示区，曲线的实时调整显示区域。

5．目标修改，可以直接在画面选择一个点通过拖曳曲线来改变当前点的颜色曲线。

6．"输入""输出"，可以观察到当前锚点的颜色曲线值的变化，也可以输入数值来精确定位曲线。

7．黑白场工具，可以纠正色偏，调整对比度和色调等。

8．"显示数量"和"网格大小"当需要进行更精细的调整时，可以切换为小网格来显示曲线坐标。

9．"显示"，决定显示哪些因素，直方图应该是必选项。

10．"自动"和"自动颜色校正选项"，可以选择自动调整的后台算法，很多人不擅于用"自动"按钮，但实际上把"自动"按钮控制好后非常好用，建议进行尝试。

这里细说一下曲线的"自动"按钮，自动给人一种不可控的错觉，所以自动处理的结果似乎完全是在碰运气。实际上，在这里的"自动"按钮背后有 4 种核心算法，我们多数人只使用了默认的第一种"增强单色对比度"的算法，所以觉得效果一般。下面对同一张图片（图 6-17）分别使用 4 种不同算法的自动处理，来对照效果。"自动颜色校正选项"属性如图 6-16，"自动"按钮的默认算法是第一种，即"增强单色对比度"。

"增强单色对比度"：同时直接调整 3 个颜色通道，在保留颜色的同时增加了对比度，这是关于对比度的一种自动算法。（图 6-18 左上）

"增强每通道的对比度"：实际上这是一种自动色调算法，它可以单独地减少颜色通道，并通过增加对比度来改变色调。（图 6-18 右上）

"查找深色与浅色"：这是一种自动颜色算法，它可以自动分图像查找图像的深色和浅色，然后将它们用作阴影和高光的颜色。（图 6-18 左下）

"强亮度和对比度"：自动分析图像，进行内容识别后对单色进行增强。（图 6-18 右下）

在 Photoshop 里，仅"曲线"面板中的"自动"按钮这一项提供的后台算法就有 4 种，请读者在使用这个按钮时，多考虑一下图像的基本情况，再配合使用合适的算法。

图 6-17

图 6-18

6.1.4 曲线的形状和功能

如前所述，曲线的变化无非是多种形状的组合，每一种形状对应着一种功能。让我们从最基本的一些形状演示着手，只要熟悉了曲线的不同形状和对应的功能，自然就会慢慢得心应手。

为了方便记忆和增加趣味性，我们把曲线拟人化，在默认情况下，把曲线的右上部分看作头部，中间部分自然是腰腹部，左下部分就当作腿脚。

图 6-19

下面我将重点介绍 4 种常规形状和 7 种高端非常规形状。4 种常规形状如下。

1. 提亮。简称上曲线，拟人动作：鞠躬（见到光明当然要弯腰示意），如图 6-19。

2. 压暗。简称下曲线，拟人动作：挺肚子（压暗就变黑），如图 6-20。

3. 提高对比度。简称 S 曲线，拟人动作：躬背屈膝，如图 6-21。

4. 降低对比度。简称反 S 曲线，拟人动作：挺胸翘臀，如图 6-22。

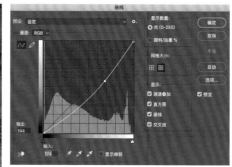

图 6-20

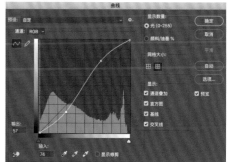

图 6-21

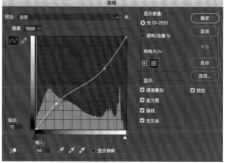

图 6-22

以上4种曲线就是最基本的曲线形状，它们有一个共同的特点，即左右两个端点都没有移动，相当于锁定两个端点后进行的曲线调整。接下来我们再看另外7种形状，它们都将两端的端点进行了移动，所以统一归为非常规形状。

1. 暗部压缩曲线。其特征是曲线左边的端点上移，拟人动作：翘尾巴，如图6-23。

暗部压缩曲线可以使直方图最左边的像素向右移动，类似于把整个直方图往右边压缩，这样就能让画面中的纯黑消失，将画面提亮并给人轻盈的感觉。这条曲线经常感用来模拟胶片，营造所谓的空气感和宁静感。空气感，从原理上讲就是画面中的纯黑部分被非纯黑的颜色替代了。配合降低饱和度，还可以轻松调整出日系风格的照片，它是使用频率非常高的一条曲线。

图6-23

同样是这张照片，我们继续提高曲线左边端点的位置，同时注意观察右上角的直方图，可以看到的是，随着左端点越高，整个直方图左边的缺失部分就越大，暗部就逐渐被压缩消失了（图6-24）。

图6-24

2. 暗部扩展曲线。其特征是曲线的左端点向右移动，拟人动作：夹尾巴，如图 6-25。

这样的曲线用来增加画面中的黑色部分，从而让画面看起来暗部更重。若黑白照片缺失黑场，就可以通过这条曲线来补救，也可以用它来营造严肃或者悲伤的气氛。

图 6-25

3. 亮部扩展曲线。其特征是曲线的右端点向左移动，拟人动作：抬起头，如图 6-26。

这样的曲线可以扩张画面中纯白的部分，让画面的亮部更多，一般用于高调照片。若黑白照片缺失白场，就可以通过这条曲线来补救。

图 6-26

技巧提示

所谓缺失黑场或者白场，其实就是缺失有效像素。做曲线调整时一定要考虑有效像素，如图 6-27 所示，曲线左端和右端都出现了缺失有效像素的情况。这时候使用暗部扩展曲线和亮部扩展曲线就能发挥作用，对画面效果进行补救，之后再进行更深入的其他调整。

黑场就是把照片设置成黑色背景，白场就是把照片设置成白色背景，中性就是二者的中和。

图 6-27

4. 亮部压缩曲线。其特征是曲线的右端点下移，拟人动作：低头，如图 6-28 所示。

亮部压缩曲线可以使直方图最右边的像素向左移动，相当于把整个直方图往左边压缩。这样能让画面中的纯白消失，将画面加暗并给人深沉暗淡的感觉 。

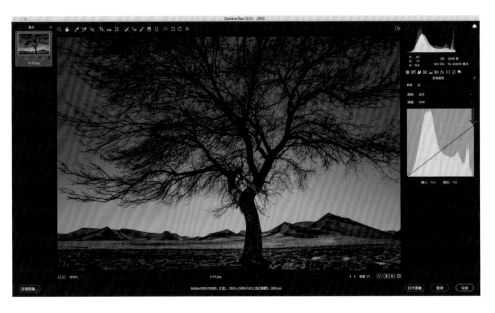

图 6-28

关于曲线里两个端点的控制，我们可以在上面 4 种情况的基础上延展一下，又可以在 Photoshop 的"曲线"面板中得到以下 3 种曲线形状。

5. 反向。简称黑白颠倒曲线，拟人动作：转身，如图 6-29。

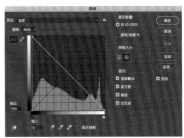

图 6-29

6. 灰色曲线。简称水平曲线, 拟人动作: 躺平, 如图 6-30。

曲线平缓, 代表图像这一部分影调反差较小。曲线只要不是呈水平状态就会有影像, 但如果出现完全水平这种极端情况, 就会依照曲线坐标图左侧所示的灰度条位置出现灰色图像, 可理解为这条曲线的结果就是使画面处于垂直坐标上的某一个亮度。

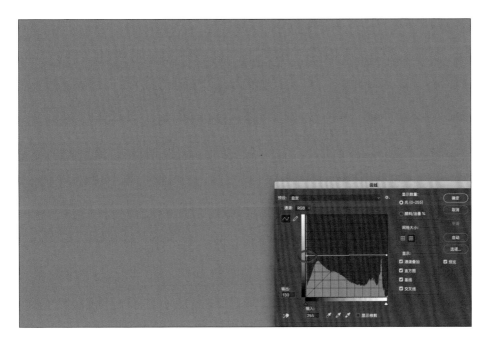

图 6-30

7. 色调分离。简称垂直曲线，拟人动作：立直，如图 6-31。

曲线陡峭，代表图像这一部分的影调反差强烈。当出现极端情况如曲线完全垂直于水平轴时，画面就被最大反差化了。如果我们调整的是一张灰度照片，就会被反差化为只有黑白两色；但如果是彩色照片，因为有 R、G、B 3 个通道，就会出现 8 种以上的颜色（每个通道只有 2 种颜色，3 个通道就会有 2^3 种颜色，所以是 8 种以上的颜色）。

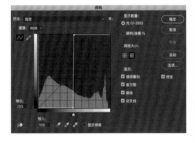

图 6-31

掌握了以上 11 种基本曲线形状后我们可以任意组合它们来修改照片再复杂的曲线，也脱不开上面 11 种基本形状。有些组合曲线虽然整体复杂，但观察到局部，都是由基本形状组合而成的。这也从另一方面说明了曲线的强大——这些基本形状的组合可以完全取代亮度命令、对比度命令、色阶命令等调色命令。那为什么一定要用曲线工具来调整呢？

核心的原因在于曲线可以局部调整。

判断一个后期软件是否强大，除了要判断它在全局调整上是否厉害，更重要的是判断它在局部调整上是否功能强悍。曲线的强项就在于通过打锚点的方式来锁定或保护一些区域，从而只操作局部。

举个例子，如果一张照片的亮部曝光正常，但阴影部分有些欠曝，该怎么办呢？如果用亮度命令调整，整体都会变亮，而用图层蒙版则稍显复杂。这时候，曲线工具就派上用场了：在曲线的亮部单击鼠标左键，建立一个锚点，这样整个亮部区域相当于被锁定了，然后往上拖曳左下方的曲线，相当于对暗部做了提亮调整，同时也保证了高光部分的曝光正常（图 6-32）。

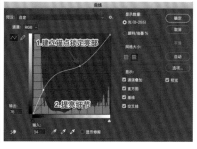

图 6-32

技巧提示

要删除曲线上的某个点，选择这个点并按 delete 键。如果需要将选定的点移动 1 个单位（微调），可选择这个点并按上下左右箭头键。在"输入"和"输出"下面都有一个数值框，可以输入具体的数值进行更加精确的调整。

将11种曲线形状任意组合，再加上锚点，能够更加直观地理解曲线的每种变化。 比如下面这条曲线，如图 6-33 所示，请问它代表什么意思？

图 6-33

这条曲线的意思是：提高画面对比度的同时，消除画面中的纯黑色 。

瞧，就这么简单。

6.1.5　曲线和通道的关系

以上所有操作都是在复合的 RGB 通道上进行，主要是对画面的明度进行调节，而如果要用曲线来控制颜色，则需要通过单色通道曲线来调节。

通道模式除了常用的 RBG，还有 Lab、CMYK 等不同介质的模式。通道的本质都是记录颜色信息，所以，万变不离其宗。本章将只讨论在 RGB 色彩模式下如何调整照片颜色。在 RGB 色彩模式里，R 代表红色，G 代表绿色，B 代表蓝色——这是光色三原色。

曲线在复合通道里只能控制照片的明度。在单色通道里其实包含着不止 3 个颜色，因为根据光色的混合原理，我们至少可以在 3 个原色的基础再得到 3 个二类色，分别是品红、青色和黄色，如图 6-34。

简单来说，明度可以理解为颜色的亮度，不同的颜色具有不同的明度。例如黄色就比蓝色的明度高，在一个画面中正确安排不同明度的色块也可以帮助表达作品的感情，如果天空比地面明度低，就会产生压抑的感觉。任何色彩都存在明暗变化，其中黄色明度最高，紫色明度最低，绿、红、蓝、橙的明度相近，为中间明度。

174

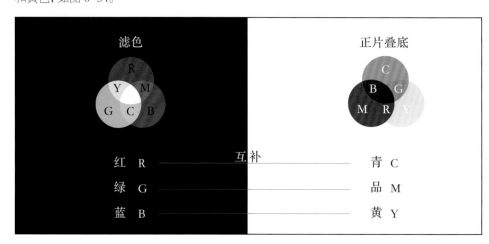

图 6-34

所以，在单色通道模式下，每个通道有两类颜色可以调整——原色和它的补色（补色位于原色的完全对立位置）。补色的获得方式有两种，如黄色可以通过红色加绿色或减蓝色来获得。另外 5 个颜色的作用如下。

红色：可以为照片整体添加红色或者青色（红色为原色，青色为补色）。

绿色：可以为照片整体添加绿色或者品红（绿色为原色，品红为补色）。

蓝色：可以为照片整体添加蓝色或者黄色（蓝色为原色，黄色为补色）。

青色：可以通过绿色加蓝色或减红色得到。

品红：可以通过红色加蓝色或减绿色得到。

以上，就是单色通道调整颜色的核心内容。

在对单色通道进行的曲线调整里，上下拖动曲线不同位置的点，会对图像中相应区域的颜色和亮度值都产生影响。

向上拖动锚点是加强这个位置上原色的颜色强度和亮度，向下拖动则是减弱这个位置上原色的颜色强度和亮度，同时还增强了对应的补色的颜色强度。例如：如果想让照片增强红色氛围，那么将红色通道曲线向上拖动调整就可以；如果想让照片增强黄色暖色调，但原色通道里根本没有黄色，此时可以根据补色原理，将蓝色通道曲线向下拖动就能够达到（蓝色的补色是黄色）。各单色通道的颜色示意如图 6-35。

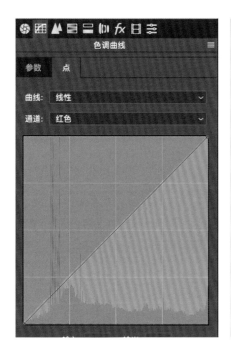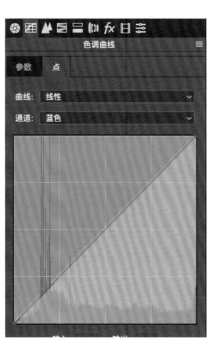

图 6-35

我们通过 Camera Raw 里的一个小练习并结合上述知识点，理解曲线形状在单色通道上的颜色控制。首先看一下效果图。如图 6-36 所示，上图为原图，下图为处理后的效果图。这张照片本为紫色调的环境色，亮度也偏不足，我们的目标是将它改变为蓝色调，同时增加层次感。用 4 个步骤即可完成，这个例子里我们只会用到曲线。

图 6-36

步骤 1

在"色调曲线"面板里对复合通道
也就是 RGB 通道里做一些亮度调
整。利用前面讲到的"S 曲线"对
图像进行微调，增加图像对比度。
所得效果只针对明暗而不针对颜色
（图 6-37）。

图 6-37

步骤 2

切换到红色通道里，将曲线调整为暗部扩展形态，并同时给画面加青色调（减红相当于加青），同时增加暗部细节（图6-38）。

图 6-38

步骤 3

在绿色通道里轻微提亮，使画面的蓝色调更加柔和，并给画面中的水增添一点绿色的感觉（图6-39）。

图 6-39

步骤 4（可选）

最后，可选择在"色调曲线"面板蓝色通道里加提亮效果，加强画面的蓝色调（图6-40）。

图 6-40

以上，就是曲线在单色通道里调整颜色的基本方法和思路。

6.2 曲线调整案例

6.2.1 曲线去色罩

本书虽重点讲解关于数码图像的处理，但彩色负片扫描后也就变成了数字文件。所以，为胶片去色罩的方法也会在本书中涉及。

什么是色罩? 从专业角度来说，彩色负片使用暗房工艺冲洗后，有些情况下会出现底片蒙上一种颜色的效果。从新手角度来说，就是照片有偏色现象。

简要介绍一下胶片去色罩的原理: 理想彩色负片的 RGB 3 条曲线有一个特性——相互分离但是三者的斜率在整个范围内保持一致（图 6-41）。

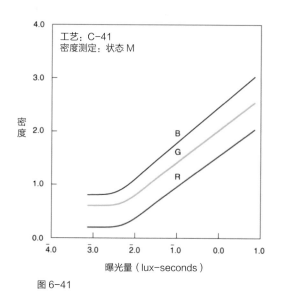

图 6-41

对理想负片而言，这 3 条曲线平移在一起是可以重合的，所以只要设法将 3 条曲线分别进行调整，就可以实现色彩的矫正。

如图 6-42，这张彩色负片是有一层棕黄色色罩的，我们可以利用到曲线的单色通道功能来对它进行分色调整处理，效果如图 6-43。以下是具体操作步骤。

图 6-42

179

图 6-43

步骤 1

打开 Photoshop 中的"曲线"面板,选择红色通道。在曲线中间选择一个锚点,向下微压。右上方锚点向左稍微移动,左下方锚点向右稍微移动。左右移动两个锚点的目的是为了补救左右两边缺失的像素(图 6-44)。

图 6-44

步骤 2

选择绿色通道。在曲线上添加 3 个锚点，调整曲线，减少画面中的绿色成分（图 6-45）。

图 6-45

步骤 3

选择蓝色通道。在曲线上添加 3 个锚点，调整曲线，进一步增加画面中的蓝色调。现在，画面中的色罩色已基本去除干净（图 6-46）。

图 6-46

步骤 4

在复合通道里通过 3 个锚点将曲线调成轻微的 S 形，目的是稍微增强画面的对比度和饱和度，让图片最终呈现的效果更加通透（图 6-47）。

图 6-47

只用了三四步，我们就调整出了这样一个色调。需要指出，这张图片的调整方法虽然针对的是胶片的色罩，但同样可以用来处理数字图像的偏色问题。使用通道进行色彩调整，虽然属于较为高级的方法，但是，这张图片还有不少需要细节化处理的地方，这些是曲线做不到的。曲线功能虽然强大，但并不是后期的全部，只是因为本章在讲解曲线，所以本章的案例中尽可能只用曲线。希望读者在通读全书以后，更加明白各种工具要配合使用，才能做到在后期处理时胸有成竹，游刃有余。

技巧提示

风光图片调整的重点：
通常会使用蓝色曲线，这是因为蓝色曲线向左上方拉伸，可以让画面更加偏冷，蓝色曲线向右下方拉伸，可以让画面更加偏暖。

调整曲线呈现出 S 形，可以使阴影部分变暖、高光部分变冷。
多注意色温对色调氛围的影响，并多注意互补色的运用，即冷暖色的搭配。

6.2.2 典型曲线图识别

下面整合了一些常见的典型曲线图，读者可以先猜想一下这些曲线的调整功能。

1. 图 6-48：这条曲线可以使画面的亮部偏红，暗部偏青。

2. 图 6-49：这条曲线可以使画面的暗部偏绿，亮部偏品红。偏品红的亮部有助于表现夕阳和朝霞。

3. 图 6-50：这条曲线可以使画面整体偏红，且影响暗部较多。

图 6-48（左图）
图 6-49（中图）
图 6-50（右图）

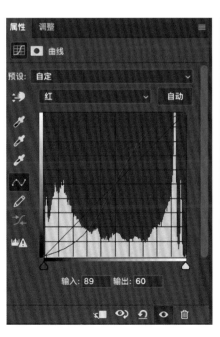
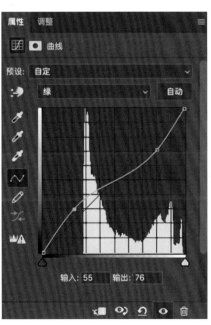
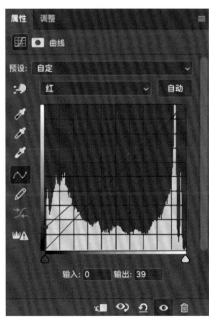

4. 图 6-51：这条曲线可以压暗画面的中间调，同时消除画面中的纯黑部分。

5. 图 6-52：这条曲线为画面的中间调及亮部增添黄色，为画面的阴影处增加蓝色。

6. 图 6-53：这条曲线可以使画面中的天空更蓝，添加 3 个锚点是为了保护地面颜色不受影响。

7. 图 6-54：这条曲线只对画面的暗部进行提亮操作，增加 3 个锚点是为了保证亮部和高光部分不受影响。

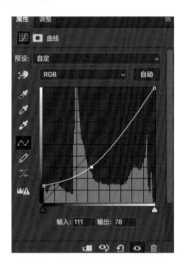

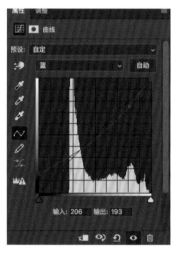

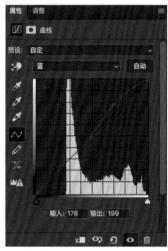

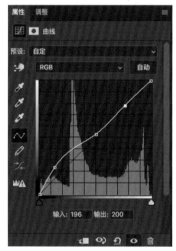

图 6-51 （左上图）
图 6-52 （右上图）
图 6-53 （左下图）
图 6-54 （右下图）

技巧提示

在 Camera Raw "基本"选项卡中对色调进行调整后，使用"色调曲线"选项卡中的控件可以对图像进行微调。色调曲线表示对图像色调范围所做的更改。水平轴表示图像的原始色调值（输入值），左侧为黑色，并向右逐渐变亮。垂直轴表示更改的色调值（输出值），底部为黑色，并向上逐渐变为白色。如果曲线中的点上移，则输出为更亮的色调；如果下移，则输出为更暗的色调。45 度斜线表示没有进行修改，即原始输入值与输出值完全匹配。可以使用嵌套"参数"选项卡中的色调曲线来调整图像中特定色调范围的值。受区域属性（"高光""亮区""暗区""阴影"）影响的曲线区域取决于在图形底部设置拆分控件的位置。中间区域属性（"暗区"和"亮区"）主要影响曲线的中间区域。"高光"和"阴影"属性主要影响色调范围的两端。

6.3　曲线和其他功能的对应关系

在 Photoshop 中，为方便用户使用，它的很多功能都是以不同形式展现的。那么，曲线工具可以和 Photoshop 中的哪些功能产生对应关系呢？

6.3.1　和调色命令的对应

下面来对曲线功能和调整菜单下的部分调色命令做效果上的比对。以图 6-55 为例，我们将图像居中分割，左侧使用不同的调色命令，右侧使用曲线调整，读者可对比左右两种处理方式的效果。

图 6-55

6.3.1.1　"亮度 / 对比度"命令

"亮度 / 对比度"是 Photoshop 初级用户调整图像明度层次的首选工具。曲线也可以非常方便地实现"亮度 / 对比度"命令产生的效果。

"亮度"为 150 时对应的曲线状态（图 6-56）。

图 6-56

"对比度"为 100 时对应的曲线状态（图 6-57）。

图 6-57

6.3.1.2 "色阶"命令

"色阶"命令是 Photoshop 重要的调色命令,它对图像控制的方式和曲线比较接近,所以也可以用曲线来代替这个命令。

如图 6-58,色阶的黑场滑块和白场滑块对应了曲线的两个端点,色阶中灰控制滑块产生的效果,可以通过曲线的局部调整来实现。

图 6-58

技巧提示

色阶图是一个直方图,用横坐标标注质量特性值,纵坐标标注频数或频率值,各组的频数或频率的大小用直方柱的高度来表示。在数字图像中,色阶图是说明照片中像素色调分布的图表。就像用图表表示一个班级学生的身高,我们也可以绘制影像中像素"亮度"的图表。计算机能够计算影像中具有特定亮度的所有像素数目,然后用图表表示此数目。

6.3.1.3　"色彩平衡"命令

在进行调色工作的时候，"色彩平衡"命令可以方便地实现画面的偏色效果。"色彩平衡"命令通过分别控制画面中的红、绿、蓝色的强度平衡来实现色偏。这些效果也可以通过曲线工具来实现（图6-59）。

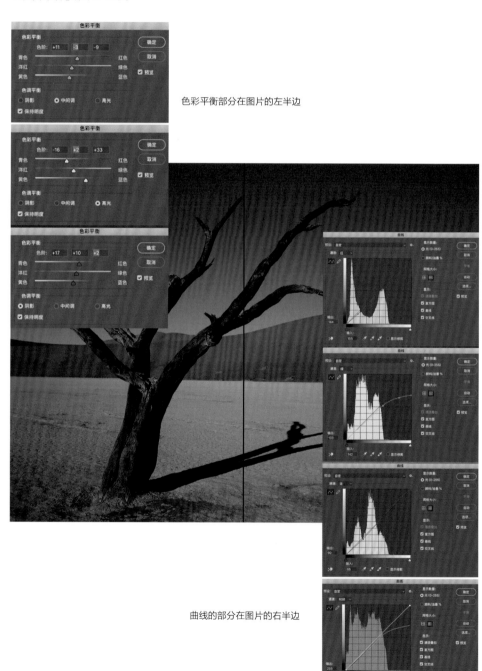

色彩平衡部分在图片的左半边

曲线的部分在图片的右半边

图6-59

只需要分别调整红、绿、蓝通道的曲线形态，就可以实现比"色彩平衡"命令更加精准的偏色效果。

6.3.1.4 "反相"命令

"反相"命令经常用于制作负片的效果,这种效果也可以轻松地使用曲线来模拟(图6-60)。

"反相"就是图像的颜色色相反转,形象点解释,彩色照片和底片的颜色就是反相,如黑变白,蓝变黄,红变绿,等等。

图 6-60

6.3.1.5 "色调分离"命令

"色调分离"命令可以减少图像的过渡层次,以模拟早期印刷品的图像风格。当然通过调整曲线也可以实现相同的效果。以模拟 4 阶色调分离为例,可调整曲线如图 6-61。

图 6-61

阈值就是临界值。Photoshop 中的阈值，实际上是基于图片亮度的一个黑白分界值，默认值是 50% 中性灰，即亮度为 128。亮度高于 128（小于 50% 中性灰）的会变白，低于 128（大于 50% 中性灰）的会变黑（使用"滤镜"中的"其他"下的"高反差保留"，再用"阈值"命令，效果会更好）。

6.3.1.6　"阈值"命令

"阈值"命令可以实现如版画般生硬的黑白图像效果。使用曲线来实现该效果，需要使用黑白图像素材，或先对图像进行去色处理。如当"阈值"的"阈值色阶"为 100 时，可调整曲线如图 6-62。

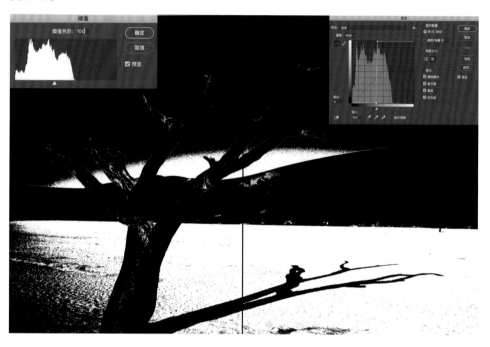

图 6-62

6.3.2　和图层混合模式的对应

曲线除了可以和以上调色命令的功能平行使用外，还可以对应图层混合模式的功能。

图层混合模式是 Photoshop 的核心功能，若干种图层混合模式在做后期合成时是非常重要的工具。图层混合一般至少需要两个图层，如果两个图层完全不一样，则常用于合成特殊效果；如果两个图层完全一样，则常用于调整色彩。

下面演示一下曲线如何实现和图层混合一样的效果。

图 6-63

我们同时用 Photoshop 和 Bridge 的 Camera Raw 打开同一张图片。首先，在 Photoshop 里将背景图层复制出一个新图层,两个图层内容完全一样,图层混合的菜单和效果如图 6-63。

然后, 先尝试"正片叠底"混合模式。在不关闭图片的情况下, 切换程序至 Bridge 的 Camera Raw。打开"色调曲线"面板, 在曲线上随意添加一个锚点, 然后在下面的"输入"里填入 64, 在"输出"里填入 18, 用来精确定位当前锚点, 效果如图 6-64。你会惊奇地发现, 用两种方法处理的同一张图, 结果几乎是一样的。(注意: Bridge 的 Camera Raw 和 Photoshop 用的颜色管理方式不一样 , 有时同一张图片分别在两个软件打开时有色差是正常的。)

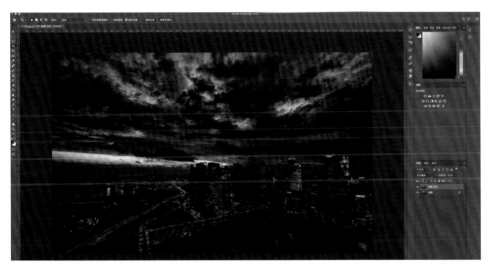

图 6-64

由此可见, 图层混合只是曲线调色的一些特定数值组合, 换句话说, 图层混合更像是曲线的一些预设参数。我们再来看一例。

在 Photoshop 里将图像复制出一个新文件, 其中一个文件复制背景层后, 将图层混合模式改为"滤色", 效果如图 6-65。另外一个文件只在当前图层上做曲线调整层, 在曲线上建立锚点, 并将锚点的"输入"值改为 192,"输出"值改为 247, 如图 6-66。用两种方式处理图片的最终效果依然非常近似。

图 6-65

图 6-66

知道了这个方法, 我们就不一一展示了, 仅提供一组曲线数据, 供读者自己测试体会。有些混合模式仅靠一个锚点是无法实现的, 添加第二个或者第三个锚点时, 一样填入"输入"和"输出" 值就可以了（图 6-67）。

"正片叠底": 第一锚点 "输入" 值为 64,"输出" 值为 16。

"滤色": 第一锚点 "输入" 值为 192,"输出" 值为 247。

"颜色加深": 第一锚点 "输入" 值为 128,"输出" 值为 0; 第二锚点 "输入" 值为 170,"输出" 值为 128。

"颜色减淡": 第一锚点 "输入" 值为 85,"输出" 值为 128; 第二锚点 "输入" 值为 128,"输出" 值为 255。

"叠加"和"强光": 第一锚点"输入"值为 64,"输出"值为 32; 第二锚点"输入"值为 128;"输出" 值 为 128; 第三锚点 "输入" 值为 192,"输出" 值为 224。

- **"柔光"**：第一锚点"输入"值为 51，"输出"值为 26；第二锚点"输入"值为 128；"输出"值为 128。

- **"线性加深"**：第一锚点"输入"值为 128，"输出"值为 0。

- **"亮光"**和**"线性光"**：第一锚点"输入"值为 77，"输出"值为 0；第二锚点"输入"值为 179，"输出"值为 255。

- **"排除"**：第一锚点"输入"值为 128，"输出"值为 128；第二锚点"输入"值为 255，"输出"值为 0。

至此，关于曲线的基础知识点就比较全面地介绍完了。

本章内容并不足以完全体现曲线的强大，这需要大家在了解曲线、理解曲线的基础上，继续深入发掘。经常跨平台工作的设计师都知道，不论使用哪个调色或合成软件，曲线在流程中都有着举足轻重的地位。因为无论在何种色彩模式下，曲线都可以精确地控制色彩的输入和输出，这种对色彩本源的控制力，对调色工作来说是非常具有实用价值的。

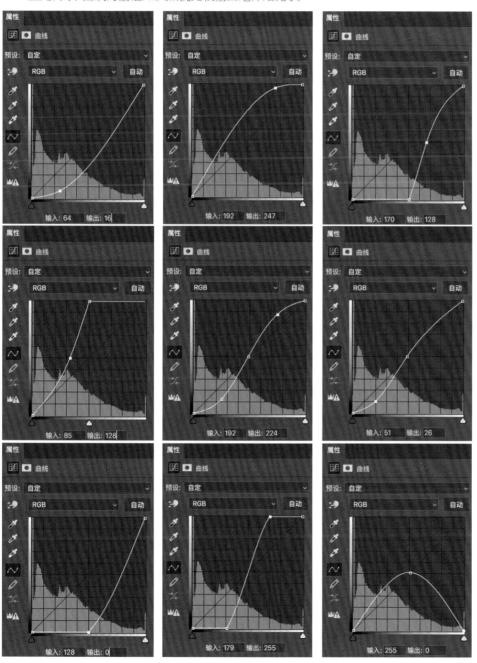

图 6-67

CHAPTER 7

后期流程——
锐化和降噪

锐化是数码摄影后期处理当中的核心技术之一。数码影像的特点是焦点发软、发虚，但它实际上为后期处理提供了广阔的空间。每一位摄影人在拍完照片进行后期处理时都会遇到锐化的问题，用什么样的方法及如何控制好锐化的程度也是非常重要的话题。本章我们就来学习如何通过锐化来提升图片的品质。

7.1 锐化的目的和意义

从视觉感受和心理学意义上来讲，清晰和模糊是两种不同的视觉体验。在摄影视觉语言中，焦点控制的"实"与景深控制的"虚"是相互对应的，二者表现了空间的关系。在后期中，我们也常常通过锐化和虚化来加强和营造这种关系。视觉上的锐化是为了使图像的边缘、轮廓线以及图像的细节和纹理变得清晰，质感得到提升。在心理学中，因为清晰的图像较之模糊的图像更容易被人类的视觉所识别，所以影像明晰的轮廓和清晰的视觉体验能带给人愉悦和舒适感，读者可通过图 7-1 来进行感受。

图 7-1

从数码成像的技术层面来讲，拍摄时连续色调的光被感光元件转化为像素的过程中会产生细节损失，而后期软件的锐化过程恰好可以修复和减少这种细节损失。另外，数码相机配有低通或高通滤镜来解决画面中的摩尔纹（一种在数码相机上，感光元件出现的高频干扰的条纹，是一种会使照片出现彩色的高频率不规则的条纹），但同时也会导致成像发软，因为低通滤镜的使用使镜头分辨率表现下降。为弥补上述不足，因此图像的锐化非常有意义。

锐化的程度和大小，即锐化的尺度便是"锐度"。在摄影领域，锐度表示图像边缘的对比度。人类视觉系统的特性是对高锐度的图像有更加清晰的感受，但实际上锐度的增加并没有提高图像真正的分辨率，锐化的实质只是对影像边缘像素反差的提升！

我们通过一个简单的示意图来说明锐化的原理。如图 7-2，在灰色的背景上绘制两条浅灰的线段，此时所看到的两条线段的清晰度就是当前分辨率下的锐度。为了使线段更加清晰，在左侧线段边缘的外侧添加两条宽度为 1 像素的黑色线段，内侧添加两条宽度为 1 像素的白色线段。此时左侧线条边缘部分的宽度变为 2 个像素，对比度被增大，所以左侧的线段看起来更加清晰。读者可以与画面保持一定距离并眯起双眼来加以体会。如此看来，锐化效果更像是一种心理作用。

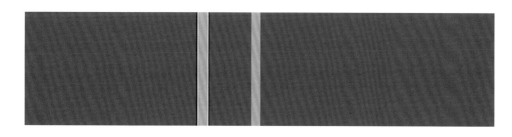

图 7-2

7.2 过度锐化的弊端

图 7-2 的视觉实验是一种人为增加锐度的做法，这是有代价的——大多数观者会看到分离的边界，并且感觉在线段周围有一明一暗的光晕存在。这也是我们对图像过度锐化时会发现轮廓周围产生白边和黑边的原因。与此同时，锐度的增加也会伴随着对比度的增大和画面色彩的变化。如图 7-3（锐化前）和图 7-4（过度锐化后）的对比，观察二者，可以明显看到过度锐化后的物体内侧有黑色的光晕，而物体外侧有白色的光晕。它造成图像视觉上的负面影响就是色彩失真、画面对比度过大、轮廓边缘分离并产生光晕。

图 7-3　锐化前　　　　　　　　　　　　　　　　图 7-4　过度锐化后

我们再以图 7-5 为例说明锐化的适度性。这张照片拍摄于鱼市，鱼皮上的纹理显得有点模糊。如果进行适度锐化，效果如图 7-6，照片会出现非常棒的纹理细节，对于画面质感提升会有很大的帮助；但是如果过度锐化，效果如图 7-7，纹理就会显得生硬、不自然，光晕和噪点也会相伴而生，画面的原味就会丢失。

图 7-5　锐化前　　　　　　　　图 7-6　适度锐化　　　　　　　　图 7-7　过度锐化

7.3 什么样的影像适合锐化

锐化的功能虽然重要且常用，但并不意味着所有的拍摄对象和图像都需要锐化！对图像的调整常常需要有选择地对局部进行锐化。比如对人像后期来说，锐化适合表现男性、老人的皮肤，而不适合表现肤质较好、柔美的女性或儿童；对于女性照片的处理常常要反其道行之，进行磨皮、柔化等。如图 7-8，在这张老年男性肖像中，人物皮肤的粗糙感，头发、胡子、衣服的质感都需要通过锐化来加强。所以，含有男性的、阳刚的照片适合做全局的锐化。而在图 7-9 中，女性的、柔美的照片则要有选择地进行局部锐化，在这张女性肖像中，头发是需要锐化的部分，皮肤则是需要柔化处理的。

图 7-8

图 7-9

锐化适用于加强毛发、皮革、布面、石材、树皮等物体的质感和细节，不适合表现表面光滑的拍摄对象。在图 7-10 中，人物的头发、皮肤、衣服都很适合锐化。图 7-11 经过锐化后得到了图 7-12 的效果，对于肌肉的锐化不但提升了皮肤的清晰度和质感，而且使肌肉显得更硬、更结实，更具力量感。

图 7-10

数码摄影后期高手之路（第 2 版）｜ CHAPTER 7 后期流程——锐化和降噪

图 7-11

图 7-12

　　应用 Photoshop 中的"锐化工具"可以快速聚焦模糊的边缘，提高图像中某一部位的清晰度或者焦距程度，使图像特定区域的色彩更加鲜明。在应用"锐化工具"时，若勾选选项栏中的"对所有图层取样"复选框，则可对所有可见图层中的图像进行锐化。

　　再次强调，锐化一定要适度。锐化不是万能的，过度锐化很容易使对象显得不真实。

7.4 Camera Raw 中的锐化

Camera Raw 中第一处实现锐化功能的是"基本"面板中的"清晰度"滑块（图 7-13）。左右拖动"清晰度"滑块，可使图像柔化或者锐化，这里的调节只能进行全局调整。在拖动"清晰度"滑块向右的过程中，会发现清晰度增加的同时伴随着对比度的增加。因此实际使用中，常常在提高清晰度的同时适度降低对比度，这样既能保证足够的清晰度，又不会让对比度过度，从而达到画面中二者的平衡。

第二处实现锐化功能的是"细节"面板里的"锐化"模块（图 7-14）。需要注意的是，锐化不能仅通过提高"数量"滑块来调整，否则照片在变清晰的同时，也会产生锐化过度等问题。锐化的本质是针对轮廓线来进行操作，因此需要同时调整"锐化"模块中的其他几个参数，共同配合以达到最佳的效果。

"锐化"模块中有 4 个参数滑块。下面我将对它们分别进行介绍。

"数量"：体现锐化力度的参数，用以调整轮廓边缘的清晰度。"数量"的值从 0 开始，0 意味着锐化关闭，随着"数量"值的增加，锐化的程度也会加大，最大值为 150。通常，为使图像看起来更清晰，应将"数量"设置为较低的值。这种调整类似于 Photoshop 里的"USM 锐化"滤镜，它根据指定的阈值查找与周围像素不同的像素，并按照指定的数量增加像素的对比度。

"半径"："半径"是指在照片中拍摄对象"边缘"的任意一边参与提升锐度的像素数量。"半径"的范围为 0.5 像素~3 像素，默认值是 1 个像素。对"半径"的调整决定了锐化的细节的大小。在实际应用中，具有微小细节的照片一般需要较低的设置，具有较粗细节的照片可以使用较大的"半径"。如果使用的"半径"太大，通常会产生不自然的外观效果。

"细节"：调整在图像中锐化多少高频信息和锐化过程中强调边缘的程度。"细节"的值为 0~100，默认值为 25。较低的值主要锐化边缘以消除模糊，较高的值有助于使图像中的纹理更清晰。在使用时，通常将参数调至整个范围的中间位置。当"细节"滑块被设置在 100 的时候，软件可以合理处置基于镜头产生的模糊现象，这和 Photoshop 里的"智能锐化"滤镜去除镜头模糊的过程非常类似。需要提醒的是，对于一张噪点较多的照片，调高"细节"值后会使噪点的锐度也同时提高。

"蒙版"："蒙版"滑块主要用于控制轮廓边缘的范围和数量，可以有效降低照片中非边缘区域（拍摄对象表面区域）的锐化效果，使锐化集中在画面的轮廓线上（这正是锐化的基本原则）。当使用"蒙版"时，按住 option（Windows 操作系统：Alt 键）再向右拖动"蒙版"滑块，蒙版就出现了。这个蒙版就是锐化的有效范围，白色的区域都是锐化的范围，黑色的部分都是被遮挡、不锐化的区域（图 7-15）。可调整的"蒙版"值为 0~100，当"蒙版"滑块的参数设置为 0 时，意味着没有蒙版，整个图像会被等量地锐化，即全局锐化。往 100 的方向滑动时，蒙版出现，随着值的增大，不锐化的黑色区域增大，锐化的白色区域逐步减少，这意味着锐化范围从所有轮廓细节到主要轮廓线调节。当设置到 100 时会发现，图像中最重要的形状或轮廓会被锐化，这些白色的线条往往是画面中对比度最强、饱和度最高的边缘区域（图 7-16）。

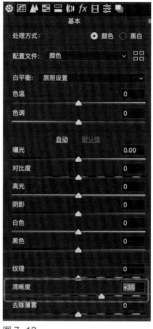

图 7-13

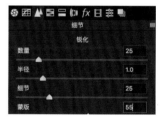

图 7-14

图 7-15

图 7-16

以图 7-17、图 7-18 为例，人像照片的背景往往都是虚化的，如果进行全局锐化，那么对焦点对象外的背景没有任何意义，反而会出现大量的噪点，对画质造成损失。多数情况下，我们只需要让画面中人像的轮廓线清晰就可以了，即在锐化的同时，背景无须改变。因此，在做锐化时一定要配合蒙版，蒙版直接决定了锐化施加在什么地方，它的意义就在于有选择地进行局部锐化。女性的皮肤通常不需要做太多锐化，而男性的皮肤通过锐化可以体现质感。在图 7-16 这张照片中，可以选用较大的蒙版值，除了背景外，面部皮肤部分也被有效遮罩起来，这对于女性皮肤的处理是非常适宜的。

实际拍摄中，几乎任何一张照片都有必要应用"蒙版"功能来进行锐化。对于强调拍摄对象质感的照片，减小"蒙版"值是有必要的；对于光洁的表面，则需要设置高"蒙版"值。图 7-17 是一张男性肖像照片，比起女性照片更适合做质感方面的锐化。因此除加强人像轮廓及毛发的清晰度外，还需要对皮肤进行锐化。锐化时，首先要把照片放大到100%，按住option（Windows系统：Alt）键的同时拖动"蒙版"滑块观察蒙版效果。除了轮廓线外，也让面部皮肤也出现适合的白色区域并控制好范围，这表明了被锐化的区域，然后增加"数量"值，让锐化有一定的强度。锐化后，这张男性照片显得刚劲有力（图7-18）。

图 7-17

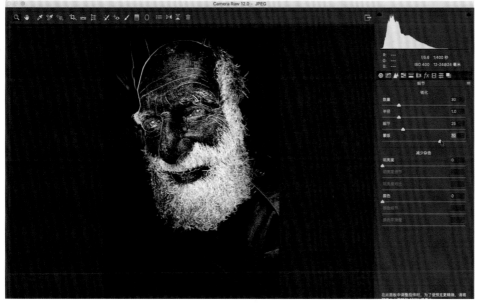

图 7-18

技巧提示

对于照片锐化的控制始终是通过肉眼来判断的。在开始锐化前，进入Camera Raw中的照片需要按100%来显示，因为在显示器上照片按1：1原大小显示时，照片上的1个像素点才能对应显示器上的1个像素点，预览精度才能正常呈现。因此，在100%显示下通过肉眼来评估图像锐化的程度，才更为精确（图7-19）。

图 7-19

第三处实现锐化功能的是在使用局部调整工具栏(图7-20)。"调整画笔""渐变滤镜""径向滤镜"这 3 个工具都能实现对影像局部的调整，相应地，在每种工具中也可以调节锐化程度。当使用其中任何一种工具时，通过拖动"锐化程度"滑块（图7-21、图7-22、图7-23），就可以配合该工具在图像中使用的范围来进行局部的锐化。

图 7-20

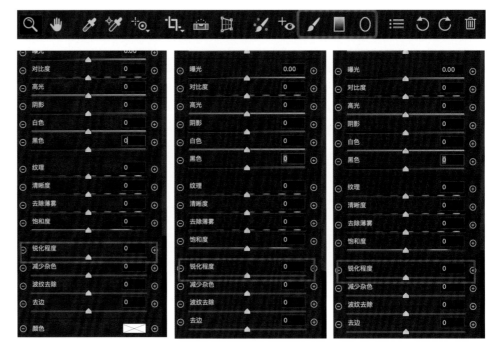

图 7-21 （左图）
图 7-22 （中图）
图 7-23 （右图）

在锐化的同时，不可避免地会增加照片中的噪点和杂色，所以还需配合"**减少杂色**"中的相关调整。此外，给照片进行调色、添加滤镜、图层操作、降噪、磨皮等操作时都会损失一些锐度。因此，请谨记，锐化的操作应与其他后期操作相互配合才能获得最佳效果。

7.5 Photoshop 中的锐化

Photoshop 中有一系列常用的**锐化滤镜**（图 7-24），它通过增加相邻像素的对比度来处理模糊的图像。根据不同的画面，不同滤镜的适用性也存在差异。

"锐化"和"进一步锐化"： 聚焦选区并提高其清晰度。"进一步锐化"滤镜比"锐化"滤镜的锐化效果更强。

"锐化边缘"和"USM 锐化"：查找图像中颜色发生显著变化的区域，然后将其锐化。"锐化边缘"滤镜只锐化图像的边缘，同时保留总体的平滑度。此滤镜在不指定数量的情况下锐化边缘。对于专业色彩校正，可使用"USM 锐化"滤镜调整边缘细节的对比度，并在边缘的两侧各生成一条亮线和一条暗线。此过程将使边缘更突出，造成图像更加锐化的错觉。

图 7-24

"智能锐化"：通过设置锐化算法或控制阴影和高光中的锐化量来锐化图像。如果大家尚未确定要应用的特定锐化滤镜，那么这是一种值得考虑的锐化方法（图 7-25）。

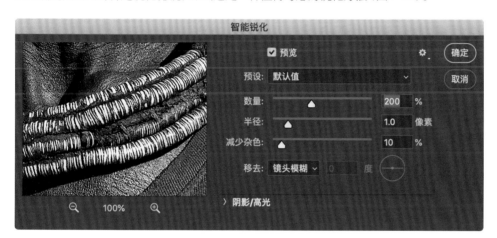

图 7-25

在新版本的 Photoshop 中，增强的"智能锐化"滤镜采用的自适应锐化技术可最大程度减少杂色和光晕效果，从而帮助产生高质量的画面效果。此滤镜采用简化的 UI 设计，可针对目标锐化提供最佳控制。使用滑块进行快速调整及高级控制，以便对结果进行微调。Photoshop 的"智能锐化"功能还支持 CMYK 色彩设定。此外，用户还可以锐化任意通道，即可以选择只锐化蓝色通道、绿色通道或 Alpha 通道。

这里给大家推荐一种使用"智能锐化"滤镜对图像进行锐化的方法，步骤如下。

1. 开始时请将"数量"设置为较高值。

2. 将"半径"增加到一定值，直到出现光晕效果。

3. 减少"半径"，直到光晕效果消失，此时获得最佳"半径"值。

4. 根据需要减少"数量"值 。

5. 调整"减少杂色"滑块，使图像中的杂色看上去与开始锐化图像之前差不多。过度减少杂色可能导致塑料感。"数量"值越高，需要减少的杂色就越多。

下面中我们精选了 3 种高级锐化方法进行介绍，读者可以比较和尝试，选择适合自己图片的后期方法。学习方法与我们以往强调的一样，切记后期处理要"**记感觉，不记参数**"。

7.5.1 常规锐化："高反差保留"锐化法

利用 Photoshop 滤镜中的"高反差保留"进行图像的锐化是目前比较流行的做法。这种方法虽简单易学，但其中也有一些小技巧。下面我将分步骤来演示其应用方法。

图 7-26

步骤 1

在 Photoshop 中打开原图（图 7-26），使用快捷键 command+J（Windows 系统中为 Ctrl+J）复制出背景图层（图 7-27）。

图 7-27

技巧提示

锐化最好在什么阶段进行？照片进入 Bridge 或 Lightroom 等预处理软件，完成基本后期操作后，还可能需要在 Photoshop 中进行精细处理，如增加滤镜、图层操作等。每一次后期的调整和操作都会对照片的清晰度产生影响，因此，锐化的步骤最好放在整个工作的最后，即最终导出和保存照片前对照片进行锐化。

步骤 2

在菜单栏选择"图像">"调整">"亮度 / 对比度"（图 7-28），打开"亮度 / 对比度"对话框。将"对比度"滑块降到最低，即 -50（图 7-29），得到图片效果如图 7-30。

205

图 7-28

图 7-29

技巧提示

由于增加锐度的同时一定伴随着图像对比度的提升，因此在使用"高反差保留"进行锐化前，可以先降低画面对比度，这样锐化之后便可得到更好的质感和层次效果。

图 7-30

步骤 3

在菜单栏选择"滤镜">"其他">"高反差保留"（图 7-31），打开"高反差保留"对话框。勾选"预览"复选框，向右拖动"半径"滑块，当预览的灰层上的图像轮廓刚刚浮现时停止滑动。本例中"半径"值为 1.5 像素（图 7-32），单击"确定"按钮。

206

图 7-31

图 7-32

步骤 4

在图层混合模式中选择"叠加"（图7-33），也可选择"柔光"，其较之"叠加"更为柔和。此时图像得到了锐化，清晰度增加（图7-34）。

图 7-33

图 7-34

步骤 5

如果觉得锐化程度不够，可以将背景的复制图层再复制 2~3 次（快捷键 command+J，Windows 操作系统中为 Ctrl+J）（图 7-35），使锐化程度得到再次提升。最后，可以将图层编组（快捷键command+G，Windows 操作系统中为 Ctrl+G），放大图像至 100%，通过选择"图层可见性"选项观察锐化后的效果（图7-36）。图片调整的最终效果如图7-37。

图 7-35

图 7-36

208

图 7-37

实际上，"高反差保留"除了用于锐化图像外，还可以用于提升和增强图像的对比度。关键操作在于，"半径"值的设置通常要在 300 像素以上。

　　从上述步骤我们不难发现，利用"高反差保留"进行锐化的关键在于第三步中"半径"值大小的设置。"半径"值可供调节的范围为 0.1 像素~1000 像素。多数情况下，当"半径"值设置较小时，图像能够获得细节清晰、质感层次自然的画面，具体数值以灰层中轮廓线刚刚浮出且轮廓线丰富细腻为佳。但是如果"半径"值设置偏大，轮廓的边缘就会产生难看的白边和黑边，此时说明锐化调整过度了，画面会伴随产生反差大、颜色焦灼、画面生硬等其他问题。

7.5.2 精细锐化：Lab 锐化法

利用 Lab 通道进行锐化的最大好处是，所有锐化的操作都在 "L" 明度层，也就是在黑白关系上进行，避免了锐化过程对画面中颜色的影响（对颜色锐化会使得色彩对比度增加，导致纯色溢出，产生噪点和晕影）。锐化后的画面整体不花、细节清晰、质感强烈、层次分明，能达到精细锐化的目的。锐化后，还可通过建立蒙版，使用 "画笔工具"，对整个画面中锐化的局部进行有效的调节，例如可以控制皮肤锐化的程度。

我们选择了一张非常适合做精细化锐化的照片（图 7-38）来介绍 Lab 锐化法。仔细观察，在这张照片中需要进行锐化的部分有头发、皮肤和衣服的皮革处，需要在质感和细节上都有大的提升，这就需要接下来的精细锐化处理。

图 7-38
锐化前原图

Lab 锐化法是专业摄影师最常用的一种锐化方法，可以避免锐化时产生的色晕和杂色，让锐化看起来更加自然，也让我们可以对一幅图片进行多次锐化。

技巧提示

将图层 "转换为智能对象" 的目的是在锐化操作时使用智能滤镜，以便可以随时调节锐化的参数。

步骤 1

在 Photoshop 中打开照片，复制新
的图层（快捷键 command+J/Ctrl+J）
（图 7-39）。

图 7-39

步骤 2

在新图层上单击鼠标右键，在弹出的
菜单列表中选择"转换为智能对象"（图
7-40）。

图 7-40

步骤 3

在菜单栏选择"图像"＞"模式"＞"Lab
颜色"（图 7-41），将图像由 RGB 模式
转换为 Lab 模式。在弹出对话框中选
择"不拼合"。

图 7-41

步骤 4

在"通道"面板中首先选择"明度"通道，接着选择"Lab"通道，然后隐藏"a"通道和"b"通道，使"明度"通道可见。此时的画面变成黑白效果（图 7-42）。

图 7-42

步骤 5

返回"图层"面板，在菜单栏选择"滤镜">"锐化">"USM 锐化"（图 7-43），在弹出的"USM 锐化"对话框中勾选"预览"复选框，将"数量"设为 80，"半径"设为 5.0，"阈值"设为 0（图 7-44）。此步骤选用较大的"半径"值来调节影像整体的锐化效果。

图 7-43

图 7-44

步骤 6

重复"USM 锐化"步骤。在菜单栏选择"滤镜">"锐化">"USM锐化"，弹出"USM 锐化"对话框，只将"半径"改为 1.2，其他参数不变。此步骤选用较小的"半径"值进行精细化处理，用于强化细节（图 7-45）。

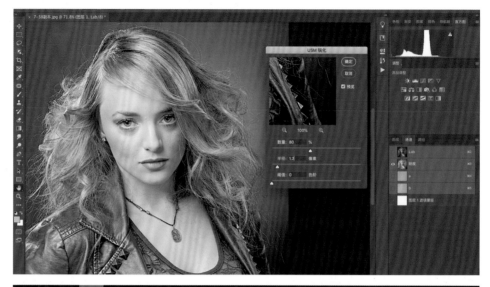

图 7-45

步骤 7

锐化完成后在菜单栏选择"图像">"模式">"RGB 颜色"（图7-46），将图像由 Lab 模式转换为 RGB 模式。在弹出对话框时分别选择"不栅格化"和"不拼合"。图像由黑白转换回彩色效果。

图 7-46

步骤 8

在图层上添加图层蒙版，将前景设为"黑色"，在工具栏中选择"画笔工具"，可对锐化过度的皮肤等局部进行涂抹找回。画笔的不透明度可酌情降低（图 7-47）。

本案例的最终效果如图 7-48。

图 7-47

图 7-48
锐化后最终效果

7.5.3 质感锐化：差值锐化法

  质感锐化的目的是强化图像中物体表面的肌理，加强锐化对象的立体感和力量感。质感锐化尤其适合男性和有质感的石质物体等。锐化的原理是利用"应用图像"的方式进行差值换算，使雕塑表面的石质颗粒、纹理浮现出来。其具体思路是复制两个图层，将下层图像表面模糊处理，上层图像通过"减法"运算，使得质感细节会从模糊的表面浮现出来。

  我们选用一个男性雕塑头像的照片（图 7-49）来具体演示质感锐化的方法。

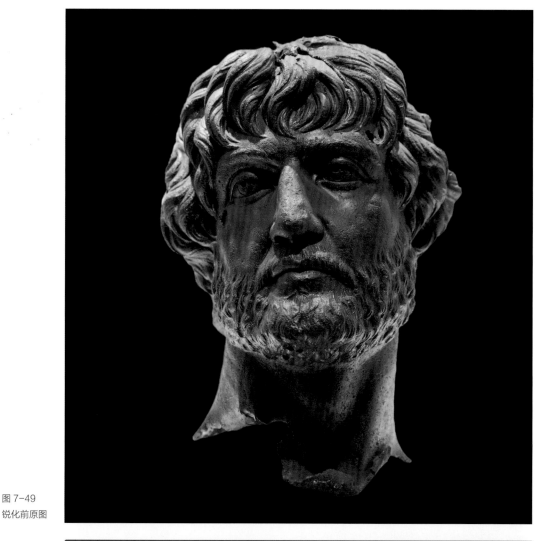

图 7-49
锐化前原图

步骤 1

在 Photoshop 中打开照片（图 7-49），使用快捷键 command+J（Windows 操作系统中为 Ctrl+J）将原图复制两遍，生成两个新的图层。为了便于区分，将复制生成的两个图层分别命名为"high"和"low"（图 7-50）。

图 7-50

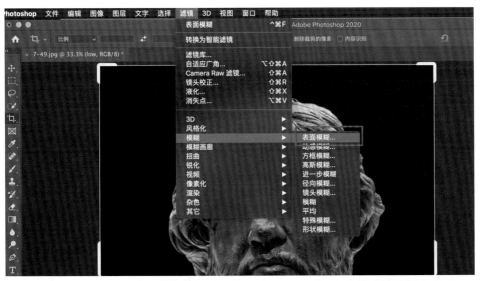

图 7-51

步骤 2

如图 7-51，单击"high"图层前面的眼睛图标使其隐藏。选择"low"图层，在菜单栏选择"滤镜">"模糊">"表面模糊"，当雕塑脸部皮肤出现平滑的效果（图 7-52）时，就可以确定"半径"值。设置好后单击"确定"按钮。

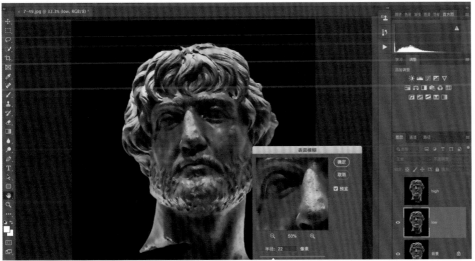

图 7-52

步骤 3

单击"low"图层前面的眼睛图标使其隐藏。选择"high"图层，在菜单栏选择"图像">"应用图像"（图 7-53），弹出"应用图像"对话框。在"图层"下拉菜单中选择"low"图层，在"混合"下拉菜单中选择"减去"。"缩放"值有 1 和 2 两挡，表示纹理质感的强度时，1 比 2 要强一些，此处选择 1。"补偿值"可取 -255~255 的整数，此处取中间值 128（图 7-54）。参数设置好后单击"确定"按钮，这样"high"图层就与"low"图层产生了减法运算。

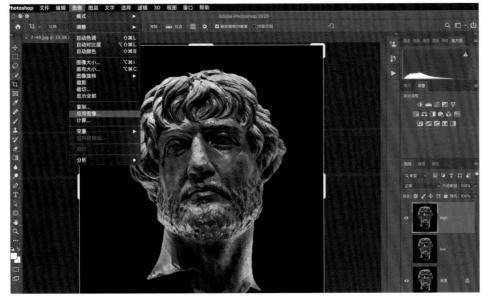

图 7-53

注意：在"high"图层使用"应用图像"时，便开启了两个图层间的运算，所以一定注意要在"图层"下拉菜单中选择"low"图层。在"混合"下拉菜单中选择"减去"，这意味着当前的"high"图层减去"low"图层，效果如图 7-55。

图 7-54

图 7-55

图 7-56

216

步骤 4

继续选择"high"图层，在"图层"面板混合模式中可选择"叠加""柔光""强光""亮光""线性光"等多种模式。对比观察选择不同的模式，锐化的强弱会有何不同。此处我们选定比较强烈的"线性光"（图 7-56）。通过单击"high"图层前的眼睛图标，可以对比观察锐化前后的效果。这种锐化的方法把石料的雕刻质感强烈地表现了出来（图 7-57）。调整的最终效果如图 7-58。

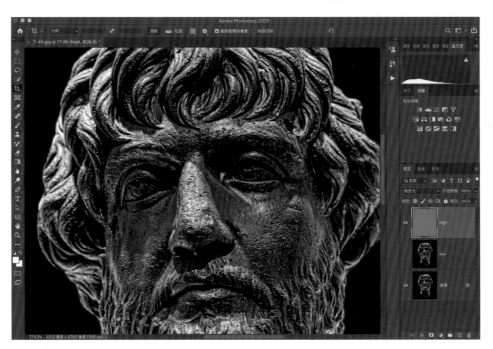

图 7-57

图 7-58
锐化后最终效果

7.6 降噪

为了达到最理想的照片细节和画质表现效果，降噪是图片后期处理中必不可少的一个重要步骤。

数码相机产生的噪点缘何而来? 这主要是因为相机里的感光元件 CCD（或 CMOS）将光线作为接收信号并输出的过程中会产生图像中的一些粗糙部分，也有图像中不该出现的外来像素，通常由电子干扰产生。而且 CCD 和 CMOS 感光元件都存在热稳定性的问题，这导致成像的质量和温度密切相关。如果相机的温度升高，噪音信号过强，会在画面上不应该有斑点的地方形成杂色的斑点，这就是我们所讲的噪点。就目前的数码摄影技术而言，感光元件上的噪点是不可避免的。

根据实际经验，以下几点会显著增加图像中的噪点: 过高的感光度 ISO 值设置; 长时间曝光（大于 5 秒的曝光时间）; 曝光不足的区域; 用 JPEG 格式压缩图像; 锐化产生的副作用; 感光元件面积太小以及感光元件的性能不佳、相机处理程序的低劣等。

噪点分为两类: 一类是灰度的噪点; 还有一类是带有颜色的噪点, 如蓝色的光斑、眩光等。

噪点一般出现在阴影处，因为暗处光照不够，紫外线的光线就会出现在画面中，成为干扰画面的噪点。很多人做降噪处理的时候只调整"明亮度"滑块，但忽略了蓝斑，以致效果不理想。所以降噪时不仅要降明亮度的噪点，还要降颜色的噪点。

图 7-59 这张照片是用 ISO 12800 的感光度拍摄的，放大到 100% 能够看到大量噪点分布在图像上。尤其是窗户框暗部的地方，放大看有一些蓝色的光斑，这是这张照片中噪点的主要构成（图 7-60）。

图 7-59
原片

图 7-60

在光线较好的环境中，感光度 ISO 值的设置当然是越低越好。但是如果在弱光环境中拍摄，为了手持拍摄到曝光和清晰度都能保证的照片，噪点就不是主要问题了。目前数码相机的拍摄技术越来越高，过去感光度 ISO 值设置为 3200 时噪点已经很多，但现在的画质已然改善许多，基本不用担心。甚至是相机感光度 ISO 值设置为 51200 时产生了大量噪点的画面，对于某些拍摄题材来说，仍然是可以接受的。

综上所述，拍摄、后期、硬件等环节都会造成噪点的问题，但是我们可以通过后期降噪的方式加以优化，使画质得到明显提升。与降噪对应的是增加颗粒，有时创作者需要反其道而行之，让画面具有粗糙的质感或胶片感，以达成创作目的。

7.6.1　Camera Raw 降噪

在 Camera Raw 中，实现降噪的功能是通过"细节"面板中的"减少杂色"选项卡来实现的（图 7-61），减少图像杂色便属于降噪。图像杂色包括明亮度（灰度）杂色和单色（颜色）杂色，前者使图像呈粒状，后者使图像颜色看起来不自然。进行杂色减少调整时，先在预览图像上将图像放大到至少 100% ，以达到查看最佳预览效果。

在"减少杂色"选项卡，有 6 个滑块的参数设置，可分为两组：一组是关于明亮度杂色的调节（"明亮度""明亮度细节""明亮度对比"），一组是关于颜色杂色的调节（"颜色""颜色细节""颜色平滑度"）。下面我们来分别介绍这些参数。

"明亮度"：减少明亮度杂色。数值可设置区间为 0~100，数值越高，杂色去除越明显，画面变干净的同时也会变得更平滑。当数值为 0 时，"明亮度细节"和"明亮度对比"滑块不可操作，意味着不具有任何减少明亮度杂色的效果。当数值设置为 25 时，是一个既减少杂色又保留细节的平衡点。当数值在 25~100 时，还有较大的降噪能力空间可以设置。

"明亮度细节"：控制明亮度杂色的阈值，适用于杂色照片。数值越高，保留的细节就越多，但产生的结果可能会把真正的噪点误判为细节，致使杂色反而增多。数值越低，会提高降噪的效果，得到的结果会更干净，但可能会把真正的细节错误地判断为噪点，导致细节被处理掉。"明亮度细节"滑块被设置为 0 的时候没有任何效果，默认值为 50。

"明亮度对比"：控制明亮度杂色对比，适用于杂色照片。数值越高，能更好地保存照片的对比度和质感，但可能使杂色的花纹或色斑变得明显。数值越低，产生的影调结果越平滑，颗粒细腻，但也可能使对比度降低，质感变差。默认值为 0 时也是没有任何效果的。

"颜色"：减少彩色的杂色。数值可以设置为 0~100，数值越高，带颜色的杂色就会去除得越明显。当数值为 0 时，"颜色细节"和"颜色平滑度"滑块不可操作，意味着彩色噪点的降噪功能关闭。当数值设置为 25 时，可以实现较好的彩色噪点降噪效果，达到抑制彩色噪点和保留细节间的平衡的效果。

"颜色细节"：控制彩色杂色的阈值，并精调出充满锐度且细节丰富的彩色边缘来。对于噪点极其严重的照片，这项操作非常有用。当数值越高，大概在 75~100 时，边缘能保持更多的色彩细节，但可能会产生像素级的彩色颗粒和斑点。当数值越低，大概在 0~25 时，越能消除色斑，抑制小颗粒，但可能会导致颜色溢出，饱和度降低。当"颜色细节"滑块设置为 0 的时候，效果被关闭。默认值为 50。

"颜色平滑度"：控制颜色杂色间的平滑度。数值越高，杂色间颜色的过渡更平滑；数值越低，杂色间颜色越复杂，且对比度越高。

下面我们以图 7-59 为例，演示如何用 Camera Raw 的"减少杂色"功能来给照片降噪。

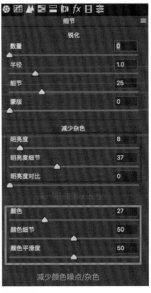

图 7-61

技巧提示

调整"颜色"和"颜色细节"滑块将在保留颜色细节的同时减少颜色杂色。

步骤 1

打开照片素材，首先在"基本"面板中，对照片的"曝光""高光""阴影"等参数做初步的调节，在照片层次丰富起来的同时，发现噪点和杂色也越发明显起来（图 7-62、图 7-63）。

图 7-62

步骤 2

在"细节"面板的"减少杂色"选项卡中把"明亮度"滑块向右拖动至 55，"明亮度细节"调节为 41，清除画面中的灰度噪点，尤其是白色的杂点。再将"颜色"滑块向右拖动至 79，清除画面中的颜色噪点，尤其是较为明显的蓝色光斑（图 7-64、图 7-65）。

图 7-63

图 7-64

图 7-65

步骤 3

完成明亮度和颜色调整之后，在画面中依然还可以看到少量噪点——出现在暗部的亮斑。因此降噪的同时需要补黑色，噪点就消失了。回到"基本"面板，把"黑色"滑块向左拖动至 -65（图 7-66）。此时观察照片，即使感光度 ISO 值是12800，也几乎看不到噪点了。

图 7-66

步骤 4

降噪的同时会伴随着图像锐度的下降，二者相互影响。因此，为了实现最优化的图像细节和画质表现效果，可以在"细节"面板中进行适度的锐化，参数调节如图7-67。最终获得图 7-68 的效果。

图 7-67

图 7-68

总结降噪的核心技术有两点：一是不但要对明亮度杂色降噪，还要对颜色杂色降噪，清除蓝斑；二是补黑色（调节色阶的黑场），如果暗部的黑色浓重而不发灰，噪点就不见了。

222

技巧提示

在 Camera Raw "细节"面板中使用锐化和去杂色降噪功能的关键是适度原则：既不要过度锐化导致质感过强，反差过大；也不要过度降噪，使质感模糊，丢失细节。通过这两方面的调节，还原视觉所见的真实效果是最基本的后期目的之一。

7.6.2　堆栈平均值降噪

降噪的另外一个方法是 Photoshop 堆栈模式中的"平均值"算法，这个方法经常被业内称为平均值降噪。

平均值降噪这个技术已经在深空摄影和太空探索领域被广泛使用了多年，因为深空摄影必然是在降光源长曝光的环境下拍摄的。所以，科学家们为了得到相对清楚的图片，研究了噪点形成的规律，反其道而行之，进行抵消操作，就形成了平均值降噪这一科学方法。

要理解这个方法，就得简单介绍一下数码图像噪点形成的原因。

图像噪点科学的描述其实是噪声的一种，图像噪声是图像中一种亮度或颜色信息的随机变化（被拍摄物体本身并没有）。它一般由数码相机的传感器和电路产生，也可能是由理想光电探测器中不可避免的散粒噪声影响而产生的。散粒噪声这种随机噪声是最主要的噪点来源。不知道你有没有看电视时没有信号而看到雪花屏的经历，满屏幕随机跳动的小点就是噪声，也就是我们俗称的噪点，如图 7-69。

知道了噪点产生的原理，那反向抵消的方法也就随即诞生了。既然它从本质上是随机噪声，那么我们用完全相同的曝光参数连续拍摄多张照片，然后在后期软件里进行"平均值"处理，就可以有效地消除随机性，露出噪声下面的原始画面。在进行处理的时候，最终照片的每一个像素，都是其他所有照片在同一个位置上像素的平均值。说白了，就是对噪声多次测量，然后对结果进行平均处理。

图 7-69

听起来好像很复杂，但操作起来却很简单，这依赖于 Photoshop 强大的堆栈模式算法。关于 Photoshop 的堆栈模式，本书的第 13 章有详细的介绍，但因为这一部分内容主要关于降噪，所以单独在这里讲解，对堆栈模式有更多需要的读者，可以稍后再详细阅读该章。

原理已经说明，这是利用多张照片的平均值降噪，那就要求在前期拍摄的时候，用相同的参数连续拍摄多张照片。拍摄的时候要避免相机的移动。拍摄张数越多效果越好，但凡事有度，一般来说，拍摄 10 张左右效果就很好了。

下面就来演示案例步骤。

案例中的素材是用 ISO 6400 连续拍摄的 10 张完全一样的照片。因为是暗光的场景，所以噪点非常严重，如图 7-70。

图 7-70

操作步骤只有一步：在 Photoshop 里选择菜单命令"脚本→统计"，在弹出的对话框里，打开这 10 张照片，并把"选择堆栈模式"设置为"平均值"。即使三脚架非常稳定，但这些照片也很可能没有完全对齐。建议勾选"尝试自动对齐源图像"选项（图 7-71）。

图 7-71

经过数分钟或更长时间的运算后（时间长短取决于计算机的运算速度、内存大小、照片的数量和像素等），结果出现了（图 7-72）。

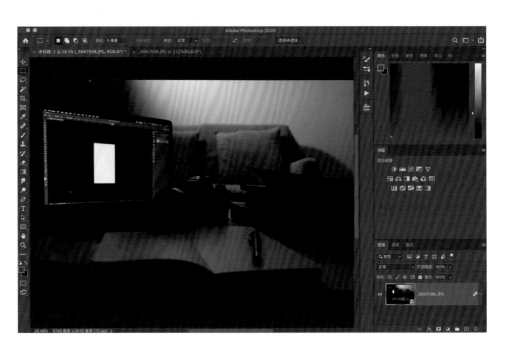

图 7-72

把降噪后的照片放大到 100% 后，可以看到景物的噪点情况有了非常明显的改善。

通过平均值抵消噪点，照片恢复了大量被噪点淹没的细节（图 7-73），这些细节通过普通降噪技术是很难恢复的。

降噪前

降噪后

图 7-73　100% 截图效果对比

平均值降噪为摄影师提供了一种科学的降噪办法，尤其适合改善弱光环境下摄影对象的信噪比。图 7-74 为案例最终效果。

图 7-74　最终效果图

CHAPTER 8

后期流程——输出

后期流程的最后一步是输出。如果我们外出旅行，得到了不少好照片，想输出给大家分享，相机的 RAW 格式文件是不能直接打印或上传互联网的，需要输出成 TIFF、JPEG 等图片格式，而且同一种格式还可以选择不同的输出品质。那么我们该如何正确地输出照片呢？输出前最重要的是分清楚你的目标，这张照片到底是用于印刷、上传网站还是放到朋友圈分享？不同用途对应的照片的规格设定都是不一样的。对于照片质量要求最高的是印刷，其次是互联网展示，最后是移动端的分享（如微信朋友圈等）。所以，我们应根据照片最终的用途来采取不同的输出方式。

8.1 用于收藏或印刷的输出

用于印刷的输出，一个是指图片输出制作成印刷品，另一个是指通过数码微喷输出成收藏级作品，后者对图片格式、色彩空间、色彩深度、分辨率等方面有着最高标准的要求。我们可以通过 Bridge 和 Photoshop 两种方式实现印刷品质的输出。

8.1.1 在 Bridge 中直接输出

在 Bridge 中选择需要输出的图片，使用快捷键 command+R（Windows 操作系统：Ctrl+R）进入 Camera Raw。在 Camera Raw 界面的左下角找到"存储图像"按钮（图 8-1）。单击此按钮，会弹出"存储选项"对话框（图 8-2）。对话框中有"文件命名""格式""色彩空间""调整图像大小"等诸多选项，其中与输出密切相关的选项应进行如下设置。

"格式"下拉菜单中，图片格式选定为"TIFF"，这是最高级别的存储格式（图 8-2）。TIFF 格式不仅是无损压缩格式，色彩深度可以达到 16 位 / 通道甚至 32 位 / 通道，而且还被绝大多数的绘画、图像编辑和页面排版软件所支持。所以只要是用于印刷或摄影作品级别的输出，无论是在 Bridge 里面做完了预处理直接输出，还是进入 Photoshop 后期处理后再输出，都可以选择 TIFF 格式。

图 8-1

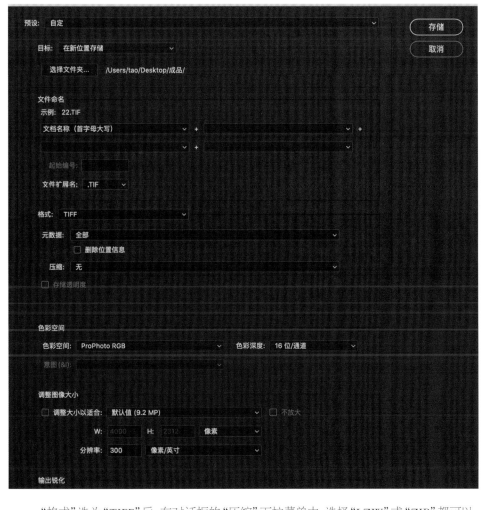

图 8-2

　　"格式"选为"TIFF"后,在对话框的"压缩"下拉菜单中,选择"LZW"或"ZIP"都可以,二者都是无损压缩格式(图 8-3)。如果选择"无"则不进行压缩,输出的照片会非常大,不利于文件传输。

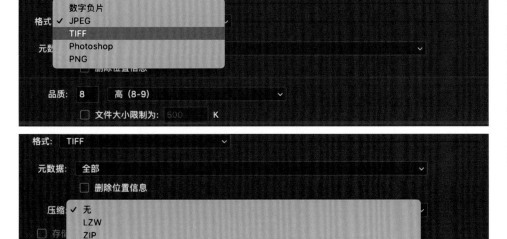

图 8-3

LZW 是一种压缩算法,利用图像每一行像素点的 RGB 值的相关程度达到压缩的目的,它对黑白图像的压缩效果非常好,生成的黑白 TIFF 图像大小只有黑白 JPG 图像的 1/3;但对于真彩色图像,每一行像素点的 RGB 值重复的可能性很低,所以压缩效果不明显。

ZIP 和 LZW 一样,也是一种常用的无损压缩算法,压缩率很低,但 ZIP 同时可进行文件包压缩。

TIFF 所有的压缩方法都是无损压缩。

在"色彩空间"下拉菜单中最好选择"ProPhoto RGB"（图8-4），这是我们在做收藏级输出时，兼容不同输出介质范围较大的一个色彩空间。

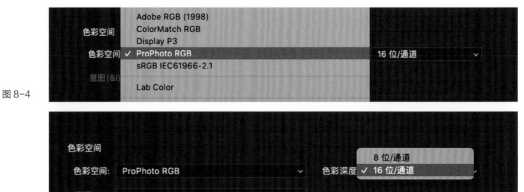

图 8-4

图 8-5

在"色彩深度"下拉菜单中选择"16位/通道"（图8-5），这里容易被忽视。如果要用于真正的输出，色彩深度必须要达到16位/通道。因为一个通道如果是8位的，最多只能记录256种颜色，但是如果通道是16位的，最多可记录65536种颜色，两者相差256倍！所以16位/通道的色彩空间更大，可以有效控制数码图像的断层现象，是收藏级输出时必须要用的参数。

在"调整图像大小"中，在下拉菜单中选择"默认值"，同时一定不要勾选"调整大小以适合"复选框，否则输出时会对照片进行尺寸调整。最后，确认"分辨率"为300像素/英寸，以保证输出的品质（图8-6）。

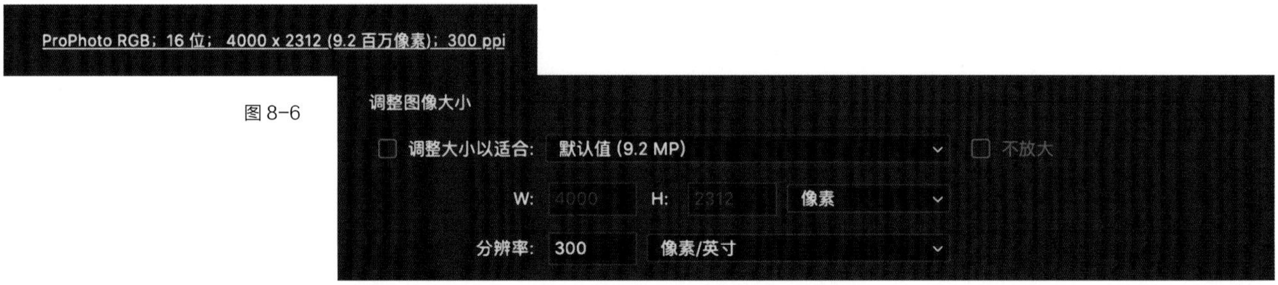

图 8-6

230

技巧提示

如果我们不在 Bridge 中直接输出，而要进入 Photoshop 做深度处理，在打开 Camera Raw 的时候，应注意界面正下方有一个"工作流程选项"，要仔细检查一下"工作流程选项"中的各个参数（图8-7）。从最左上方开始，"色彩空间"默认的是"Adobe RGB（1998）"，与相机设置的色彩空间相同；"色彩深度"是"16位/通道"，16位/通道的输出能保证最大的色彩空间；图像大小是"5760×3840"，这是相机的最大原始尺寸；"分辨率"是300像素/英寸。确认所有参数与图8-7相同，才能保证任何原始素材信息都不会损失。如果照片只是用于家庭欣赏或者网上分享，可以忽略这一步。但是打印级、收藏级的照片输出，必须要达到这个水平。

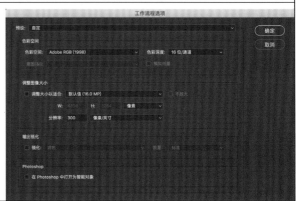

图 8-7

8.1.2　在 Photoshop 中输出

在 Photoshop 中打开需要输出的文件，选择"文件">"存储为"（图 8-8）。在弹出的"存储为"对话框中，"格式"选择"TIFF"，"颜色"勾选"嵌入颜色配置文件：ProPhoto RGB"复选框（图 8-9）。

单击"存储"按钮，会弹出"TIFF 选项"对话框，在"图像压缩"选项卡中选择"LZW"或"ZIP"（图 8-10），单击"确定"按钮，输出完成。

图 8-8

图 8-9

图 8-10

在 3.2.2 小节中，我们讲到了文件夹命名的方法，在以"- 年 - 月 - 日项目名称"命名的文件夹中，存储的都是 RAW 格式文件。我们可以在原文件夹下新建一个文件夹，并命名为"成品"，将预处理结束后输出的 TIFF 照片放在这个"成品"文件夹中。

8.2   用于网络分享的输出

如果要在社交网站上上传照片，或者向手机传输照片，我们就需要将RAW格式文件或TIFF格式文件转化成JPEG格式文件输出。这里，我们同样可以通过Bridge和Photoshop两个软件实现。

8.2.1   在Bridge中输出

第一个方法，在Bridge中进入已经挑选好的文件夹，比如前面所说的生成的"成品"文件夹。全选高质量的TIFF文件，使用快捷键command+R（Windows操作系统中为Ctrl+R）将它们在Camera Raw中打开，在"胶片"联级菜单中选择"全选"所有照片，单击左下方的"存储图像"（图8-11）。

这是准备用来在互联网上传的照片，所以在弹出的"存储选项"对话框中我们需要修改一些参数设置。

图8-11

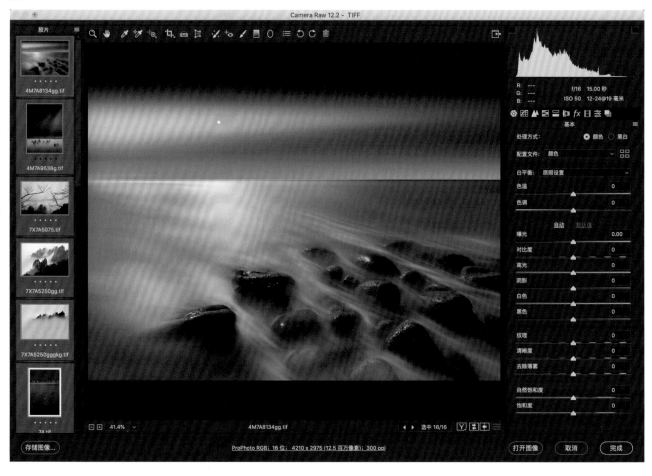

在"格式"下拉菜单中选择"JPEG"；"品质"与对照片文件的压缩程度有关——JPEG 格式的压缩和 TIFF 格式的 LZW 或 ZIP 压缩不一样，JPEG 格式的压缩是有损压缩，所以文件会比 TIFF 格式小很多，且品质越高，压缩的损失越小。如果你在这里选择"最佳（10-12）"，生成的文件的体积也会非常大，所以，一般选择"高（8-9）"（图 8-12）或"中（5-7）"即可。

图 8-12

"色彩空间"一定要选择"sRGB"，因为互联网输出的标准色彩空间是 sRGB，网页浏览器只认 sRGB。而"色彩深度"只能是"8 位 / 通道"（图 8-13），因为 JPEG 格式记录不了 16位 / 通道的色彩深度。

在"调整大小以适合"选项卡中，我们需要将图像尺寸做一个调整。对于互联网输出，建议将照片长边的尺寸控制在 1500 像素 ~2000 像素，如果是用于手机等移动设备的浏览，像素可以再小一点（图 8-14）。

图 8-13

图 8-14

经常有网站对用户上传的图片有具体的尺寸限制和大小限制。比如，你可能会看到诸如"请上传长边不高于 2000 像素，文件大小不超过 200K 的文件"。很多人为此非常苦恼，不知如何解决。其实同样在这个窗口，只需要勾选"文件大小限制为"复选框，填入具体数字，然后再在"调整图像大小"选项卡里，将"W"和"H"都填入网站要求的最大长边尺寸即可（图 8-15）。希望这个问题以后不会再困扰你。

图 8-15

8.2.2 在 Photoshop 中输出

Photoshop 里面有一个专用的脚本操作，用它处理照片非常简单方便。

选择"文件" > "脚本" > "图像处理器"（图 8-16），打开"图像处理器"对话框。在"选择要处理的图像"选项卡中单击"选择文件夹 "（图 8-17），根据路径找到建立的"成品"文件夹，单击"打开"按钮（图 8-18）。

234

图 8-16

图 8-17

图 8-18

在"选择位置以存储处理的图像"选项卡中，单选"在相同位置存储"。

在"文件类型"选项卡中，勾选"存储为 JPEG"复选框，"品质"为8；勾选"调整大小以适合"复选框，在下面的图像宽度（"W"）和高度（"H"）像素限制中，各填入2000，即最大边长不超过2000像素。如果向手机输出，1500像素也可以，然后勾选"将配置文件转换为sRGB"复选框。

在"首选项"选项卡中，勾选"包含 ICC 配置文件"复选框（图8-19）。

图 8-19

技巧提示

存储 JPEG 格式时，品质参数的选择有一个小技巧：不要轻易选择5以下的"品质"值，我平时输出照片时"品质"的默认值一般是8，如果照片不是太重要就选择6。这主要是从照片观看品质的角度来看，因为网络传图经常会遇到二次压缩的情况，大家都遇到过一张图被反复传送品质越来越差的情况。如果选择5，基本上在第二次或者第三次传送时，照片的品质就惨不忍睹了。

全部选项确定后，直接单击"运行"按钮就可以了，Photoshop 会自动在"成品"文件夹中新生成一个名为"JPEG"的文件夹，并将所有输出的 JPEG 文件保存其中（图 8-20）。这个脚本命令可以一次性处理大量文件，只是按一下运行键就可以了，真是太方便了。

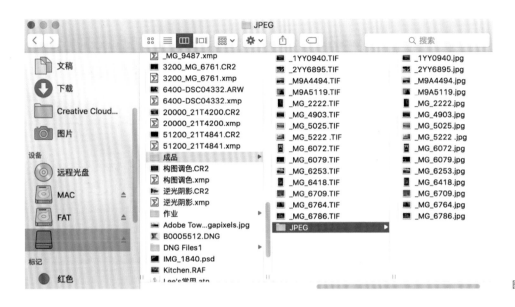

图 8-20

通过本章的学习，我们对输出及文件夹层级结构有了更清晰的认识。

首先，在以"－年－月－日项目名称"命名的文件中存储的是所有用来预览的照片，在预览过程中我们通过评级对照片进行了分类。其中 4 星级、5 星级的照片被挑出来以后，进入 Bridge 中进行预处理，甚至进入 Photoshop 中进行深度处理，处理完被输出保存在"成品"文件夹中。"成品"文件夹中都是 TIFF 格式照片，用于收藏或印刷。

为网络分享使用的照片，都从"成品"文件夹下的"JPEG"文件夹中挑选，每张照片只有 1MB 左右（具体的文件大小取决于输出的分辨率）。微博或微信朋友圈分享的照片也从"JPEG"文件夹中选取。

技巧提示

还可以将一个文件夹命名为"作品"，并把它放在桌面。如果你平时拍了不少照片，可以每个月从当月众多 5 星级的照片中挑 1 张出来，一年凑齐 12 张。无论拍了多少张 5 星级的照片，每个月就挑出 1 张，一年凑齐 12 张，将其印成台历送给别人。读者可以尝试一下。

CHAPTER 9

通 透

外出拍摄时我们常常会遇到这样尴尬的情景：在雾天或霾天出行，或隔着汽车、飞机上并不干净的玻璃拍摄时，看到的景致常常像蒙上了一层灰色，拍出来的照片也不够通透，即画面不透亮、不清澈，让人感觉发闷，这层"雾感"也蒙在了拍摄者的心头……还有一些时候，环境没那么糟糕，但把照片导入 Camera Raw 缺少进行后期基本调整后，会发现越调整画面越不干净，照片仍然没有通透感。这些问题是什么原因导致的呢？如何才能解决照片中通透感的问题？相信这是很多初学者特别关心的话题。

通透感虽并不是评价画面优劣的唯一指标，但对于初学者来说，确实也是令人困扰的一个问题。营造通透感有很多可能性，也有不少解决的方法。作为本书第 2 篇的开篇内容，我们将学习更为高级和实用的后期调整方法。本章我们将以"通透"为切入点，深入理 解光色三原色的原理和补色间的色彩规律，使用光色还原调整的方法和简单的技巧去除照片上的灰霾，让照片通透起来！

9.1 什么是通透

何谓通透？唐代韩愈的《南山诗》中对于通透的感受是"蒸岚相澒洞，表里忽通透"。宋代欧阳修《送子野》一诗中也有对于通透的视觉体验："光辉通透夺星耀，蟠潜惊奋斗蜃蛟。"山中的雾气散去，山景就会变得通透；天空明净透彻，星星就会发出耀眼光辉。我们在古人的诗词中大致也能理解这层含义——照片通透了，自然就会让人身心愉悦！再如《朱子语类》："凡事见得通透了，自然欢说。"恰好也点明了通透给人的心理影响。

汉语字典中把"通透"解释为"通明透亮"。其中讲到的"明""亮"两个字，为我们从技术角度实现"通透"找到了方向。单看"明"字——日月为光，有光就有色。那么"通明透亮"实际上要解决的便是光色的原始性和纯粹性问题，也就是说在光色当中，颜色受的干扰最少，画面就会获得最大的通透感。

在摄影中，通透是画面色彩影调层次丰富通明、空间感透亮深远、物体轮廓清晰明确等各种视觉和心理的综合体验（图9-1、图9-2、图9-3）。

通明透亮

图9-1

图 9-2

图 9-3

9.2　画面不通透的原因

　　造成照片发闷、不清澈、不通透的因素有哪些呢? 其主要受到拍摄因素和环境因素两大方面的影响, 也就是受主观因素和客观因素影响。

　　拍摄因素导致的画面不通透主要缘于人为的拍摄技术和器材设备问题。拍摄技术方面, 如曝光不准、色温白平衡不准、焦点不实、过高的感光度 ISO 值等, 器材设备问题如镜头瑕疵、滤镜透度不足、相机成像的品质不佳等 (图 9-4)。

　　环境因素导致的画面不通透主要受光线、空气污染、阻隔物的影响。光线引发的不通透主要是由于光色混合干扰, 自然界各种波长的光线通过折射、衍射、过度混合也被称为光污染, 如紫外线干扰、逆光眩光、弱光等; 隔着透明材质拍摄引起的画面不通透, 如透过玻璃、透明塑料、水等介质拍摄后得到的画面不通透; 还有空气污染造成的光色不通透, 如空气中的灰尘、雾或霾、烟气颗粒等。以上这些环境因素都会使光色相互混合、干扰, 变得浑浊, 以致我们看到的物体颜色并不纯正, 通透感下降 (图 9-5)。

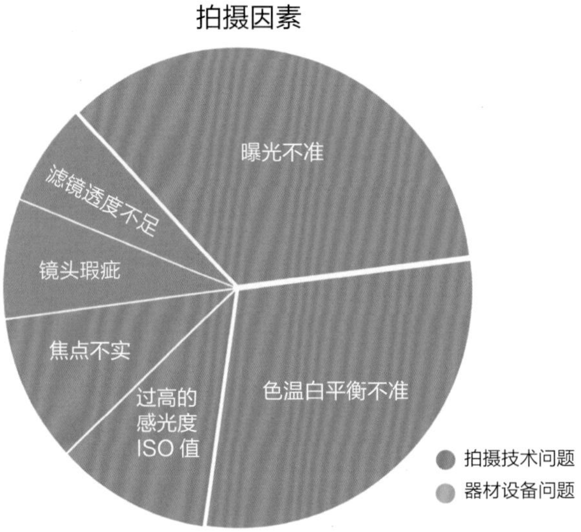

图 9-4
拍摄因素导致的画面不通透

图 9-5
环境因素导致的画面不通透

9.3 前期后期如何处理不通透的问题

根据上述分析，一系列的因素都会直接导致照片出现如图 9-6 中所列出的问题，而这些问题基本涵盖了造成照片不通透的技术问题。只有解决了这些问题，照片才会变得通透。分析了造成不通透的因素和照片出现的问题后，我们就可以在后期处理时有的放矢，对于画面不通透的问题就有针对性的解决方法了。

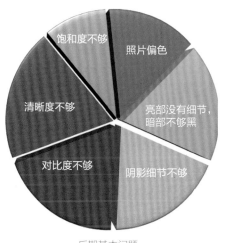

后期基本问题

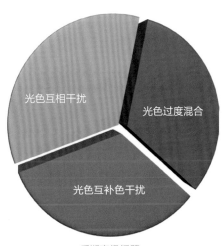

后期高级问题

图 9-6
后期问题

拍摄因素导致的不通透是前期问题，我们需要不断地磨炼技术和选用精良的设备，提高对相机的驾驭能力和对图像品质的控制能力。而环境因素导致的不通透常常需要通过后期处理的方式来消减。

对于通透感差的照片，后期处理时要具体分析、具体处理。一般来说，我们主要通过后期的基本调整和高级调整两方面来解决不通透的问题。在实际案例中，常常是基本调整和高级调整相结合来解决问题。

如果画面只是由于偏色、层次不够、对比度不够、清晰度不够、饱和度不够等问题而导致"虚而不透""平而不透"，那么只需要通过些许后期的基本调整就可以实现画面通透。如在Camera Raw 中可以通过调节"基本"面板的参数提升照片的通透性(图 9-7)，如还原"白平衡"，调整"色温""曝光"，调整"白色"和"黑色"，调整"高光"和"阴影"，然后调整"对比度""清晰度""自然饱和度"，这样的基础调整能够还原照片正确的色彩、拉开层次、丰富画面的细节，会让人感觉照片变得通透起来。相信这些方法大多数读者已经很熟悉，在此不再赘述。需要补充的是，从 Camera Raw 9.1 版本开始不断升级的"去除薄雾"功能，通过拖动滑块就能够瞬间减少照片中雾气的量，对提升照片的通透性有立竿见影的帮助。关于这个功能，也可详看4.5.2 小节的相关内容。

如果图像是由于环境因素导致的光色互相干扰、光色过度混合变脏、光色互补色相互干扰变浊，那么需要高级的后期方法来调整才能实现画面通透。在后期工具中，"色调曲线"面板中的通道调整、"可选颜色"调整等高级命令(图9-8、图9-9)都是需要用到的。要注意的是，后期调节过程中的不当操作往往也会加剧颜色之间的互相干扰，使画面色彩更加浑浊，通透感减弱。诸如此类的问题仅靠"色温""对比度""饱和度""清晰度"等参数的基本调节几乎是无法解决的，因此在处理这类问题时，不应不加分析地教条化地把各种参数调节一遍，而是首先要弄清楚色彩的原理和与之对应的参数背后的意义。因此，在下面的内容中我们将再次重温光色三原色的原理，及其在软件中是如何应用的，通过实际案例演示如何做光色的还原调整，即如何去除光色中互补色的混合干扰，这种探究本质的后期技法是解决画面不通透问题的核心。

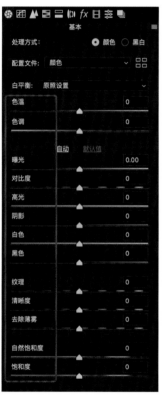

图 9-7

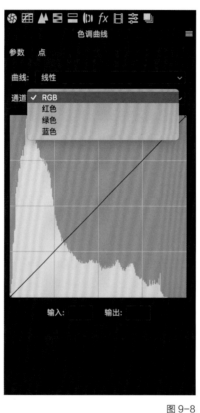

图 9-8

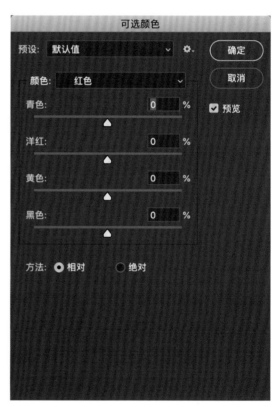

图 9-9

9.4　光色混合的原理和解决问题的"钥匙"

在前面的内容中，我们分析了什么样的图像具有通透的视觉感受，画面不通透是由什么原因造成的，并针对这些原因一一提出了前期和后期解决的思路。而其中利用后期高级调整方法对图像色彩加以控制则是处理画面不通透问题的关键，要掌握这一技术首先要理解光色混合的原理。

9.4.1　光色混合原理

图9-10中所蕴含的色彩规律是摄影中处理色彩问题的理论指导，也是解决画面不通透问题的钥匙。相信很多读者接触过三原色的概念，但又仅仅停留在概念理解的层面，并没有

真正将它用在指导后期实践中。下面我将尝试帮助大家建起概念和应用之间的桥梁。

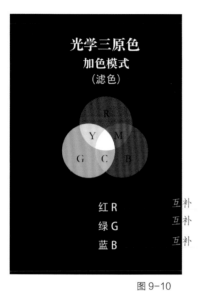 

图 9-10

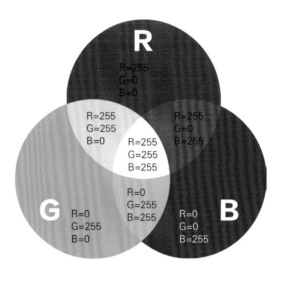

图 9-11

如何理解原色？色彩中不能再分解的基本色被称为原色，原色可以合成其他的颜色，而其他颜色却不能还原出原色。三原色分为光学三原色和印刷三原色两种。

光学三原色指红（Red）、绿（Green）、蓝（Blue）3 种颜色，就是我们熟知的 RGB。

印刷三原色指青（Cyan）、品红（Magenta）、黄（Yellow）3 种颜色，就是印刷四色 CMYK 中的 CMY（K 为黑色）。图 9-10 中取各原色的英文首字母进行标示。

9.4.1.1 光学三原色

光学三原色（RGB 色彩模式）属于加色模式，即光色的直接合成和叠加。光学色是人眼对世间万物的直接感受，在数字图像中我们常见的 8 位图像分为 256 个色阶，即 0~255 的明度变化。

当三原色中红（R）=255、绿（G）=255、蓝（B）=255 时，三者叠加得到白色（255，255，255）。当三原色中红（R）=0、绿（G）=0、蓝（B）=0 时，三者叠加得到黑色（0，0，0），也就是说黑色就是没有颜色。当三原色中红（R）=255、绿（G）=255、蓝（B）=0 时，三者叠加得到黄色（255，255，0）。同理，绿（G）+ 蓝（B）= 青色，红（R）+ 蓝（B）= 品红色。我们肉眼所见的丰富色彩都是由红、绿、蓝三原色组合而成的（图 9-11）。因此，加色模式中的"加"就是三原色以不同的比例、强度等相"加"的意思。加色模式讨论的是光源，而不是光源通过某些物体之后被反射或吸收后的状态，所以 RGB 模式是一种加色模式。

9.4.1.2 印刷三原色

印刷三原色是我们通常在印刷中接触的 CMYK 中的 CMY，其中 K 为黑色，CMY 则是 3 个原色——青（C）、品（M）、黄（Y）。CMYK 是一种减色模式。事实上在有外界光的环境中，我们看到的任何不发光物体的颜色都是由太阳光减去被物体吸收的光而遗留下来的被反射到

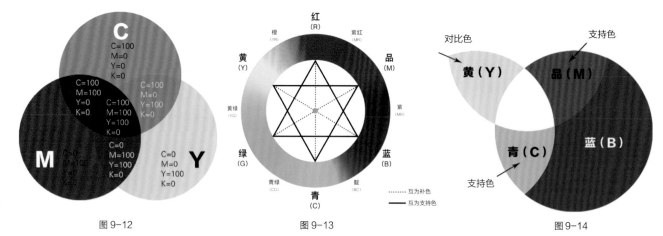

图 9-12　　　　　　　　　　　　图 9-13　　　　　　　　　　　　图 9-14

人眼的部分，因此减色模式中的"减"就是从光源中减去的意思。在印刷色中用 0~100 的百分比数值表示该颜色的量。如图 9-12 所示，当三原色中青（C）=100、品（M）=100、黄（Y）=100 时，3 色叠加得到黑色（100，100，100），可见黑色就是青、品、黄色之和。但是这只是个理论值，在实际情况中，混合而成的黑色（K）并不纯正，所以在印刷中又添加了单独的纯黑（K）。当三原色中青（C）=0、品（M）=0、黄（Y）=0 时，3 色叠加得到白色（0，0，0），在印刷中没有颜色就是白色。

9.4.1.3　色环

如果把两个原色相互混合，青（C）+品（M）=蓝（B），青（C）+黄（Y）=绿（G），品（M）+黄（Y）=红（R）。你会惊讶地发现一件非常有意思的事情——在红绿蓝（RGB）中蕴含着青品黄（CMY），在青品黄（CMY）中也蕴含着红绿蓝（RGB）。所以，RGB 和 CMY 之间具有非常紧密的联系（图 9-11、图 9-12）。

接下来，如果我们把图 9-10 中呈现的两种紧密关系进行整合的话，就会得到图 9-13，这就是我们常见的色环。在色环中间有两个错落叠加的正三角形，每个三角形的 3 个角对应着该模式中的 3 个原色，分别是红绿蓝（RGB）和青品黄（CMY）。如图 9-13 中黑线和虚线的图示说明，黑线间的两种颜色互为支持色，虚线间的两种颜色互为补色。

为了便于理解，我们从图 9-10 中的原色关系中拆解出一组关系进一步说明。如图 9-14，以蓝色为例，它有两个支持色，分别是品红和青色，还有一个互补色（对比色）站在它的对立面，叫作黄色。如果想调整出非常漂亮的蓝天，只需要加强蓝色的支持色品红和青色，同时减去互补色黄色对蓝色的干扰即可。同理，继续对照图 9-10 理解，如果以红色为例，它有两个支持色——黄色和品红，还有一个站在它对立面的互补色青色。这意味着如果我们想要调整出一个非常漂亮的晚霞，那就需要在红色里加黄色和品红，同时要减掉互补色青色的干扰。如果想要加强大草原的翠绿感，则需要加黄色和青色，同时减去互补色品红对绿色的干扰。 希望读者能理清其中的关系，在使用时经常对照分析，以加强理解。

综上，对于光学三原色和其补色的理解是我们进行色彩调整的基本理论指导，也是解决画面不通透问题的钥匙和核心技术！

9.4.2　去除光色互补色干扰

我们通过具体的实例做些尝试，来说明通透和不通透的画面在色彩上有什么差距，以及互补色干扰对画面通透感的影响究竟有多大。分析出这些差别后，我们再用正确的方法来解决问题。

蓝天是最容易看出问题的，当天气很晴朗时我们可以看到很清澈的蓝天，但如果天气和环境不好，天就不会那么蓝了。那么，蓝色受到了哪些干扰呢？我们分别找了两组含有蓝天的风景照片，一组是不通透的照片（图9-15），一组是通透的照片（图9-17）。

首先对不通透的照片组里的蓝天进行取样分析。从拾色器中可以看出，RGB3色的数值比较接近，CMYK中有黄色的介入。

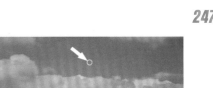
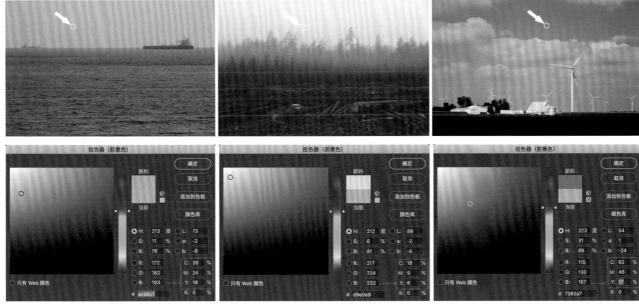

黄（Y）=18%　　　　黄（Y）=6%　　　　黄（Y）=17%

图9-15 不通透

对通透组中照片的蓝天进行取样分析。从拾色器中可以看出，RGB 3色的数值差距较大，CMYK中以青色、品红色两组数据为主，没有黄色的干扰。

技巧提示

图9-10中的色彩关系在Photoshop中可以利用图层混合模式中的"滤色"和"正片叠底"加以正确模拟。

如图9-16，在Photoshop中"滤色"是加色模式之一，图像会越来越亮，最后变成白色。所以如果用画笔直接画黑色，是画不上去的，即不能用黑色来覆盖图层现有颜色，但可以用加色模式屏蔽黑色，因为黑色是加色模式的初始颜色，这种方法在本书的多个案例中都会用到。

"正片叠底"是减色模式之一，图像会越来越暗，最后变成黑色，所以如果用画笔直接画白色，是画不上去的，即不能用白色覆盖图层现有颜色，但可以用减色模式屏蔽白色，因为白色是减色模式的初始颜色。

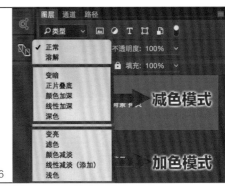

图9-16

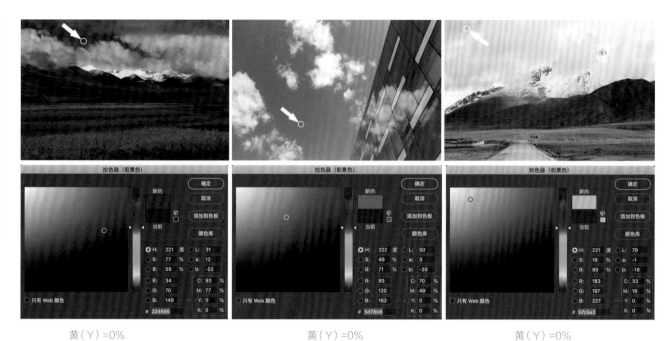

黄（Y）=0%　　　　　　黄（Y）=0%　　　　　　黄（Y）=0%

图 9–17　通透

　　在 Photoshop 中打开如图 9–15 所示的 3 张照片，然后分别用拾色器配合吸管吸取图中箭头标示的测试点，得到 3 组测试数据。现在我们重点关注拾色器中 CMYK 的数值变化。经过分析比较会发现，不通透照片中天空的蓝色饱和度明显不足，且在 CMYK 数值中有较多黄色（Y）值的存在，这说明蓝色中除了有品红和青色介入外，还混入了蓝色的互补色，即黄色。黄色对蓝色产生了干扰，因此蓝天不再纯正干净，视觉上也会感觉不通透。再来看图 9–17 中的 3 张照片，这 3 张照片被认为是比较通透的，在 Photoshop 中打开后也分别用拾色器配合吸管吸取图中箭头标示的测试点，得到 3 组测试数据。经与上一组数据比对后会发现，在 CMYK 的数值变化中，这一组数据的黄色（Y）值为 0。因此，我们得到以下两个结论：如果想要使天空变得湛蓝，第一需要协调好青色和品红的比例；第二，减少画面中黄色对蓝色的干扰。

　　在 Photoshop 里我们再做一个简单的实验，来说明为什么黄色和蓝色叠加画面会变浊。如图 9–18，我们在一个图层上绘制一个蓝色（R=0，G=0，B=255）的圆，再新建图层绘制一个黄色（R=255，G=255，B=0）的圆。画好后把两个图层相互叠加，将黄色的图层混合模式改为"滤色"（加色模式），或者直接将黄色图层的不透明度改为 50% 左右。此时，会发现无论采用哪种方式，两圆重叠混合的部分是一块灰色，这不就是平常天空有雾或霾时呈现的灰色吗？所以，这再次证明了补色间的关系是此消彼长、互相压制的。如何使天空去除灰霾的

技巧提示

很多摄影人在后期过程中为了让天空变蓝，拼命调整蓝色的饱和度，加强画面的对比度，但许多时候这样做的效果也只是差强人意，　这其中的玄机就在于"加不如减"，也就是说，与其加蓝色不如减黄色。

效果更好？如何还原蓝天的颜色？仅靠提高蓝色的饱和度是不够的，最好的方法就里是"减黄加蓝"——把黄色从天空的蓝中剥离出来。

同样，其他原色间的补色关系道理亦然，根据画面中需调整对象的颜色加以分析即可。我们挑选了两个理解光色混合调色的典型案例，分别介绍两条命令，一条是曲线通道调整，一条是可选颜色调整。这两条命令都是针对三原色调整的基本方法，能应对大多数由色彩引起的不通透问题。下面就来看看具体的案例演示与操作步骤。

图 9-18

9.5 通透的实战案例

9.5.1 解决方案 1：曲线通道调整

图 9-19 的这张山景是在行驶的大巴车上，隔着玻璃拍摄的。窗外的风景还不错，可惜受到客观条件的限制，深色的玻璃影响了拍摄效果。我们可以假想深色玻璃的影响等同于雾或霾的影响，因而透过它拍摄出的画面非常不通透。对于这个案例，我们采用曲线通道调整的方法进行后期处理。

图 9-19　原图

步骤 1

基础调整。在 Camera Raw 中打开这张原图。观察照片，理清调节的思路。从直方图中可以看到，整个照片的亮部和暗部都缺少细节，雾感很重，属于前面所说的"低中调"（图 9-20）。我们知道如果需要拉开图像的层次，就需要将直方图范围调至"低长调"。首先增加对比度，让直方图两端范围尽量外延。将"对比度"调至±100，图像层次有了很大改观，但在亮部和暗部依然没有信息出现。然后增加"高光"和"白色"，降低"阴影"和"黑色"，使画面具有亮色和重色，调整之后大量的细节就出现了。然后增加"清晰度"，并少量增加"去除薄雾"，让画面增强一些锐度。经过这一步的调整之后，图像已经有了明显的改善（图 9-21）。需要注意的是：在基础调整里面，调整明暗的参数有几组，它们的功能和效果比较接近，调节时不需要记录具体参数，以直方图舒展拉伸为好。直方图不用延展到纯黑和纯白区域，应为后续的曲线调整保留调色空间，大家可以注意对比下调整前后直方图的变化。

图 9-20

图 9-21

步骤 2

曲线调节。下面进一步提高图像的通透度，需要借助"色调曲线"面板，曲线可以进行非常精确的亮度和色彩层次调节。色调曲线有两种方式，一种是"参数"的调节，一种是"点"的调节。我们需要对色彩的通道进行调节，所以选择"点"。在默认情况下，曲线界面中以斜线为划分界限，斜线即代表亮度和对比度的变化。斜线上半部分代表亮部，下半部分代表暗部。观察图 9-22 中图像的直方图，红框所标示的部分是图像影调的范围。曲线调整并非随意拉动，而是要结合直方图的区域范围，即红框所框定的灰色峰值范围来进行调整。如图 9-23，①拖动曲线右上角的顶点，向左移动对齐至影调范围的最亮处，这样图像有了极亮区域，图像的层次也得到了最大化的体现；②在曲线的中上部单击，增加一个控制点，拖动控制点向下压，降低图像中暗调的明度，这样图像中暗部灰蒙蒙的感觉就被消除了，我们会看到画面的通透度有了明显的提升。

图 9-22

步骤 3

曲线红色通道调节。在"通道"中选择"红色"，这时斜线划分的上半部分代表当前的主色——红色（R），斜线下半部分则是红色的互补色——青色（C）。在该通道里，向上拖曳曲线画面则会偏红，向下拖曳曲线画面则会偏青（图 9-23）。先分析画面，由于照片中有大面积的青色和绿色（青色的支持色是绿色），青色和绿色中会有一些作为青色互补的红色干扰，所以如果想让绿色显得更青翠，调整时要适当地减少红色，减红就意味着加青。如图 9-24，①在曲线的下部单击，添加一个暗部的点，然后向下拖曳，给暗部区域减红加青。但是可以看到整个曲线都会受到这个点的控制向下弯曲，亮部的河岸和房子也被影响，整个图像产生青色的偏色；②在曲线的中上部添加一个点，向上拖曳，让曲线中上部回归调整前直线的状态，消除亮部偏色。经过红色通道的调节，山色变得青翠起来了。

图 9-23 （上图）
图 9-24 （中图）

步骤 4

曲线绿色通道调节。在"通道"中选择"绿色"，这时斜线划分的上半部分代表当前的主色——绿色（G），斜线下半部分则是绿色的互补色——品红（M）。因此，在曲线的绿色通道里，向上拖曳曲线画面则会偏绿，向下拖曳曲线画面则会偏品红（图 9-25）。分析这张画面，经过红色通道的调节，树木和草地的青翠色已经基本到位了，如果再加绿就会过于夸张。同样，减绿意味着加品红，这些都是我们不需要的颜色。因此在这张照片中，我们不做绿色的增减调整。

图 9-25

步骤 5

曲线蓝色通道调节。在"通道"中选择"蓝色"，这时斜线划分的上半部分代表当前的主色——蓝色（B），斜线下半部分则是蓝色的互补色——黄色（Y）。因此，在曲线的蓝色通道里，向上拖曳曲线画面则会偏蓝，向下拖曳曲线画面则会偏黄（图 9-26）。继续分析画面，由于绿色和黄色是邻近色，黄色是绿色的支持色，而且画面中草地部分有明显的黄色区域，所以为了让绿色更舒服，应该减蓝加黄这样草地和绿树就会变得鲜嫩起来。如果加蓝减黄，画面色彩将更加污浊。如图 9-27，① 在曲线的下部区域添加控制点，并向下拖曳，给暗部区域减蓝加黄，但是可以看到曲线整体向下弯曲，整个画面产生黄色的偏色；② 在曲线极下部添加控制点，向上拖曳，去除极暗处深山的黄色；③ 在曲线中间偏上部添加控制点，向上拖曳，去除亮部的黄色。经过蓝色通道的调节后，山坡出现了黄绿色，照片变得鲜活起来。

252

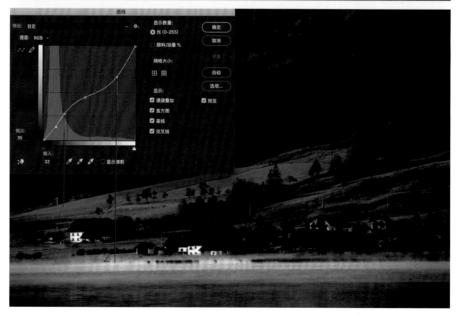

图 9-26 （上图）
图 9-27 （中图）
图 9-28 （下图）

图 9-29

步骤 6

调性调节。色彩曲线里每种色光的改变，会影响全局的图像亮度和影调，所以一般在色彩曲线调整完成后，还需要做最终的亮度层次调节。由于在 Camera Raw 中曲线已经在之前的步骤中改变了形态，这里选择将图像在 Photoshop 中打开，使用 Photoshop 中的曲线进行操作。 如图 9-28，①提高暗部山坡受光处的亮度，让暗部层次更加协调，同时要注意保护极暗处不受调色影响；②降低图像亮部，压暗河滩，使其更好地融入整个画面，调色结束。可以看到，整个图像的通透度和层次感得到了很大的提升（图 9-29）。

技巧提示

后期调整时，大家经常会问：要达到某种色彩、某种效果，是否有一些固定的数值？是否把这些数值背会了，就能调好照片？其实一幅作品的后期调整是关乎于个人感受，而不是通过死记硬背一些公式和数值来达到，所以在进行调整时要多拉动曲线以寻找自己想要的效果。总之，要做到"记感觉不要记参数"。

9.5.2 解决方案 2：可选颜色调整

图 9-30 是一张深秋时拍摄的照片。画面中的黄草和绿水颜色都不是特别鲜明，天空被云挡住而显得不够湛蓝透亮。通过 Camera Raw 做基本调整后，画面可能会有所改善，但仍然不够通透。画面的色彩不够干净，各种颜色交杂在一起显得很乱，在调节时也很难兼顾：当你想调整红色的树冠时，草地的黄色总是会干扰到红色的调整；当你想调整草地和树林的黄色时，又会影响到绿水的色彩。

图 9-30

遇到本例中的情况，"可选颜色"可以为我们提供更好的方式来进行单色通道调节。这时就需要把已经在 Camera Raw 进行过"预处理"的照片导入 Photoshop 中进行"点睛"的"完片处理"。在了解了大概的思路和方法后，下面演示具体的步骤和方法。

步骤 1

在 Camera Raw 中打开这张原图先进行预处理。在"基本"面板中，可将"曝光"略微增加。由于天空的云彩和景物背光面缺乏细节，所以将"高光"降至 -74，"阴影"提升至 +45，定义黑白场，使用 Alt 键并结合直方图将"黑色"降至 -46，"白色"提升至 8，适当增加画面的"去除薄雾"和"自然饱和度"（图 9-31）。

图 9-31

步骤 2

单击进入"HSL 调整"面板。选择"色相"选项卡，降低"紫色"的值使其偏向蓝色，目的是减少紫外线的光色混合干扰，使蓝色更纯正（图 9-32）。

图 9-32

步骤 3

此时天空没有一点儿蓝色，层次有所欠缺，所以可以在工具栏选择局部调整工具中的"渐变滤镜"，将"色温"调到 -50，然后自上而下添加一个蓝色渐变滤镜。这样天空的层次和颜色就更丰富了，得到预处理后的效果（图9-33）。

图 9-33

技巧提示

摄影人常问后期调整软件 Lightroom 和 Camera Raw 哪个好用，其实二者基本没有区别，操作模块都几乎是完全一样的，掌握了其中一个，另一个自然就会了。但是，二者都只能完成图片后期调整 70% 左右的工作，因此在这两个软件中进行的调整工作也被称为"预处理"，而最终的30% 调整工作也是整个后期调整的点睛之笔，还是需要在 Photoshop 中完成，这部分工作也被称作"完片处理"。

技巧提示

自然界中存在大量紫外线，而且紫外线对于照片的颜色也会产生很大的干扰，比如与蓝天的颜色混合后会使蓝色变脏和偏色。我们可根据画面颜色分布情况，在调整时通过"HSL 调整"面板将"紫色"的饱和度降低或者关闭（降低至 -100），这也是一种去除光色混合干扰的有效方法。

步骤 4

同样，我们使用"调整画笔"针对前面的绿水做一些局部处理，将"色调"调到 -90，然后在画面上有水的地方进行涂抹，涂抹区域如图 9-34 所示。

图 9-34

这样，我们在 Camera Raw 里得到了预处理的效果（图 9-35）。

图 9-35　预处理后的效果

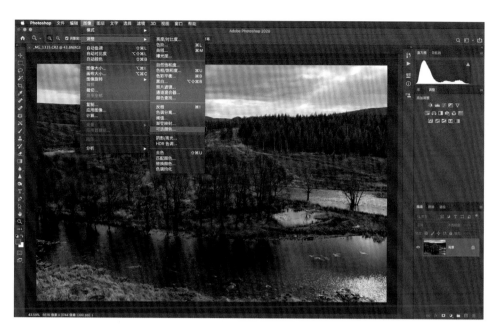

步骤 5

预处理后，画面仍然不够通透，如果想对单独的颜色进行调节，又会发现颜色间会互相牵制、影响。所以此时就要点击"打开图像"按钮，把在 Camera Raw 中预处理后的照片导入 Photoshop，进一步做后期的高级调整，也就是"完片处理"。在 Photoshop 中使用"可选颜色"来解决这类问题。可以在菜单栏选择"图像">"调整">"可选颜色"（图 9-36），也可以直接单击右侧"调整"选项卡中的"可选颜色"图标（优势是可以生成一个可选颜色的调整图层，便于反复修改参数）。在这里，我们选择"可选颜色"的调整图层模式。

图 9-36

图 9-37

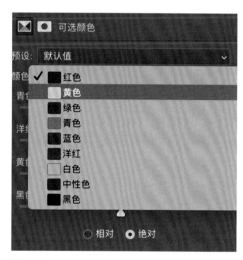

图 9-38

技巧提示

仔细观察"可选颜色"对话框中的"颜色"选项（图 9-37），你会发现光色混合原理中原色间的关系在"可选颜色"中是完全一致和相互印证的。"可选颜色"的优势在于对每种原色都可以单独选定并控制其支持色和对比色的比例，此外还能调节颜色的明度关系。

以图 9-38 中选择的"红色"为例，这意味着选定了图像中所有含有红色的元素和区域，我们可以调节红色（R）的两个支持色黄色（Y）和洋红（M），红色的互补色青色（C）以及黑色（K）来控制画面中红色的色彩倾向和明暗度。但需要注意的是，这里的 CMYK 并不是与印刷相关的，

其本质就是在调节补色间的关系。如对于青色的调节，向左就是加红减青，向右就是加青减红；对于洋红色的调节，向左就是加绿减品，向右就是加品减绿；对于黄色的调节，向左就是加蓝减黄，向右就是加黄减蓝。

如图 9-38，如果单击"颜色"下拉列表，会看到多种颜色可供选择：其中"红色""绿色""蓝色"是光学三原色（RGB），"青色""洋红""黄色"是印刷三原色（CMY），它们都可分别选择和调节补色关系；此外，还能通过黑白关系选择"白色""中性色""黑色"的影调区域来对颜色进行控制。

步骤 6

我们先从"可选颜色"的第一个颜色"红色"开始，图中中景的树冠是红色的，我们可以让红色更为明显。因为红色和黄色是邻近色，所以增加黄色的量至 +70，按前面一直所说的颜色关系，减青等于加红，所以，减少"青色"为 -27。适当增加一些"洋红"，效果如图 9-39。

步骤 7

用同样的方法处理前景的草地和树木上的颜色，在"可选颜色"中选择"黄色"。继续参考图 9-10 分析原色间的关系：黄色（Y）和青色（C）合成为绿色（G），黄色（Y）和品红（M）合成为红色（R），黄色的对比色为蓝色。在这里，我们的目的是突出画面中"金秋"的感觉，但因为前面给树冠加红，导致现在草地也偏红了，所以要凸显黄色并削弱多余的红色。我们要加"青色"（减红）、"减洋红"、加"黄色"（减蓝），如图 9-40。

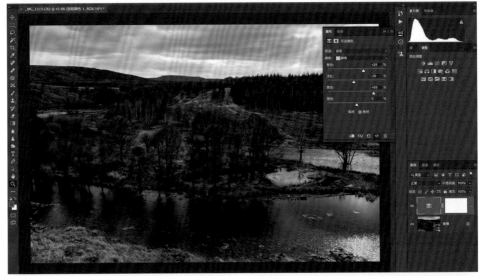

步骤 8

再来单独调整绿色，此时针对前面的绿水来进行调整就比较简单了，青和绿是邻近色，所以把"青色"加至 +60 就是加绿。同理，减红也是加绿，所以把"洋红"色减至 -75 也是在加绿，画面中其他颜色都没有动，只是水变得更青绿干净了（图 9-41）。

图 9-39　（上图）
图 9-40　（中图）
图 9-41　（下图）

通过两个案例的学习，我们加深了对光色混合原理的理解。在调节色彩时一定要遵循规律并对现象加以分析判断，从而实现对画面的精确控制。对于互补色的理解，正如两个很互补的人一样，潜台词就是说这两人的风格完全不一样，是一对需要被协调的矛盾体，协调的本质就是互相压制和控制。在解决不通透问题时，如果发现调整不得法，多数情况是由于后期调色时加法用多了，而调节不通透的核心就是压制和控制补色，使色彩变干净。总之，调节时要多用减法，少用加法。比如调整蓝色，加大量品红和青色不如减少黄色。但是，如果压制太过色彩就会太艳，这一点也需要注意平衡。

图 9-42　最终通透的金秋风景

CHAPTER 10

影 调

　　不少摄影人即使掌握了修照片的技术,但在进行照片的后期处理时,还是常常不知道自己的照片应该往哪个方向进行调整。这时我们可以尝试先调整和确定影调,当确定了影调之后,再把照片的其他细节慢慢展现出来,照片的整体感觉就会大为改善,这也是后期处理的乐趣所在。

10.1　摄影中影调的定义

"影调"本是音乐中的一个术语，英文为"tone"，原意为音调、音色。由于摄影中光影变化构成的视觉画面具有与音乐的节奏与韵律类似的语言，西方也用"tone"来定义摄影的视觉现象，所以在摄影中一直将"tone"翻译为"影调"，并沿用至今。因此，在谈及摄影影调时，如果我们用音乐的节奏和韵律来对画面加以分析和思考，有时会得到更深入的认识。

摄影中的影调，指的是照片的基调。

"影"，光影，为明暗关系、黑白关系、解决画面明暗层次、虚实对比的关系。"调"，色调，为色彩关系（色调的英文也为"tone"，可见色调包含在影调之中，并且与影调密不可分），可确定一张摄影作品的整体色彩倾向，大的色彩效果、主旋律。色彩三要素中，色相、纯度是色调主要解决的问题，明度则是光影构成的黑白明暗关系要解决的问题。

所以，摄影中的影调解决的是视觉画面中黑白明暗层次，虚实对比和色彩的色相、纯度之间的关系。这些关系使欣赏者感受到光的变化与流动，感受到画面的"节奏"与"韵律"构成的视觉美感。本章节将重点讲解黑白图像的影调。

10.2　影调在摄影中的作用

10.2.1　基本作用

影调在摄影中的基本作用是创造色彩、光线效果，构成影片色彩和黑白的基调。

图 10-1 的左图是我们日常观察中的天坛，这种情况下拍摄出的作品除了真实还原现场，可作为文献资料保留外，没有更多的表现力。但如果通过后期重新演绎，如图 10-1 右图所示，

图 10-1

通过刻意压暗天空和地面，使整个照片的影调得到了统一。可以说这张照片的影调起到了决定性的作用，直接决定了这张照片的气氛，一下子给人一种在时间和空间上与众不同的感觉。

10.2.2　准确表现主体

拍摄一张照片时，如果你有了明确的想法，那准确表现的影调就会大大增强照片的表现力。图 10-2 是美国摄影大师爱德华·韦斯顿（Edward Weston）最有名的"青椒"系列作品第三十号，画面中的青椒被拍摄出了人体的感觉。

他的孙子，摄影师金·韦斯顿（Kim Weston）曾经说过这张照片的背景信息：它是在曝光时间长达 4~6 小时，光圈设置为 f/240 的情况下拍摄而成的。爱德华·韦斯顿为了得到心仪的影调，将那只特别的青椒放在一个小漏斗里，这样才能让自然光线从特定的方向照亮青椒，最后在长时间曝光下拍摄成举世闻名的作品——《青椒·第 30 号》。

爱德华·韦斯顿认为这是自己 20 年来的汗水结晶，他在 1930 年 8 月 8 日的日记中写道："我迫不及待地要从新拍的青椒底片上印出照片来。底片一共有 7 张，但是我得先把 8 月 3 日拍摄的那张我最心爱的底片印出来。在这张底片上，凝聚着我 20 年的努力和血汗，是我从事摄影以来的最高成就。"

恰当的影调是准确表现主体的非常重要的一种方式，是摄影者摄影功力的体现。

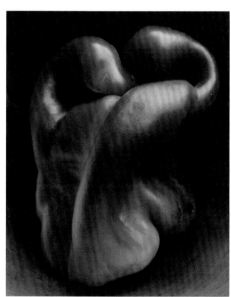

图 10-2　　　　　　　　　　　　　　　　图 10-3

技巧提示

西班牙抽象画家毕加索（Pablo Picasso）曾说过："好的艺术家复制作品，伟大的艺术家窃取灵感。"齐白石也说过同样的话："学我者生，似我者死。"二者的意思是一样的，即可以借鉴，但不要模仿。模仿就必然会失败。如果一个艺术太靠近另外一个艺术，这个艺术就失去了它本身的价值。所以当我们仔细观察比尔·格卡斯（Bill Gekas）的这张照片（图 10-3）的时候，会发现它里面没有任何油画的笔触，它绝对不是完全复制油画，他只是使用了油画中出现的道具，借鉴了当时的影调。实际上他是有明确目的的，他不仅知道自己要参考谁，也知道如何去定性自己的风格，所以他的照片的影调就会与众不同。

10.2.3　体现照片的个性与风格

鲜明的影调能够将照片的个性特点呈现出来，照片会因此而显得不平庸。图 10-4 是美国摄影师拉尔夫·吉布森（Ralph Gibson）的作品，画面中他用栅格化、线条化的光影来塑造人体，和法国吕西安·克莱格（Lucien Clergue）的《斑马人体》有异曲同工之妙。吉布森作品的典型风格就是用强烈的黑白反差来表现拍摄主体的质感，他拍摄的人体尤其令人印象深刻，并且已经成为他个性化的标签。所以不同摄影师所运用的个性化的影调也能强化其作品的风格特点。

10.2.4　塑造人物形象

人物摄影讲究形神兼备，"神"是指人物内心情感的流露、神韵的捕捉。人物的情感是丰富多变的，丰富多变的情感决定了我们的影调也要随之配合变化。这个时候，准确表现影调的难度也会增加，但万变不离其宗，只要多理解"影调的表现力"，就不会出现大的错误。

从图 10-5 中我们可以看到，摄影师安德烈亚斯·费宁格（Andreas Feininger）运用强烈的黑白对比影调成功地塑造了人物形象。

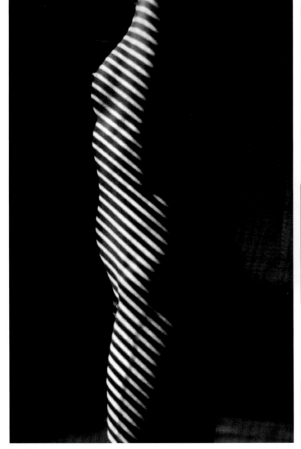

图 10-4

图 10-5

10.3　色彩的明度

图 10-6 中最左边一列有 10 种颜色，其中任何一种颜色都有色相、明度和饱和度（纯度）3 个属性。

色彩的明度		
色相	明度	纯度
红	4	14
黄橙	6	12
黄	8	12
黄绿	7	10
绿	5	8
蓝绿	5	6
蓝	4	8
蓝紫	3	12
紫	4	12
紫红	4	12

黑白摄影中色彩的明度
色相
红
黄橙
黄
黄绿
绿
蓝绿
蓝
蓝紫
紫
紫红

图 10-6

对于每种颜色的色相，我们很容易辨别区分。但是对于它们的明度值，也许就不太容易理解了：为什么红色的明度值是 4 ？黄色的明度值是 8 ？为什么红色的明度值是黄色的一半？但只要把它们转换成灰度，我们就会豁然开朗：原来红色的明度值真的只有黄色的一半。

初学影调的控制，从彩色照片开始似乎无从下手，但如果我们仅仅从明度上考量一张照片的层级关系和影调，是很容易掌握控制影调的方法的。

所以不如从对黑白影调的控制力开始入手练习，待熟练之后再进入彩色照片的后期实践。 此时你会发现，彩色照片的后期调整只需在黑白明度影调的基础上加入对色彩的色相和纯度的控制即可。只有在黑白色调的基础上掌握了影调的确切表现方法，然后再结合色相和纯度，我们才能有效地控制颜色。黑白明暗层次变化是影像的骨架和节奏，而色彩则是附着其上的血肉和韵律。

10.4　亚当斯区域曝光原理的借鉴

在数字图像处理中，尤其是在 RGB 的调色中，我们把影调分为 0~255 共 256 个色阶。但是如此多的色阶计算起来不是很方便，例如，我问 256 的 75% 是多少，你一时算不出来，所以也无须这么算。

亚当斯使用了一个很巧妙的做法，他把整个颜色范围分成了从 0 到 X 共 10 区。如图 10-7，其中 0 和 X 分别是纯黑和纯白，从全黑到全白的 0 区～X 区（0~10）是"全影调幅度"；Ⅰ区～Ⅸ区（1~9）是具有基本影调值的"有效幅度"；Ⅱ区～Ⅷ区（2~8）是能够清楚地表现出影像纹理质感的"纹理幅度"。

无论是数码摄影还是传统胶片摄影，曝光都是以 18% 灰为基准的，在亚当斯区域曝光体系中，Ⅴ区正好是 18% 灰。对于图像影调的控制，正是以 18% 灰为基准，权衡黑与白在前期拍摄时在"影阶"中的"置"与"落"，在后期处理时"影调"层次的"压缩"与"扩张"。因此，区域曝光系统在拍摄和后期中对于影调的控制有积极的指导意义。直方图、色阶等数码工具也是基于这套理论体系一脉相承的。

10.5 影调的划分

10.5.1 根据画面明暗基调关系划分影调

在图 10-7 的基础上继续分析，对于影调，我们首先可以根据画面中的明暗基调关系（黑白关系）进行划分。在灰阶的 11 个区域（图 10-8）中，0 代表纯黑，10 代表纯白，我们可以把 11 级分为低明度、中明度、高明度 3 个级别。

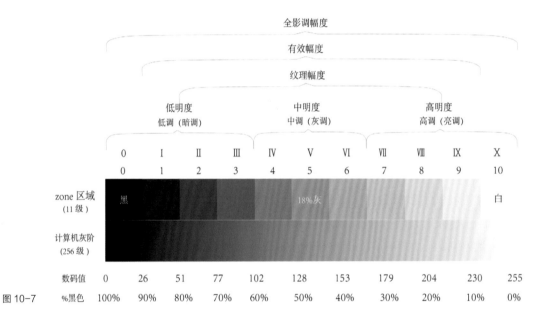

图 10-7

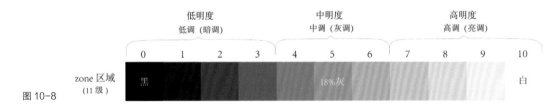

图 10-8

技巧提示

在前面的章节中，我们说一张照片要有正确的黑白场，最好不要有纯黑和纯白。在本章中我们就可以彻底推翻这条理论了，吉布森的照片就是典型的黑白强烈对比。我们的照片中完全可以有纯黑和纯白，但前提是要判断这种影调下照片主体的气氛是否到位，这种影调是否能够驾驭照片所要表达的内容。

之前讲到的"细节"面板中的"饱和度""明度"等参数，我们都强调调整要适当、适度。但这些仅仅是一些技术参数，这种调整可以保证你不失误，但是并不能保证你的作品有风格。从现在开始，我们就可以开始慢慢走出自己的风格，没有什么是禁忌，要勇于挑战传统。

0~3 区为低明度，其对应的调性被称作低调，由于它的颜色比较暗，人们常常习惯称其为暗调。一般来说，黑或黑灰色占绝对优势的照片，称为低调照片。低调照片使人联想到黑夜，能给人神秘、含蓄、肃穆、庄重、粗豪、倔强和充满力量的视觉感受。低调形成的基础为黑色，但照片并不是黑成一片，必须在相应的位置辅以亮色(高光)。正因为有大片的暗色调烘托陪衬，小面积的亮色就会显得突出而成为整个画面的视觉中心。

4~6 区为中明度，其对应的调性被称作中调，也被称作灰调。中调是以各种灰色阶调为主构成的影调，灰色为照片的基调，可以产生平和与疏淡的感觉。虽然中调在影调上缺少强烈的冲击力，但在各类题材上都有表现力，并且在表现形式上比较自由，使得画面贴近生活，不显张扬，主体感比较强，这也是大多数照片都是中调的原因。

7~10 区为高明度，其对应的调性被称作高调，也被称作亮调。白色与灰色(偏白的浅灰、浅灰、中灰)占绝对优势的照片，称为高调照片。高调照片给人以圣洁、明朗、开阔的意境，所以高调照片给人的视觉感受为轻盈、纯洁、明快、宁静、淡雅与舒适。高调照片并不是"满篇皆白"，在浅而素雅的影调环境中，局部少量的黑色(或暗色)也是必不可少的，这些黑暗影调所构成的部分往往成为画面的视觉中心。

10.5.2 根据画面明度对比强弱划分影调

了解了低调、中调和高调后，我们可以在图 10-8 的基础上再按明度对比的强弱来对照片进行划分。

在一张照片中，如果明暗灰阶相差 5 级以上，则这种调子被称为长调，即画面中的明暗对比很强烈。如果明暗灰阶相差 3~5 级，我们称这种调子为中调，照片对比适中。如果明暗灰阶相差在 3 级之内，这种调子被称为短调，照片影调对比很弱，画面整体层次比较平淡。

10.5.3 影调的 10 种调性

依据上述理论，在了解了影调关系的两种划分方式后，根据照片整体调性的高、中、低和明暗反差层次的长、中、短，我们可以将影调细分为 10 种常见的形态。

如图 10-9 所示，以高调、中调、低调为垂直坐标，长调、中调、短调为横向坐标建立矩阵，细分出影调的 9 种常见形态，依次为高短调、高中调、高长调、中短调、中中调、中长调、低短调、低中调和低长调，这 9 种影调基本就把整个影调范围全涵盖了。此外，还有一种全长调，以灰阶中两端的黑白为主，比例大致相当，属于比较少见的情况。在日常拍摄的照片中，最常见的其实是中长调。照片在曝光正确的情况下灰阶以 4~6 级为主，画面直方图中包含了黑到白的丰富层次细节。

如果用色块比例和影阶数值来形象地概括视觉关系，我们将这 10 种调性表达为图 10-10。

我们以高调为例，对图 10-10 中的第一行情况进行说明。高调照片是整体偏亮的，所以高调的特征是画面中大面积都是亮色。虽然也有明暗对比，但是暗部占整体画面的比例不大。如果是高长调，则既有黑又有白，影调跨度范围比较大，明暗对比强烈；高中调的跨度范围相

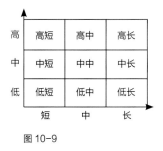

图 10-9

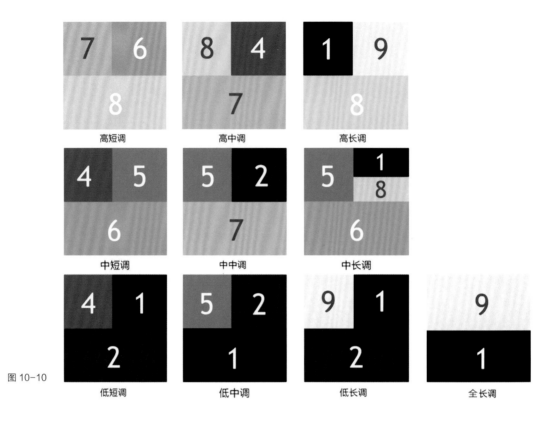

图 10-10

对适中，没有暗部的极限颜色；高短调画面整体很亮，但是影调跨度非常小。对于中调和暗调的照片，可以依此类推。

这 10 种影调关系并不是纯粹关于黑白摄影的理论，在彩色图像中的道理也一样，色彩有从全长、高长到低短的调性划分，只不过带上了颜色的属性。

日常拍摄的照片中，最常见的是中长调，在直方图中就是我们说的标准调色方式，黑白场都做实了，但是纯黑和纯白所占比例不多，大面积是中间的灰性调子。我们有 10 种调性可能性，为什么大部分人调出来的照片都只是中长调？其实通过拍摄和后期处理，有更多的调性可以供我们选择尝试。

10.5.4　10 种影调实例分析

对于每种调性，我都各选了一幅黑白摄影大师的作品作为例图。相信大家特别是结合了直方图看过后就会有更加直观的感受，如果感兴趣还可以去搜索他们的名字，对他们的作品进行深入研究。

10.5.4.1　高长调

图 10-11 是日本摄影师杉本博司的作品，画面中大部分是雾气沉沉的云，下方是少量的海，隐现在水雾之中。照片整体调性偏亮，属于高调。但它的影调跨度范围比较大，直方图上的亮部和暗部都有分布，所以是高长调。高调照片特别适合表现亮的景物，如雪景、水面等。

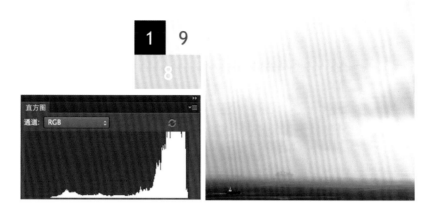

图 10-11

10.5.4.2　高中调

图 10-12 是摄影师亨利·卡蒂埃－布列松的作品。图像大部分的信息集中在亮部的水面和天空，有一些暗部，但暗部是相对而言的，并没有特别深，这就营造出一种雾气蒙蒙的苍茫之感。

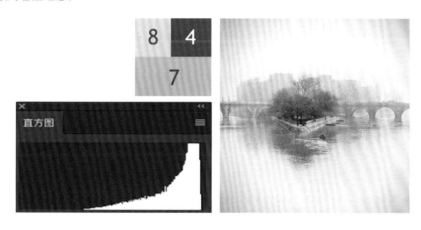

图 10-12

10.5.4.3　高短调

图 10-13 也是日本摄影师杉本博司的"海景"系列作品之一，画面中没有纯黑色和纯白色，只有非常短的一段灰色亮调，因此属于高短调作品。短调属于较难处理的调性，但摄影大师杉本博司在本幅作品中将短调与拍摄主题完美契合。

图 10-13

10.5.4.4 中长调

图 10-14 是最常见的中长调的照片，为安塞尔·亚当斯的作品。从直方图中可以看出画面调性很长，亮部和暗部都有信息分布，同时也有大量的灰度细节可以查看。

图 10-14

10.5.4.5 中中调

图 10-15 是保罗·斯特兰德的作品，属于典型的中中调照片。可以看到画面中既没有纯黑，也没有纯白，直方图的峰值大多集中在整个调性的中间区域。

图 10-15

10.5.4.6 中短调

图 10-16 是摄影大师爱德华·韦斯顿的作品。中短调的影调对比更加柔和，直方图中大量的峰值位于中间的小部分区域。

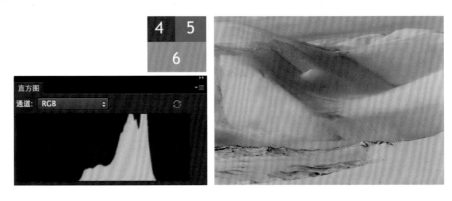

图 10-16

10.5.4.7　低长调

图 10-17 是安塞尔·亚当斯的作品，画面中有纯黑和纯白，但是大面积都是黑色。我们可以看到直方图峰值向左靠拢，大量集中在暗部区域，而且有大量的黑色是溢出的。现在主流的收藏级摄影作品大部分都是低调照片，因为低调照片相对更耐看。

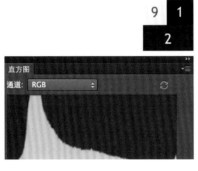

图 10-17

10.5.4.8　低中调

图 10-18 是爱德华·韦斯顿的作品，从直方图来看，低中调的峰值的分布更加集中在左侧。和低长调不同的是，低中调的高光不会延伸到极亮部，画面没有刺目感，在保留更多层次的同时，还会显得较为宁静和高雅。

图 10-18

10.5.4.9　低短调

图 10-19 是来自日本摄影师深濑昌久的系列摄影作品《鸦》。对于低短调，直方图峰值大量集中在暗部短调一般很难把握，因为我们要使用很少的层次来表现出画面丰富的内容。在这幅作品中，深濑昌久使用低短调为我们营造出了灰暗而压抑的感觉。

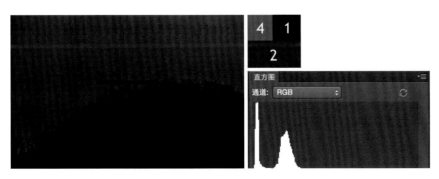

图 10-19

10.5.4.10 全长调

图 10-20 属于全长调的作品，来自摄影师马里奥·贾科梅利（Mario Giacomelli）。很多摄影大师也经常会使用全长调，画面中通常只有黑白两色，所以可以看到直方图是典型的"U型槽"，只有黑白两个极端有峰值，而且黑白两色所占的比重基本上都是一样的，中间的灰色区域非常少。

图 10-20

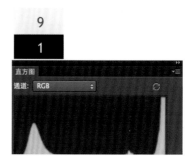

在看过了 10 种调性后，我们在实践中应该先从中长调开始练习，然后慢慢尝试一些其他的调性，体会调性变化带给照片的不同影响。

10.5.5 根据画面的反差划分影调

图 10-21 和图 10-22 都是保罗·斯特兰德的作品，我们可以看到在拍摄同一个地方时，拍摄时间、拍摄方法以及后期处理的变化都会带来调性的不同。根据画面反差的强弱，我们把影调划分为硬调和软调。

图 10-21

图 10-22

软调的作品注重灰色的表现，反差较小，黑、白、灰各影调层次都能很好地反映，给人的印象是层次丰富、质感细腻。

硬调的作品强调高反差，画面以黑白为主，去掉灰色的表现，给人以强烈的视觉冲击力。从图 10-23 和图 10-24 中也可以看到，安塞尔·亚当斯和美国摄影师布兰登·唐尼（Brandon Downey）也拍摄过同一个地方，而后者得到的是一张硬调的高反差照片。即使是同一个拍摄对象，每个人对拍摄对象的理解不一样，我们看到的照片的调性也就不同。

图 10-23

图 10-24

图 10-25

10.6 色调

现在我们来看彩色照片的影调。如果我们把颜色再加进去，调性又会发生什么变化？

10.6.1 根据色相划分的调性

从颜色的角度来说，色相的差别主要是暖色调和冷色调的差别。

10.6.1.1 暖色调

暖色调是指以红、橙、黄等温暖的色彩为主要倾向的画面。图 10-25 是德国摄影师沃尔夫冈·蒂尔曼斯（Wolfgang Tillmans）的作品，是一张典型的暖色调照片。暖色调有助于表现热烈、兴奋、欢快、活泼和激烈的视觉感受。

10.6.1.2 冷色调

图 10-26 是美国纪实摄影师乔尔·迈耶罗维茨（Joel Meyerowitz）的作品，是一张典型的冷色调照片。冷色调是以各种蓝色（纯蓝、紫蓝、蓝青、青莲）为主要倾向的画面。冷色调有助于表现画面的恬静、安宁、深沉、神秘、寒冷的视觉感受 。

图 10-26

10.6.1.3　对比色调

　　图 10-27 为美国摄影师乔尔·迈耶罗维茨的摄影作品，图 10-28 为法国摄影师马塞尔·帕尔图什－塞邦（Marcel Partouche-Sebban）的摄影作品，这两幅摄影作品均有强烈的色相对比，如冷色调的天空与暖色调的汽车之间的对比，红色高跟鞋与绿色草地之间的对比。对比色调

美国摄影师乔尔·迈耶罗维茨是最早尝试以彩色摄影来表现美国城市街头景观的纪实摄影师。"9·11"之后，他是唯一被授权进入世界贸易中心遗址的摄影师，成为之后 9 个月的遗址清理工作中唯一的影像记录者。2006 年，这 9 个月中拍摄的照片被集结成 350 页的纪实图册《后果》。

图 10-27

图 10-28

给人的视觉感受是鲜明的，带有强烈的冲击力与刺激性，能够给人一种以鲜而不腻、艳而不俗的感觉。但一旦处理不当，就会使画面变得杂乱无章而且刺目。

10.6.1.4　和谐色调

美国摄影师戴维·本杰明·谢里（David Benjamin Sherry）拍摄的风景照片中，整体的色调、色相是和谐的（图10-29），我们称之为和谐色调。和谐色调是由色相环中相邻的近色或靠色构成的。和谐色调虽不如对比色调那样强调视觉刺激，但却因无色彩跳跃而让人感受到和谐、舒畅、淡雅、素净。

图 10-29

10.6.2　根据色彩饱和度划分的调性

10.6.2.1　浓彩色调（纯调）

英国时尚摄影师迈尔斯·奥尔德里奇（Miles Aldridge）的作品色彩浓艳（图10-30），我们把这种由较深颜色（整体色彩饱和度高而明度低）构成的色调风格称为浓彩色调，也称作纯调。浓彩色调的照片能够给人浓郁强烈（暖色基调）或低沉悲凉（冷色基调）的视觉感受。商业作品和时尚摄影中的大部分作品都是浓彩色调，因为浓烈的色彩更容易抓住人的眼球，刺激人们的购买欲望。

10.6.2.2　淡彩色调（不饱和色调）

与浓彩色调相对的是淡彩色调，也称不饱和色调。在德国摄影师马蒂亚斯·海德里希（Matthias Heiderich）的作品中可以看到这种典型的色调（图10-31）。淡彩色调由颜色较浅（饱和度低而明度高）的色彩构成，有强化淡雅、恬静气氛的作用。这类照片会让人感觉非常舒服、平静、和谐。

英国摄影师迈尔斯·奥尔德里奇，1964 年出生于伦敦，父亲是一位布景师。他从小喜欢运动、弹吉他、拍照，把自己的姐姐当作模特，喜欢摇滚、艺术并且参加过摇滚团体，长大后进入艺术院校。他将当时还是模特的女朋友的照片搬上了杂志，并因此成为一个职业时尚摄影师。

图 10-30

图 10-31

278

马蒂亚斯·海德里希的作品，画面中低饱和度的明亮色调略带淡绿色的色彩倾向，中和了规整的僵硬感，无论是天空、水泥还是钢筋，看起来都轻盈干净。拍摄对象的立体感消失了，重量消失了，维度消失了，所有的东西都被"压扁"了，画面整体感觉平滑、温和、略带伤感，如图 10-32、图 10-33、图 10-34。

这种色调风格属于高长调、软调、冷调、和谐色调和淡彩色调，具有很强的设计感和现代感。

图 10-32

图 10-33

图 10-34

10.7 调性的决定因素

客观影调指自然因素所构成的影调，比如阳光、自然环境、物体的固有色等；而主观影调指受人类思维和情绪的影响，通过前后期手段所表现出的影调。调性的决定因素如图 10-35 所示。

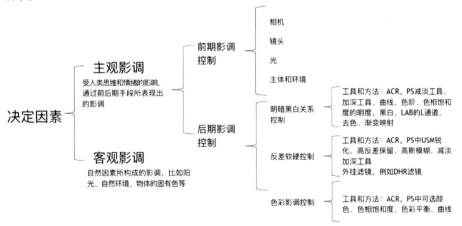

图 10-35

客观影调和主观影调二者相互影响，密不可分。客观影调是自然形成的，我们无法改变，但是可以选择。不过我们可以控制主观影调，正因为如此，主观影调的控制方法是值得摄影师研究的内容。

以图 10-36 为例，同样的一枝花可以被主观创作为两种不同调性。我们既可以把它调成冷调，也可以调成暖调；既可以调成低调，也可以调成高调。你不能说两个调性中哪个不对，因为这两个调性都站得住脚。所以在后期操作中，作者本人对影调控制有很大的主观灵活度。

图 10-36

图 10-37

如果我们要描绘一位气质高雅的白衣女性（图 10-37），那么我们应该如何把握和选择画面的调性呢？大多数人在高调、中调、低调中通常会选择高调；在软调、硬调之间会选择软调；在冷色调、暖色调、对比色调、和谐色调之间会选择稍稍偏暖的和谐色调；在浓彩色调和淡彩色调之间会选择淡彩色调。

而如果我们想要表现一位中年男性，那借鉴古典绘画作品中的用光方式，比如伦勃朗光也不失为一个好办法。

伦勃朗光是绘画影响摄影用光的典型案例，直接形成了以低调、硬调、暖色调、和谐色调和不饱和色调组成的伦勃朗光线的影调风格，很多肖像类的照片都借鉴了这种调性（图10-38）。

伦勃朗光线是一种普遍而好用的用光方式，通常用精确的光线勾勒出人物面部一侧的轮廓，并在脸部另一侧的颧骨附近投下三角形高光，其余部分则隐藏于阴影之中。伦勃朗光线通常给人以稳定庄重的视觉感受。

图 10-38

这些例子都说明了基本的调性应用原理。我们处理图像之前，应先根据拍摄对象的习性及照片的特征定调性，然后再进行具体的处理，主观和审美是影调的基础。下面我们以两个黑白影调案例来做具体说明。

10.8 亚当斯风格的优胜美地

前面我们讲了关于影调的理论知识，接下来我将从实战出发，从黑白影调入手，试着调出不同调性的照片。

图 10-39 是美国著名的景点——优胜美地，安塞尔·亚当斯在这里拍过很多知名照片。我们试着将图 10-39 中的彩色原图调成亚当斯风格的中长调黑白照片。

我们仔细观察一下亚当斯当年拍摄的这张照片，可以看到图 10-39 中有山峰的脉络细节，亮部占据画面的主体，山峰成为整个画面中从亮到暗最清晰的部分。

图 10-39

图 10-40

我们将参照亚当斯的影调来重新安排彩色照片的影调，可以预想树被压暗后将与山峰形成强烈的明暗对比，会进一步衬托山峰；背景中蓝天的颜色非常纯粹，可以转为中灰烘托画面中明朗的感觉。可使整个画面的主体山峰突出，将其他元素都进行删减和弱化（图 10-40）。

步骤 1

在 Camera Raw 中打开图 10-40，在"基本"面板中，将"处理方式"切换为"黑白"（图 10-41）。

图 10-41

步骤 2

画面中的主体是山峰，转换为黑白后，作为背景的天空与主体的山峰都偏暗。如果这两部分都很突出，那画面就没有层次可言了。所以为了突出作为画面主体的山峰，我们要将天空继续压暗。

在后期处理中，压暗天空实际是要降低蓝色的曝光值和明度，但是直接降蓝色的明度，天空就会暗成一片，失去层次。所以最好的方式是先做渐变，再降色。我们通过做一个减曝的渐变实现压暗天空：在工具栏中选择"渐变滤镜"，将"曝光"滑块向左滑动至 -2.00，减 1 挡曝光，从画面上方到画面中央拖曳出渐变效果，将天空压暗（图 10-42）。

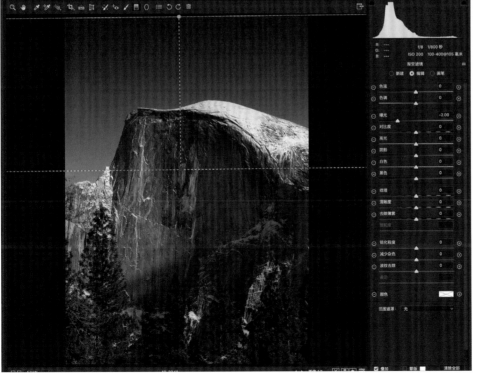

图 10-42

再到"黑白混合"面板中向左拖动"蓝色"滑块，这时天空的灰度就会降得比较自然（图 10-43）。

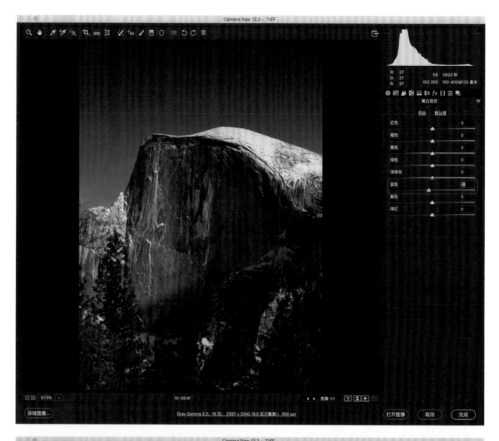

图 10-43

步骤 3

中长调的画面要求其黑白两端都要有像素分布信息，所以我们回到"基本"面板，把"黑色"滑块调整至 -64，"白色"滑块调整至 +43，将黑白场做实（图 10-44）。如果山顶的亮部没有了细节，也可以适当降低"高光"。

284

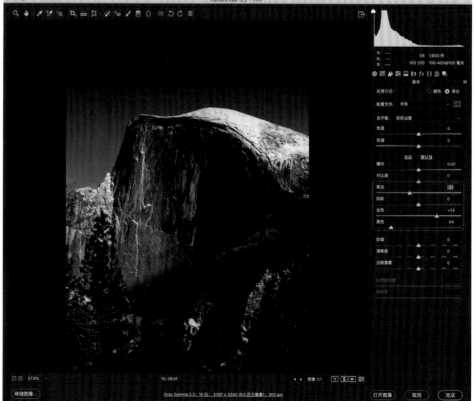

图 10-44

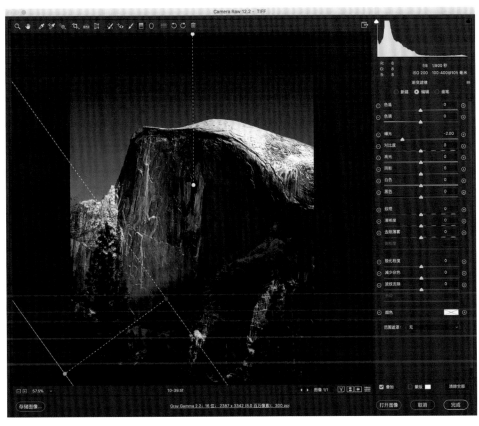

步骤 4

在理想情况下，画面的层次关系应该是前景为暗调，山峰作为主体是亮调，天空作为背景又是一层暗调。但是在目前的画面中，前景中的树太亮了，对主体形成了干扰。观察亚当斯原作，其左下角的阴影接近实黑。所以我们要压暗前景中画面左下方的树，让前景的影调保持一致。

单击 Camera Raw 界面上方工具栏中的"渐变滤镜"，把"曝光"滑块向左拖动至 -2.00，从画面左下角外拖曳渐变选区至树顶处，得到理想的前景压暗效果（图10-45）。

图 10-45

步骤 5

为了强化作为画面主体的山峰，我们单击"调整画笔"工具，"添加"一个画笔，把调整画笔的"曝光"值增加至 +2.75，"对比度"增加至 +62。对山峰反光部分进行涂抹，提亮山峰受光面的曝光，涂抹位置如图 10-46。

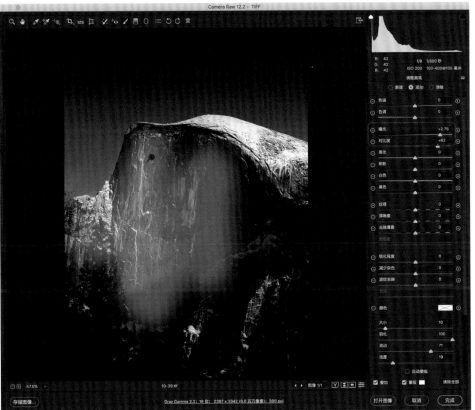

图 10-46

再"添加"一个画笔，把"曝光"滑块调整到 -2.75，对山峰暗部进行涂抹，压暗山峰背光的阴影部位（图 10-47）。

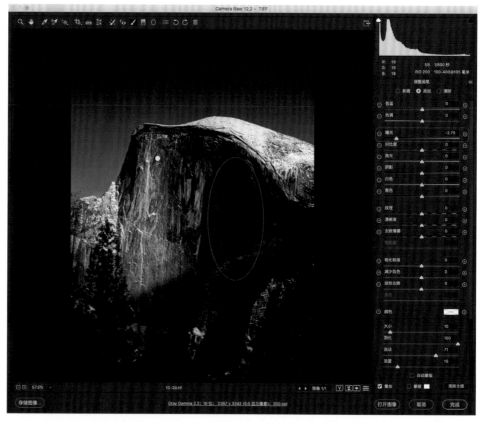

图 10-47

步骤 6

最后返回到"基本"面板，把"纹理"增加至 +30，"清晰度"滑块向右拖动到 +8。清晰度增加以后，局部曝光变化，可以适当增加"曝光"至 +0.70（图 10-48）。现在看起来影调已经和亚当斯的作品很接近了，唯独天空上缺一个月亮。让我们施展 Photoshop 的"无中生有"功能，添加一个月亮上去。单击"打开图像"按钮，将图像在 Photoshop 里打开。

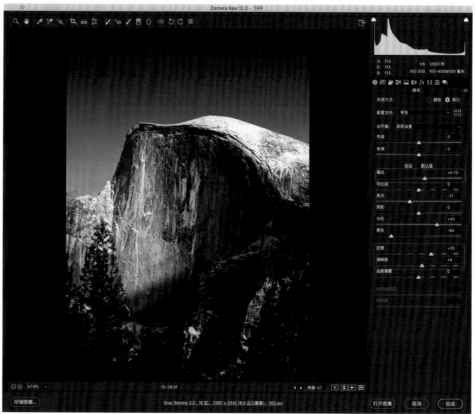

图 10-48

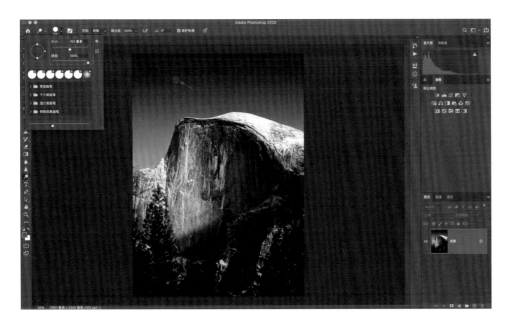

步骤 7

在 Photoshop 的工具栏中选择"减淡工具",打开笔刷属性,将"大小"设置为 100 像素,"硬度"改为 100%。然后在工具属性条上将"范围"改为"阴影","曝光度"改为 100%。在画面中红色剪头所指的地方单击鼠标左键,如果亮度不够,可以尝试在原位置多单击几次,就可以出现一个很"实在"的圆月了(图 10-49)。

图 10-49

步骤 8

既然是照猫画虎,那索性把月亮从圆月改成弦月。在 Photoshop 的工具栏里选择"仿制图章工具",把笔刷"大小"和"硬度"设置为与上一步同样的参数,工具属性条上的参数也都调至最大。然后按住 option 键(Windows 操作系统 Alt 键),在月亮同样高度位置的右边(红圈处)取样,将这个取样点的内容仿制到圆月上覆盖。读者可以自行决定月牙的宽窄、方向甚至是位置,只要生动有趣即可(图 10-50)。

图 10-50

最终效果如图 10-51。我们模仿亚当斯的影调，制作完成了自己的练习作品。很多人对加这个月亮上去非常不理解，其实没有什么想不通的，它只不过是为了点缀画面上天空的空白。至于有人纠结此时的月相是否科学，要明白这不是一张纪实类或者新闻类照片，创意类照片完全可以天马行空地随意创作。

图 10-51

10.9　平均调雪景

图 10-52 是一张向右曝光的雪景照片，如果我们用常规的思路来调整，那么步骤如下：首先校正白平衡，做实黑白场；然后提亮阴影并压暗高光，追回画面细节；最后再增加对比度和清晰度，调低色温。照片该调整的参数都调整了，该有的细节都有了，但是却少了几分味道（图 10-53）。

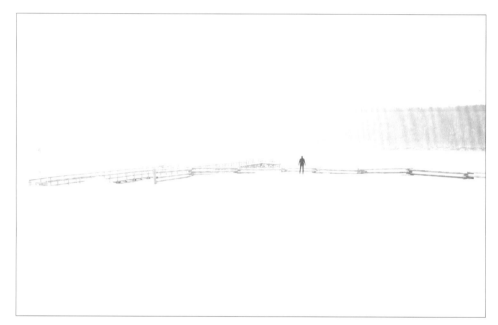

图 10-52

图 10-53

我们平常调整照片非常容易出现这样的情况，其实真正的问题在于这张照片不适合调成这样的调性，原因就是这样做"太正常"了，而"不正常"可能才是不普通的。 所以不妨换一个思路，先不看颜色，而是从灰度值入手去进行操作。

步骤 1

在黑白的影调下，我们可以尝试比常规方法更夸张的调整思路。在"基本"面板中把"处理方式"改为黑白"，降低曝光三档把"黑色"滑块向左拖动至 89使够足够黑再把"白色"滑块向右拖动至 +100，把白色也做足，放弃雪地上的纹路细节。（图 10-54）。

图 10-54

步骤 2

一般情况我们都会增加画面的清晰度，所以把"纹理"增加至 +30，"清晰度"增加至 +24（图 10-55）。

图 10-55

步骤 3

但是调整后，这张照片从细节上看来非常不讲究。当我们过滤了大量的纹路细节之后，雪地的有些地方还是零零散散有一些干扰，会破坏画面的美感。所以我们在 Camera Raw 中单击右下方的"打开图像"，进入 Photoshop 中对画面进行修复。

图 10-56

在 Photoshop 左边的工具栏中选择"修补工具"，在画面下方的脚印周围建立选区（图 10-56），单击鼠标左键并拖动它到附近干净的区域，释放鼠标左键的同时脚印即被它附近区域的白色填充（图 10-57）。以此类推，我们用"修补工具"清除干扰画面的元素，让画面变得纯粹和干净。

图 10-57

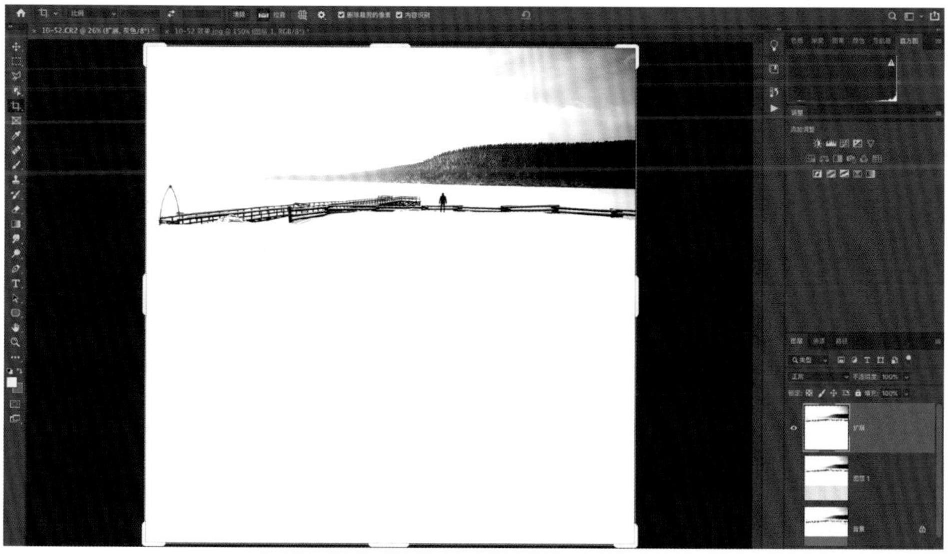

步骤 4

重新构图，加大画面的空白区域，强化平均影调的特征。在 Photoshop 左侧的工具栏中选择"裁剪工具"，在工具条属性上将"内容识别"勾选上。然后向下拖动画像的画框，将比例改为 1∶1 正方形，释放鼠标左键的同时新添加的地方自动被雪填充了（图 10-58）。

图 10-58

步骤 5

最终效果如图 10-59。这张雪景照片因为更高的调性和黑色形成了呼应关系，看起来比原图的彩色雪景更显空灵。

图 10-59

CHAPTER 11

抠像

抠像是创意摄影日常工作中的重要内容，也是最需要技巧、细心的环节。本章将错综复杂的抠像对象依据其特点进行简化分类，读者可根据不同类别采取不同的抠像策略，真正做到有方法可依。

11.1 认识轮廓类型

"抠像"一词是从早期电视制作中得来的，英文是"Key"，意思是吸取画面中的某一种颜色作为透明色，将它从画面中抠去，从而使背景透出来，形成多层画面的叠加合成。这样在室内拍摄的人物经抠像后与各种不同类型的景物叠加在一起，能形成千姿百态的艺术效果。正是由于抠像的这种神奇功能，它一直是电视制作中的常用技巧。

如今不光是影视合成，我们在做平面合成时也经常需要利用 Photoshop（或其他手段）来把某个对象从位图画面中提取出来，当作素材使用。根据实际应用目的的不同，一般称这类操作为抠图、去背或提取轮廓，本书中泛称抠像。

对于"像"的种类，如果依据其内容来区分，则无所不有。但作为抠像的对象，只需关心对象自身的轮廓形态及其与背景之间的融合关系。我们据此将对象轮廓归纳成 3 类：清晰轮廓、复杂轮廓和半透明轮廓。

参看下面拍摄的图片，热气球简洁的球形外观在纯色天空背景下极易辨识，可看作清

图 11-1

图 11-2

晰轮廓（图 11-1）；帆船则不同，虽背景相对为纯色，但桅杆和撑线在某些区域交织成网状，属于复杂轮廓（图 11-2）。类似的情况还有人的头发、动物毛发、植物细密的叶片等。烟（图 11-3）及同类型的火、玻璃等对象，携带丰富的不同程度的半透明信息，不能仅考虑外观轮廓来对其进行处理，我们另将其划分为一类，即半透明轮廓。

图 11-3

对于 3 种类型的轮廓，我们分别有不同的处理方法，但万变不离其宗。复杂物体对象的轮廓虽然不会是这三者中单一的一种，但无非也就是这 3 种轮廓类型的各种组合。所以，我们只要掌握了原理，就不怕它千变万化。

随着软件技术的不断升级，这个以前颇有难度的工作，现在因为 Adobe Sensei 人工智能技术的介入，其抠像效果已经大大提升。可以说，只要稍加学习，再辅以细心，这个工作并不难。

下面我将分别详细讲解如何用抠像技术把这 3 种类型的轮廓从背景中分离出来。

11.2 人物轮廓的处理

人物轮廓处理的困难多半是由头发的复杂性造成的，下面这个案例可针对这类情况提供解决方案。

扫描章首"素材下载"二维码，下载这个练习需要的素材文件。我们将对图层 1 的小女孩做背景分享，合成到白色房间的那个图层上。

步骤 1

单击 Photoshop 最新提供的"对象选取工具"，这是一种 Adobe Sensei 的人工智能自动执行复杂选择的工具，直接选择人物主体，可以用"框选"选，也可以用"套索"模式选，这两种方式都很方便。甚至可以什么都不选，直接选"选择主体"让传感器辨识主体，即可选出整个人物的大致轮廓（图 11-4）。

图 11-4

步骤 2

在工具栏选项中单击"选择并遮住"，在面板中先切换"视图"至"图层"模式，可以看到现有的选区和下面图层的融合情况并不好（图 11-5）。

296

图 11-5

步骤 3

重点处理头发的部分。用"调整边缘画笔工具"涂抹头发的区域，一定要尽量覆盖所有发丝。勾选"显示边缘"复选框即可看到涂抹的范围，要保证纤细的发丝均被涂抹到。这个功能的基本工作原理在于沿选区蚂蚁线同时向内和向外扩张半径指示数值的大小区域，获得一个外轮廓和一个内轮廓，Photoshop 自动在两轮廓之间，通过比较像素的色值计算出对象的复杂轮廓（图 11-6）。

图 11-6

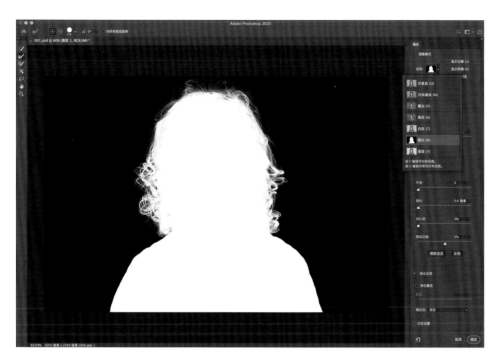

图 11-7

步骤 4

取消勾选"显示边缘"复选框。在调整边缘的过程中，我们可以灵活切换来观察当前参数决定的抠像效果。最易于观察的是黑白视图模式。在该模式下，黑色区域表示未被选择，白色区域表示被完全选择，灰色区域则代表不同程度的透明状态（图 11-7）。可在"视图模式"里切换不同视图模式查看，确保发丝的边缘和中空的地方都和背景一一分离。

步骤 5

图 11-8

返回到"图层"的视图观察模式。为了让分离出来的图像的边缘平滑而不像是剪刀从纸上剪下来的效果，可以将"平滑"稍加到 2~3 个单位值；"羽化"调至 0.5 个像素。注意"移动边缘"选项，为了避免分离不彻底导致的边缘色干扰，可以降低参数至 -7%，这个效果可以收缩外边界；同样的，勾选"净化颜色"复选框，也可以有效去除背景色对图像边缘的影响。将"输出到"改为"新建图层"。单击"确定"按钮（图 11-8）。

技巧提示

"净化颜色"会将彩色边替换为附近完全选中的像素的颜色。颜色替换的强度与选区边缘的软化度是成比例的。由于此选项更改了像素颜色，因此它需要输出到新图层或文档。保留原始图层，这样我们就可以在需要时将画面恢复到原始状态。

步骤 6

现在看来，基本上已经很完美地去背景并分离合成了新的图像。如果一定要做到纤毫毕现，可以将图像放大到 200% 左右，观察一下发丝，如果有没有被处理好的边缘，就会产生断发的效果。处理断发也很简单。新建一个图层，用"画笔工具"将其"大小"设为 1 个像素，使用黑色描画少许发丝，丰富细节（图 11-9）。

图 11-9

好了，最终效果如图 11-10。可以看到 Adobe 新的人工智能处理模块，已经把之前很难的去背景工作极度智能化了。

图 11-10

11.3　复杂轮廓处理

　　我们经常也会遇到外形复杂的对象,比如下面这个案例中的梅红色的花和复杂遒劲的树干,使二者的外形难选。利用通道只记录明度关系的特点,我们可以使用另外一种方法来处理。在"通道"面板中,只有黑白关系,那我们只需要强化放大这种黑白关系,并将其转化为选区,即可以实现背景的分离。步骤如下。

扫描二维码,下载这个练习所需要的素材,并在 Photoshop 里同时打开这两个文件,如图 11-11 所示。我们要将上面的梅树放在下面的池水中合成一个新的图像。

图 11-11

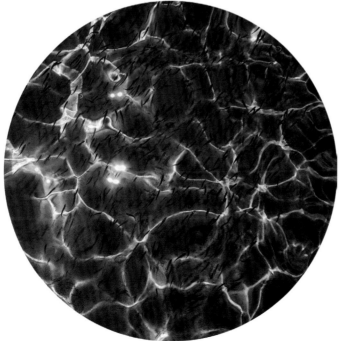

图 11-12

步骤 1

打开梅树这个图像的"通道"面板，分别单击每个单色通道，仔细观察图 11-12 中给出的 R、G、B 3 个通道，可以看到黑白关系最明确的是蓝色通道。选择蓝色通道，按快捷键 command+J（Windows 操作系统）复制蓝色通道，将其从原色通道转为 Alpha 通道。

步骤 2

选择"图像">"调整">"色阶"，打开"色阶"面板，调整滑块，使白部更白，暗部更黑，中间色区域整体变黑，最终达到图 11-13 中几乎只有黑白关系的效果。

图 11-13

步骤 3

按住 command 键（Windows 操作系统 :Ctrl 键），单击"蓝 拷贝"图层缩略图，载入选区（图 11-14）。默认情况下通道中白色是选区，所以我们需要在菜单栏选择"选择">"反选'"。

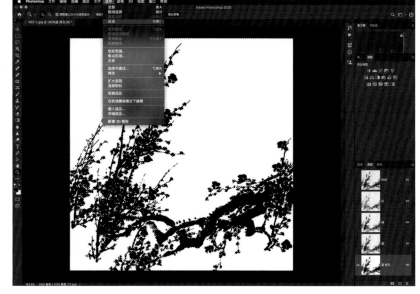

图 11-14

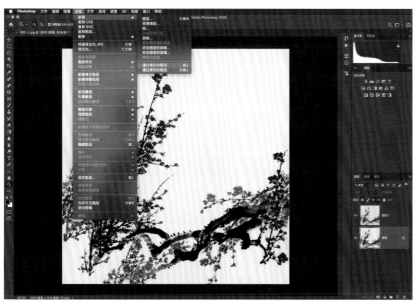

步骤 4

单击 RGB 复合通道，回到 3 色视图模式。切换回"图层"面板，选择"图层">"新建">"通过拷贝的图层"（图11-15）。

图 11-15

步骤 5

现在我们已经成功分离出了梅树图层，可以把它直接拖曳到池水背景图上去，抠像后的梅树就复制到新图像背景上且成为一个新图层。缩放梅树层，做一个正圆形选区，然后单击"添加蒙版"按钮，添加一个圆形蒙版（图 11-16）。

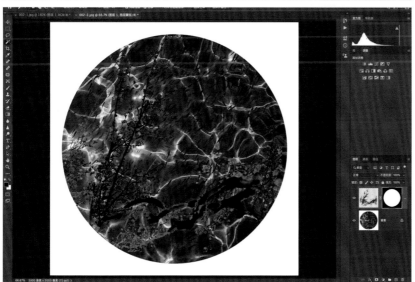

图 11-16

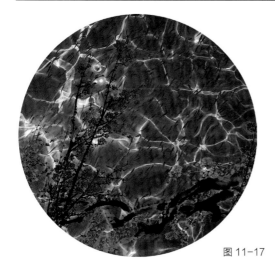

调整好梅树的位置，最终
效果如图 11-17。

图 11-17

11.4 半透明轮廓的处理

　　创意摄影里，经常为了增加气氛而添加一些烟雾效果，而烟雾有时有清晰的轮廓，有时散做一团，内部还具有半透明的特点。抠像时既要找黑白关系，也要找内部的灰度关系。根据下面这个案例，我们可以掌握半透明轮廓的抠像方法。

扫描章首"素材下载"二维码，下载本案例需要的素材，在 Photoshop 里将两个文件都打开。我们的目标是把左边的烟雾合成到右边的酒杯图像里（图 11-18）。

图 11-18

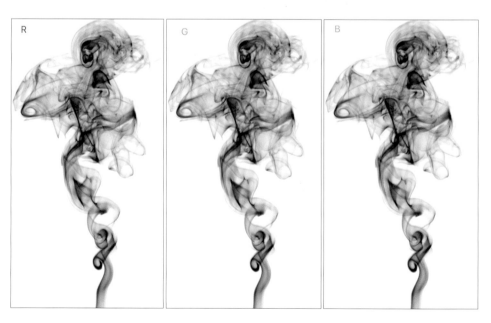

图 11-19

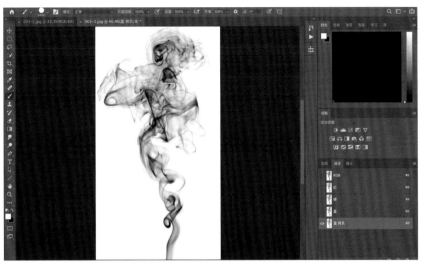

步骤 1

打开烟雾图像的"通道"面板,比较其 R、G、B 3 通道,选择灰度信息较为 丰富的通道,在图 11-19 中可看出,3 个通道的区别不大,所以选择任意通道 都可以。我们选择蓝色,将其复制,得 到"蓝 拷贝"图层(图 11-20)。

图 11-20

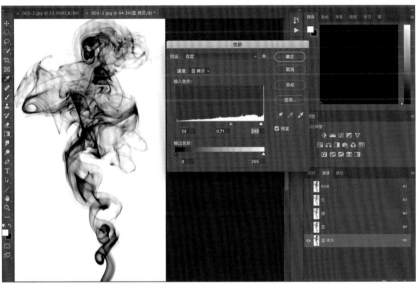

步骤 2

调出"色阶"面板,然后加大反差,将 暗部缩至 24,亮部缩至 248。可以看 到画面的黑白关系更加明显了(图 11-21)。

图 11-21

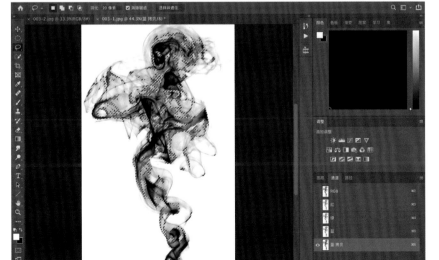

步骤 3

按住 commad 键(Windows 操作系 统:Ctrl 键),单击"蓝 拷贝"图层的缩 略图,得到白色背景选区,选择菜单栏 的"选择">"反选",获取烟雾选区(图 11-22)。

图 11-22

步骤 4

这时候我们已经得到了黑色烟雾的选区信息，这个选区信息因为是从通道里的黑白灰关系得来的，所以选区里包括了清晰的轮廓（黑色和白色）以及半透明的雾（灰色）。

我们需要白色烟雾而非素材中的黑色烟雾，所以我们可以尝试一个新的办法来得到白色烟雾，顺便验证选区内的半透明雾的信息。我们先把这个选区移至酒瓶素材文件上。具体做法很简单，在工具栏中任意选择一个选择工具，比如可以用"套索工具"，将工具放置到选区内，当指针变为移动选区符号时，直接拖曳至酒瓶文件即可（图 11-23）。

步骤 5

新建一个空白图层，直接选择"画笔工具"，前景色设为纯白色，画笔大小设为 500 像素左右。在新建的图层中绘制，就可以看到出现了白色烟雾。烟雾不清楚时可以反复多画几笔（图 11-24）。

步骤 6

按快捷键 command+T（Windows 操作系统 :Ctrl+T 键）等比例缩小烟雾，将其放置在酒杯中。为了使效果逼真，为烟雾图层添加蒙版，用黑色画笔在蒙版层上绘制，将酒杯内的烟雾处理得淡一些，制造出从杯子中冒出烟雾的视觉效果（图 11-25）。

图 11-23 （上图）
图 11-24 （中图）
图 11-25 （下图）

　　可以看到，半透明的烟雾已经被我们还原了。如果想让白色的烟雾变为其他颜色，只需要在绘画或者填充选区时，用不同的前景色绘制即可。比如可以使用右边瓶子的绿色，其最终效果如图 11-26。

数码摄影后期高手之路（第 2 版）| CHAPTER 11 抠像

CHAPTER 12

接 片

一般的普通相机能记录的图片像素非常有限，无法满足大尺寸输出的需求。为了获得更大尺幅的照片，需要接片，接片可以产生特定的画幅比例，展现独特的视野与更多的细节。而且 VR（虚拟现实）技术的普及，合成 360 度全景图的广泛应用也使得接片成为图片后期处理常用且重要的操作。

12.1 接片的目的

接片，是图片后期处理常用的操作之一。接片通常是为了获得更大尺幅的图片，会产生特定的画幅比例，展现独特的视野与更多的细节。

一般的普通数码相机能记录的图片像素可能只有3000万像素，无法满足大尺寸输出的需求。这时如果我们能够用到接片技术，将依次拍摄的5张图片接在一起，新生成的图片理论上可以超过1.5亿像素（考虑到相邻图片的重合部分，至少可以达到1亿以上的有效像素），一张大尺幅、高像素的图片就出现了。

另外，由于VR（虚拟现实）技术的普及，合成360度全景图也成了接片的重要应用之一。

12.2 拍摄接片时的注意事项

接片能否成功取决于原始素材照片的拍摄质量，因此在拍摄时有以下几点需要注意。

1. 镜头焦距

接片使用的照片素材要将畸变控制在最小，首先推荐使用移轴镜头，其次推荐使用中长焦段镜头，应避免使用鱼眼镜头那样变形失真、效果很夸张的镜头。如果拍摄时条件实在有限，使用广角镜头也是可以接受的，但后期处理需要先在Camera Raw中把照片素材的畸变修正，再进入接片的操作环节。

2. 稳定性

在拍摄时相机最好使用相同的焦距和相同的位置，所以三脚架和云台对于接片拍摄来说是必不可少的，它们可以帮助相机在拍摄多张照片的过程中使拍摄画面始终保持水平。尽管在接片合成时，Photoshop可以轻微地纠正歪斜的画面，但歪斜过多会导致接片效果变差和有效像素变少。

3. 曝光

接片使用的一组照片素材应具有相同的曝光参数，曝光差异过大会导致衔接困难。拍摄接片的素材时，光圈和快门一定是锁定的，最好采用手动曝光模式，而不能使用光圈优先或快门优先。在光圈优先等半自动曝光模式下，一旦场景中的环境光有所差异，相机拍摄时的曝光量会自动增大或减小，一组照片的曝光就会参差不齐、产生偏差，这会对接片软件产生巨大的干扰。如果拍摄时已经产生了曝光偏差，接片操作前就要在Camera Raw中把所有的照片调到同一个色阶，这样接片时才能合得上。

4. 重合度

拍摄接片时，相邻的照片之间应该至少重叠30%的内容，但也不宜重叠太多，重合部分太多或太少都可能使Photomerge无法很好地融合图像。适当的重叠度能够令合成后的照片变形更少、有效像素更多。拍摄时可尝试使各个照片之间至少有一些明显不同的地方。

12.3 案例：Camera Raw 中实现数字底片级的全景合并

Photoshop 不仅可以将 JPEG 格式的照片进行接片，还可以将 RAW 格式文件合并接片，形成新的 RAW 格式文件。下面将介绍如何在 Camera Raw 中接合多张影像的原始 RAW 格式文件，最终生成 DNG 格式的数字底片，制作出"天衣无缝"的宽幅照片。

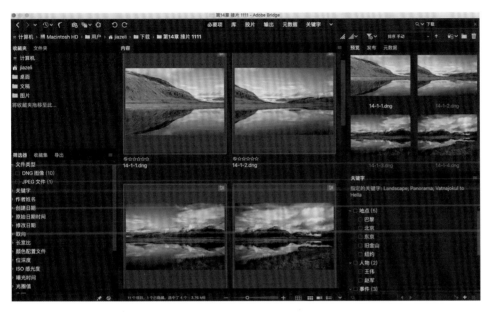

图 12-1

步骤 1

首先进入 Bridge，全选 4 张对 处风景进行连续拍摄的 RAW 格式文件（图 12-1），然后在 Camera Raw 中使用快捷键 command+R（Windows 操作系统中为 Ctrl+R）打开这 4 张照片。

图 12-2

步骤 2

进入 Camera Raw 后再次全选 4 张照片，在界面左上方的"胶片"联级菜单中选择"合并到全景图"（图 12-2）。

步骤 3

Camera Raw 经过运算合成后，会弹出一个"全景合并预览"对话框，在对话框右侧的"投影"中有"球面""圆柱""透视"3个选项，可以选择适合该照片的合成方式。另外，勾选"自动裁剪"复选框可以裁切全景照片的边缘（图 12-3）。最后单击"合并"按钮将合成的全景照片存储为一个 DNG 格式的数字底片，整个合并的过程是无损的。

图 12-3

步骤 4

合成一张全 DNG 格式的数字底片后，照片的色温和动态范围信息等仍然被保留，我们可以在 Camera Raw 中对照片的基本参数进行进一步的调节，最终获得更加出色的画面效果（图 12-4）。

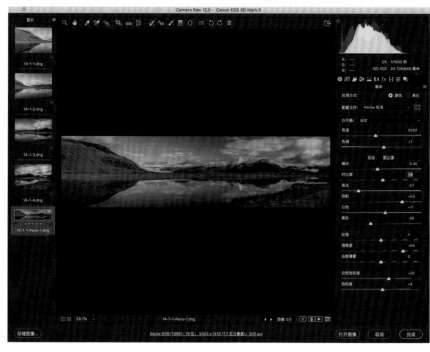

图 12-4

310

技巧提示

"球面"：对齐并转换图像，使其映射球体内部。如果拍摄了一组 360 度环绕的图像，使用此选项可创建 360 度全景图。也可以将"球面"与其他文件集搭配使用，产生完美的全景效果。

"圆柱"：通过在展开的圆柱上显示各个图像来减少在"透视"版面中会出现的"领结"扭曲。文件的重叠内容仍匹配，将参考图像居中放置，最

适用于创建宽全景图。

"透视"：将原图像中的一个图像（默认情况下为中间的图像）指定为参考图像来创建一致的复合图像，然后将变换其他图像（必要时，对其进行位置调整、伸展或斜切），以便匹配图层的重叠内容。

12.4　案例：常规镜头拍摄图像的接片方法

上节案例中是用 4 张横幅照片接片，水平跨度大，有时会导致最终成片变形大，效果不是非常理想。实际上更多的专业级大片不是用横幅照片接片，而是把相机竖过来拍摄若干张竖幅照片，再水平接片。以单片分辨率 3500×5000 为例，理论上 5 张横幅照片接片的画幅是17500×25000，但是 5 张竖幅照片接片的画幅就是 5000×17500，相比之下后者的画面比例更符合我们平时的视觉习惯。

本节我们会尝试使用 Photoshop 中的 Photomerge 命令实现接片，并利用 Photoshop 修正接片后产生的变形，将接片后的有效像素尽量保留。本案例用到的素材照片为图 12-5 至图12-9。

图 12-5　（上左图）
图 12-6　（上中图）
图 12-7　（上右图）
图 12-8　（下左图）
图 12-9　（下右图）

步骤 1

在 Photoshop 中，打开图 12-5 至图 12-9 共 5 张照片，然后选择"文件" > "自动" > "Photomerge"（图 12-10），这 5 张照片就进入了 Photoshop 中的 Photomerge 插件（图 12-11）。

图 12-10

图 12-11

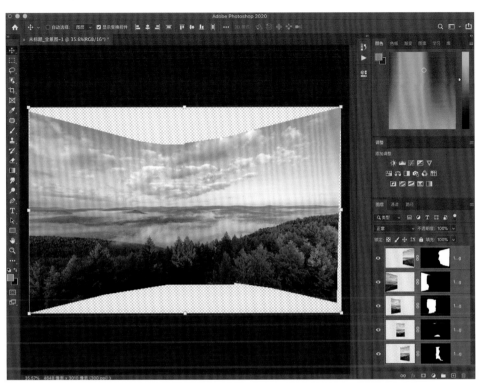

在 Photomerge 的界面中，左侧有多种版面，即图片之间不同的拼接方式可以选择，此处选择"自动"就可以了。但是一定要勾选界面下方的"混合图像"复选框。选好后用鼠标左键单击"确定"按钮，接片后的效果如图 12-12。

图 12-12

图 12-13

技巧提示

Photoshop 自带的 Photomerge 是功能非常强大的一款接片插件，拼接部位的细节达到了像素级别，即使放大也看不到任何接片的痕迹。图 12-12 右侧的"图层"面板中显示了接片后生成的 5 个带蒙版的图层，按住 option 键（Windows 操作系统：Alt 键）的同时用鼠标左键单击最

上面一个图层的蒙版，进入蒙版显示状态。我们看到相邻照片之间的接口处如锯齿一般环环相扣，基本上都是像素级的融合，所以接片的效果特别好，如图 12-13。

图 12-14

图 12-15

步骤 2

接片后的照片显示为 5 个带蒙版的图层（图 12-14），全选这 5 个图层，使用快捷键 command+E（Windows操作系统：Ctrl+E）直接合成为一个图层（图 12-15）。

步骤 3

接片进行到这一步有一个很容易犯错误的地方。很多人看到画面上下方都有很大的缺口，就沿着缺口底部把上下有缺口的部分都裁剪掉，然后在水平方向上尽量保留（图 12-16）。好不容易接好 1 张照片，上下各砍掉了 1/3，接片获得的有效像素就被轻易浪费掉了，十分可惜。所以照片不能这么裁剪，有效像素要坚决保留。

取 而 代 之，我 们 使 用 快 捷 键 command+T（Windows 操作系统：Ctrl+T）对画面进行变形处理。进入变形模式后，单击画面上方工具栏中的"在自由变换和变形模式之间切换"（图 12-17），会发现画面被打上了井字格（图 12-18）。

图 12-16（中图）裁剪不可取
图 12-17（下图）

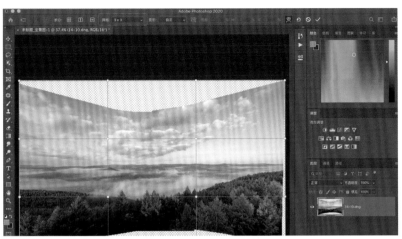

图 12-18

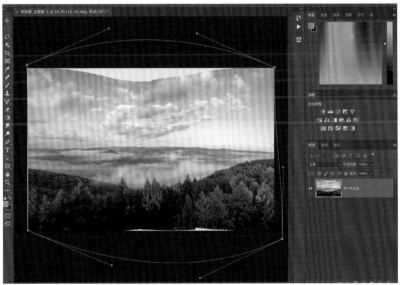

步骤 4

把画面分别向上方和下方的缺口处拖曳，尽量把上下的缺口填满。 此时不必过度担心图片因拖曳产生的变形问题，我们会在随后的步骤中对它进行处理。如果画面边缘实在难以填满，稍微留一点缺口也无妨（图 12-19）。然后按下键盘上的 enter 键（Windows 操作系统:Enter 键）确定。

图 12-19

步骤 5

现在画面的有效像素比最初裁剪方案中的要多很多，但是有两个空缺需要修补。在 Photoshop 左边的工具栏中选择"套索工具"，把上面的空缺直接选上，注意选区的范围要大一点，不要只选到空缺处的里面（图 12-20）。

图 12-20

图 12-21

图 12-22

步骤 6

选区建立后，在"编辑"下拉菜单中选择"填充"，在"填充"对话框的"内容"下拉菜单中选择"内容识别"（图 12-21），然后单击"确定"按钮，天空的空缺就被补上了（图 12-22）。对于下面的缺口，我们也采取一样的操作方式填补空缺，修改完成后照片的有效像素就更多了。

步骤 7

缺口虽然被补全，但是这时照片的变形依然严重，现在要做非常重要的一步——镜头校正。在 Photoshop 菜单栏的"滤镜"下拉菜单中选择"镜头校正"（图 12-23），进入"镜头校正"对话框。第一步，校准地平线。选择左侧工具栏中的"拉直工具"，然后按下鼠标左键并沿画面中的地平线拖动，在释放鼠标左键的同时，画面自动被校准。

图 12-23

图 12-24

图 12-25

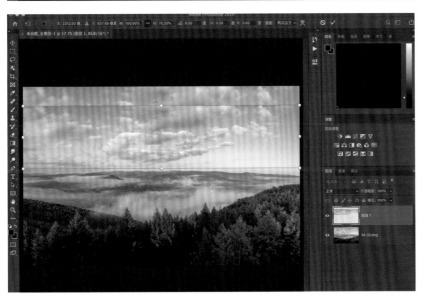

图 12-26

步骤 8

水平校正后,然后单击"移去扭曲工具",按住鼠标左键由内向外拖曳,校正镜头的畸变(图 12-24)。注意校正的幅度不要过大,尽量把照片校正到合理的镜头范围之内。然后单击"确定"按钮。镜头校正完成后,这张照片的效果就"及格"了。

步骤 9

再来看看构图的问题。现在的画面中,天空有点多,如果构图宽一点会更好看。但是直接裁切掉大部分天空,不仅会浪费前面多步拼接操作,同时也会丢失天空中比较出彩的云朵。因此,在左侧工具栏中选择"矩形选框工具",从画面顶部到大约地平线附近做一个矩形选区(图 12-25)。然后使用快捷键command+J(Windows 操作系统中为 Ctrl+J)把选区复制为新图层,再按快捷键 command+T(Windows 操作系统中为 Ctrl+T)对新图层进行自由变换,把这部分画面向下压缩(图 12-26)。

步骤 10

然后选择左侧工具栏中的"裁剪工具"，沿刚刚自由变换压缩后区域的上边缘进行裁剪（图 12-27）。这样裁剪后所有的有效像素没有丢，所有的信息都被保留了下来。

图 12-27

步骤 11

理论上讲，照片在拼接前应该先调色，但是刚才没有调色就直接合并了，现在又想调该怎么办？以前的调色法是，在 Photoshop 菜单栏的"图像"里面有一个"调整"菜单，饱和度、曝光、曲线、色阶等所有的调整都在这里进行，但因为各个命令都是单项，调节叠加后，我们看不到每一项调节对全局的影响。而 Camera Raw 是全局调节，实时就能看到调整的结果，而且每个参数都可以独立控制，所以最好的方式再回到 Camera Raw 里面调色。怎么回去呢？在 Photoshop 的"滤镜"下拉菜单中有一个"Camera Raw 滤镜"（图 12-28），单击后画面就可以回到 Camera Raw 中，我们又可以按习惯的方式和步骤校色了。

图 12-28（中图）
图 12-29（下图）

步骤 12

在 Camera Raw 的"基本"面板中，我们压暗黑色、提亮白色，把阴影加重，高光稍微降低一点（参考图 12-29），再做减曝处理并用"渐变滤镜"压暗天空（参考图 12-30）。最终画面效果如图 12-31。

图 12-30

图 12-31

技巧提示

1. 在 Photoshop 完成拼合以后千万不要随便裁剪，要通过拖曳的方式对画面进行变形处理，尽量把画面填满，尽可能地减少像素丢失。

2. 最后到裁剪的时候，选择先压缩再裁剪的方式，这样画面信息都能够被保留。

12.5 案例：移轴镜头拍摄及接片方法

移轴镜头（Tilt and Shift Lens），每个生产厂家有特定的叫法，佳能叫 TS-E 镜头，尼康叫 PC-E 镜头。这是一种特殊镜头。这种镜头通过机械动作，能够移动镜筒（光轴）的位置和角度，实现各种"技术动作"，从而实现诸如虚实、纠正变形等的特殊拍摄效果。本节只介绍其中几种常见的接片类型。

和普通镜头相比，移轴镜头最大的特点是它的像场要大得多。这样我们就可以通过移轴动作，充分利用大像场获得高像素的图像。

我们以佳能 TS-E 17mm f/4L 镜头为例，简单说明一下移轴镜头的接片原理。如图 12-32 所示，135 相机的成像芯片（图中蓝色矩形）是 36mm×24mm，而普通镜头的像场直径大约在 40mm，刚好可以覆盖芯片（图中绿圈即是普通镜头的像场）。而 TS-E 17mm f/4L 移轴镜头的像场直径可达 67.2mm（图中红圈即是移轴镜头的像场），这就意味着通过移动镜头的光轴，可以让蓝色芯片在红圈内的不同位置成像，然后再通过接片得到更大尺寸的图像。

常规的移轴动作和其相应的接片方法的详细介绍如下。

图 12-32

12.5.1 横接模拟 617 画幅

横置相机，对准拍摄对象，用移轴镜头分别对最左侧、居中位及最右侧分 3 次进行拍摄，得到 3 张照片，示意效果如图 12-33，实际成像如图 12-34。

图 12-33

图 12-34

图 12-34（续）

图 12-34（续）

　　这次，我们使用 Bridge 里内置的 Photoshop 相关工具来进行接片，这样省去了在 Photoshop 中再寻找文件的麻烦。在 Bridge 里直接找到素材，全选要接片的 3 张照片（图 12-34），在菜单栏中选择"工具"＞"Photoshop"＞"Photomerge"（图 12-35）。

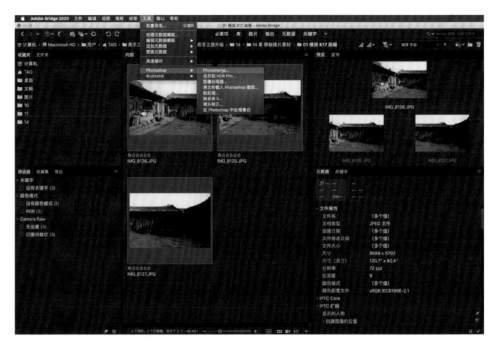

图 12-35

可以看到 Bridge 确实起到了"桥"的作用，3 张照片在 Photoshop 中被打开了。在弹出的对话框中，除了前面所介绍的参数外，建议勾选"内容识别填充透明区域"复选框。因为即使是移轴镜头，也会因为拍摄时的机体颤动导致接片的文件边缘有漏白的现象，而内容填充可以一步到位地解决这个小问题（图 12-36）。

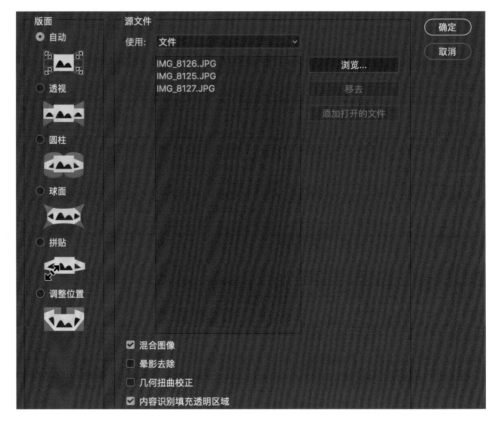

图 12-36

图 12-37

在 Photoshop 中处理后，可得到如图 12-37 的效果。可以看到，接片后的新照片几乎没有太多像素损失，而且成像比例比较接近传统胶片 6∶17 的比例，宽广的视野形成了较好的视觉语言。

12.5.2　竖接模拟 617 画幅

竖置相机，对准拍摄对象，用移轴镜头分别对最上位、居中位及最下位分 3 次进行拍摄，得到 3 张照片，示意效果如图 12-38，实际成像如图 12-39。

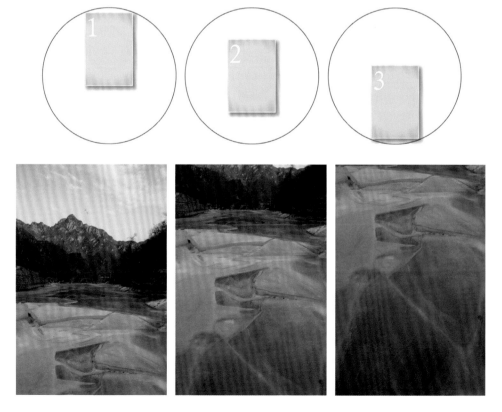

图 12-38

图 12-39

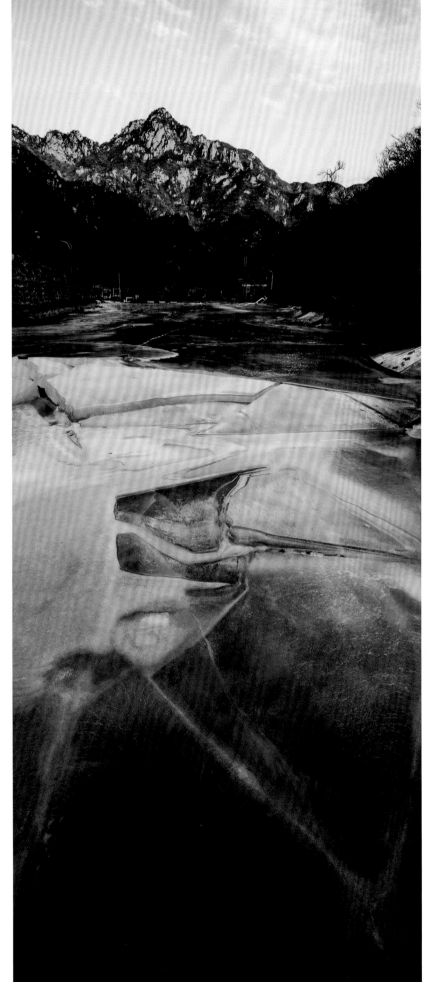

　　用 Photoshop 中的 Photomerge 命令实现接片并处理后，可得到的效果如图 12-40。我们看到，接片后的新照片呈竖幅画卷般的效果，成像比例比较接近传统胶片 6∶17 的比例，长条状的比例和传统中国画的高远意趣相投，也是常用的视觉语言之一。

图 12-40

12.5.3　竖向横接

依然竖置相机，对准拍摄对象，用移轴镜头分别对最左侧、居中位及最右侧分 3 次进行拍摄，得到 3 张照片，示意效果如图 12-41，实际成像如图 12-42。

图 12-41

图 12-42

用 Photoshop 中的 Photomerge 命令实现接片并处理后，可得到的效果如图 12-43。可以看到，接片后的新照片和横机位的原始照片比例相似，但不同的是有效像素更多，细节更丰富，效果如同等比例将图像放大。

图 12-43

12.5.4　对角线接片正方形画幅

横置相机，对准拍摄对象，用移轴镜头分别对左上角、右下角、左下角和右上角，分4次拍摄，得到4张照片，示意效果如图12-44，实际成像如图12-45。

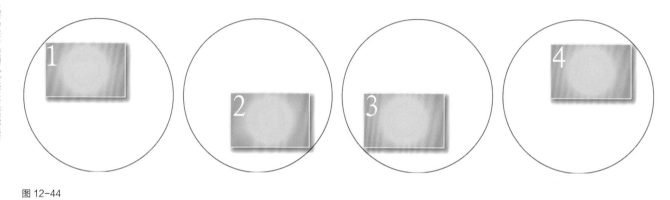

图 12-44

图 12-45

用 Photoshop 中的 Photomerge 命令实现接片并处理后，可得到的效果如图 12-46。可以看到，接片后的新照片因为用到 4 张照片，比例发生了变化，类似传统方画幅相机拍摄的画面。

图 12-46

其实，移轴镜头并不是为了接片而存在的，它主要应用于避免透视变形和焦点偏移的拍摄，尤其在建筑摄影上被广泛使用。本章只是介绍了和接片相关的内容。而一张风景照，如果利用好接片功能，再辅以前面所说的后期处理方法，往往可以得到输出尺寸很大的图像，这对于摄影爱好者印刷画册、举办画展都有非常大的好处。例如，在上文接片的基础上，我们对素材照片又更进一步进行了后期演绎，使之不失为一张不错的艺术风景照（图 12-47）。

图 12-47

CHAPTER 13

堆栈

堆栈是一种 Photoshop 的高级后期处理手法。这种利用图层堆叠的方法能够很好地突破相机的局限性，不仅上述题材能够获得绝佳表现，而且它能激发出更多的创作灵感，让人大有相见恨晚之感。

　　璀璨的繁星，绚丽的星轨，潺潺的流水，雾化的海浪，空无一人的广场，油画般的云霞风景……这些题材除了使用长时间曝光(慢门)这样常规的拍摄方法外，是否有更好的方法呢？本章我将介绍一种 Photoshop 的高级后期方法——堆栈。很多人对"堆栈"感到很陌生。我们可以先把它简单地理解为"照片的堆叠"。当学会堆栈的基本使用方法后，你会惊讶地发现它是如此好用：利用图层堆叠能够很好地突破相机的局限性，不仅能让上述题材获得绝佳表现，还能激发出摄影人更多的创作灵感，让人大有相见恨晚之感。图 13-1 的星轨和图 13-2 彩霞便是用堆栈的方法得到的。

图 13-1
星轨的拍摄和后期制作便是采用堆栈的方法

图 13-2
堆栈可以实现慢门拍摄的效果

13.1　什么是堆栈

Adobe 官方的解释是："图像堆栈是将一组参考帧相似，但品质或内容不同的图像组合在一起。将多个图像组合到堆栈中之后，就可以对它们进行处理，生成一个复合视图，消除不需要的内容、杂色、扭曲。"

简单理解，堆栈是通过图层叠加的方式（图 13-3），对一组静态照片进行计算处理，最终计算得到一张合成的照片。堆栈的前提必须是有两张或两张以上的照片，用于展现一定时空范围内的连续变化，拓展被拍摄主体的景深，消除噪点和不需要的内容，同时提升画质。

13.2　堆栈的原理及具体应用

如图 13-4、图 13-5、图 13-6，我们大多有过利用长时间曝光拍出水幕连续的瀑布、车灯产生的轨迹、璀璨的星空等画面效果的经历，然而过长的快门时间也会带来一系列弊端，如画面中过亮的局部会曝光过度、噪点凸显、画质下降等。对于数码相机来说，用长达几小时的慢门拍摄星轨这样的题材又显得不现实。

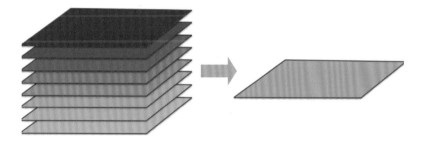

图 13-3
堆栈——图层的堆叠计算

图 13-4
利用堆栈方法拍摄水幕连续的瀑布

图 13-5 利用堆栈的方法拍摄城市夜景，能拍出车灯的轨迹且有效防止高光处曝光过度

图 13-6 利用堆栈的方法拍摄璀璨的星空

堆栈适用于模拟长时间曝光效果、叠加星轨、拓展拍摄对象的景深和清晰度范围、无损降噪、扩展动态范围等。对于这些题材和拍摄要求,预想的画面有时很难在前期一次性拍摄到位,但采用堆栈的方式就可以轻松地实现。所以,堆栈在摄影中的应用是对照相器材的扩展,大大突破了相机硬件使用的局限性。

堆栈是通过后期技术把一段时间内无数个短快门拍摄的照片整合或连接成长时间曝光所要达到的画面效果,即不同时间点的影像组成时间线的影像。这一方式打破了拍摄时光线、环境、器材的诸多限制,而且获得的效果也大大优于甚至超过传统单张画面的拍摄效果。此外,堆栈还能将同一拍摄物体不同焦平面的多张画面进行合成处理,实现所谓的"全焦段、大景深"的全清晰画面,这在商品拍摄中非常实用。堆栈的应用比普通的拍摄方法在技术上有更强的拓展性,不但能直接提升照片的品质和艺术性,而且能更好地优化曝光和画质等一系列问题。

13.3　堆栈的特色和优势

利用堆栈处理照片有很多的优势,概括来讲有以下几点。

1. 能获得高品质画质。使用堆栈模式前,首先需要把图层转换成智能对象,这是非破坏性编辑,意味着可以对图像进行无损调整。

2. 能集中展现一定时空范围内的连续变化。堆栈模式可以处理大量的图层,通过前期多次曝光、后期堆叠合成的方式,可以作为长时间曝光的备选方案,相较图层混合模式更为方便。

3. 不受光线强弱的影响。拍摄时无须使用任何滤镜(如中灰密度镜),不仅可以在晚上拍摄,在白天的光线下用堆栈的方式拍摄也能做出完美的长时间曝光效果。

4. 可以从一系列静止照片或视频帧中移去不需要运动物体或意外的对象。例如,移去从画面中走过的人。

5. 能拓展拍摄对象的景深,实现"全焦段、大景深"的全清晰画面。

13.4　堆栈的拍摄技巧和后期方法

根据上述堆栈的概念和原理,如果把拍摄的画面理解成"帧"的概念,那么图层就等同于电影画面中的构成元素。在电影中 1 秒有 25 帧,这与拍摄延时摄影时是同样的道理。要获得最佳效果,在拍摄时,堆栈中包含的照片应具有相同的尺寸、极其相似的景物内容、相对固定的连续画面,这样在后期处理时以便将图像之间套准或对齐;另外,图层的堆叠需要两个或两个以上的图像。在拍摄器材上,一般要用三脚架和延时快门线(图 13-7)。在素材上,可以使用从固定视角拍摄的一组静态图像,也可以使用摄像机录制的一系列视频帧。

图 13-7

堆栈的后期处理的常规操作主要分以下3步。

1. 利用 Bridge 或在 Photoshop 中直接导入图片组，或视频导入成图像帧。

2. 全选所有图层进行自动对齐，然后将所有图层转换为智能对象，转换为智能对象后堆栈模式才能够使用。另外通过智能对象，图像也能进行无损的调整、有效的降噪等一系列计算处理。

3. 在 Photoshop 菜单栏"图层" > "智能对象" > "堆栈模式"中选择适合影像处理的堆栈模式（图 13-8），渲染后得到最终画面。

13.5 堆栈模式

在摄影的实际应用中，可以把堆栈模式中的常用算法简单地理解为"做加法"和"做减法"。

做加法：将画面中的动体合成为连续的影像，比如对于星轨的拍摄可以理解为做加法，将星点连接成星轨。

做减法：将画面中的动体去除，只保留相对静止的像素，比如想拍出空无一人的广场，则可理解为减法去人。

堆栈模式是对照片组进行计算和渲染的方式。Photoshop 2020 中可选的堆栈模式有 11 种，分别为标准偏差（Standard Deviation）、范围（Range）、方差（Variance）、峰度（Kurtosis）、偏度（Skewness）、平均值（Mean）、中间值（Median）、总和（Summation）、最大值（Maximum）、最小值（Minimum）、熵（Entropy）。图 13-9 展示了其中一些模式对照片帧堆栈后的效果。

这里我将重点介绍对摄影有帮助的几种模式。通过 4 张黑白关系的图片作为素材对每种模式产生的效果进行试验，这能形象地说明计算产生的直观效果。

图 13-8（左图）

图 13-9（右图）

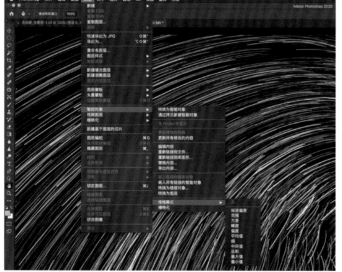

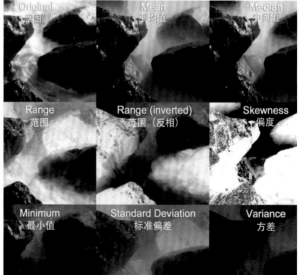

平均值（Mean）。"平均值"以所有非透明像素的平均通道值渲染，等同于单张长曝的效果，如拍摄 3 张 1 秒的照片合成后等同于单张长曝 3 秒的照片，非常适合拍摄瀑布、灯轨等题材。合成后的图像平滑无痕迹，能有效降噪，提升画质。如图 13-10，当 4 张照片选择平均值的堆栈模式时，合成后的照片在画面元素和色彩关系上都取平均值处理。

图 13-10
平均值堆栈模式

中间值（Median）。"中间值"以所有非透明像素的中间通道值渲染，能从画面中移除多余的内容，有效减少杂色和噪点，但有合成的痕迹。适合满足"广场去人"的要求。如图 13-11，当 4 张照片选择中间值的堆栈模式时，合成画面只剩下第二、第三张图交叠的部分。此部分被认为是相对静止的部分，其他线条相当于运动不确定的物体，因此实现了移除多余的或意外元素的效果，画面中只保留最稳定的部分。

图 13-11
中间值堆栈模式

最大值（Maximum）。"最大值"以所有非透明像素的最大通道值渲染，能够找出和强化画面中最亮的点，有合成痕迹。"最大值"有降噪效果，但效果不如"平均值"，相当于在最暗值的基础上把亮点叠加。适合拍摄星轨这样的题材。如图 13-12 所示，当 4 张照片选择最大值的堆栈模式时，亮色都被叠加保留，在延时拍摄星空这样的题材时，无数的星点叠加便会形成星轨效果。

总和（Summation）。"总和"和"最大值"的效果接近，能计算所有非透明像素总的通道值，但比起"最大值"，算法过于强烈，不适合过多照片叠加，建议用 2~3 张照片叠加计算。计算后画面主体轮廓清晰，整体亮度均匀。适合拍摄银河、星空等题材。如图 13-12，当 4 张照片

图 13-12
最大值堆栈模式 / 总和堆栈模式

图 13-13
最小值堆栈模式

选择"总和"的堆栈模式时，除了亮部保留外，亮部重复叠加的部分会加强，对于连续拍摄的星空、银河图像素材，"总和"堆栈模式将会强化星星的亮度效果。

根据上面对几种常用模式的分析，我们下面通过一个具体的实例来验证一下堆栈模式的效果。这个案例作品来自摄影师 Takehiko Hirasawa。图 13-14 中有一个喷泉广场，水帘当中有一些活动的人。当用固定机位和相同的构图拍摄一组照片后发现，每张照片中人的位置是不同的，喷泉水柱的高低和水流的大小也会略有不同，地面和远处的建筑则是静止不动的。

将拍摄好的一组照片使用堆栈模式进行计算，分别得到了图 13-15 中的 8 种效果。其中，1、2、3、4 图因画面特殊而偏向艺术化效果，读者可根据自己的喜好加以尝试；5、6、7、8 图则较能解决拍摄中遇到的技术问题。如图 5 使用了"最小值"，画面中不同位置出现的人物都被保留了下来，而且暗部和黑色会浓重一些。图 6 使用了"最大值"，保留和加强了画面中的亮色，因此画面整体偏亮。图 7 使用了"中间值"，使静止的物体得到了很好的保留，而对人物这样的运动物体则进行了有效的去除，实现了"广场去人"的最佳效果（图 13-16）。图 8 使用了"平均值"，对画面中的元素进行了平均计算，也获得了"去人"的效果。由于它的效果类似于长时间曝光，所以放大画面后仍然会发现有淡淡的人影存在。

336

图 13-14
用固定机位拍摄同一场景的若干画面

图 13-14（续）
用固定机位拍摄同一场景的若干画面

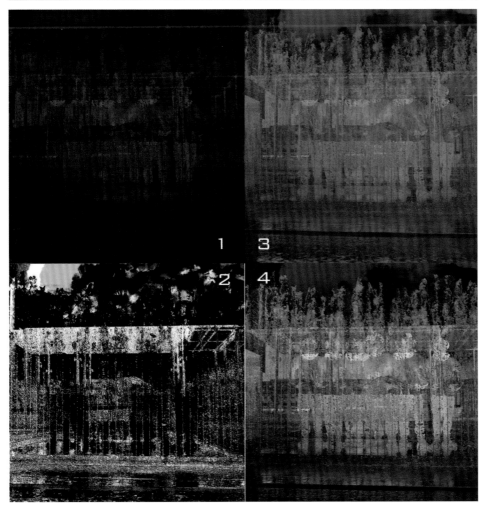

图 13-15
使用不同堆栈模式的计算结果

图 1. 方差
图 2. 偏度
图 3. 标准偏差
图 4. 范围

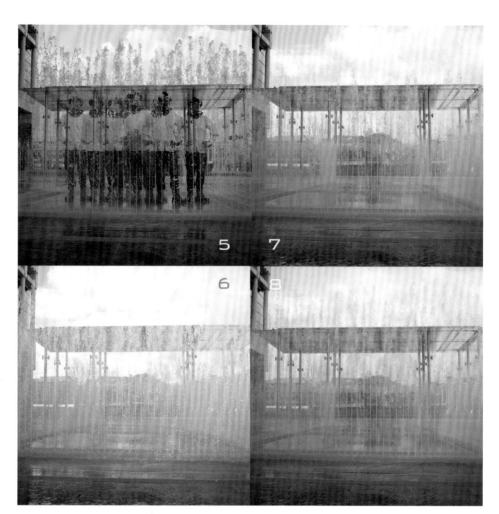

图 13-15（续）
使用不同堆栈模式的计算结果

图 5. 最小值
图 6. 最大值
图 7. 中间值
图 8. 平均值

图 13-16
使用堆栈的"中间值"获得
"广场去人"的最佳效果

13.6 经典堆栈案例：油彩天空

将一段时间中的影像堆叠浓缩在一张画面中：天空中飘动的云彩如同画笔创作的一样，粗犷且具有跳动感，画面给人以强烈的时空感、运动感和画意感（图13-17）。这张作品是如何拍摄的？要想创作油画般笔触的天空，需要前期拍摄和后期处理两方面的配合。

拍摄时可采用延时摄影的方法在一段时间内拍摄一组照片素材。为配合后期效果，两次拍摄之间的时间间隔要长，单次拍摄的快门时间要短。在后期利用堆栈的方法处理照片素材时，正是利用了照片堆叠加时云彩所产生的痕迹，前期拍摄的方法会使这种画面特征更加突出。

下面我们看看后期处理时的具体步骤。

图13-17

步骤 1

在 Bridge 中选择多张照片，在菜单栏选择"工具">"Photoshop">"将文件载入 Photoshop 图层"（图 13-18），导入照片组。

图 13-18

步骤 2

全选导入 Photoshop 的所有照片图层，然后单击鼠标右键，在弹出的菜单中选择"转换为智能对象"（图 13-19）。只有将照片组转换为智能对象才能开启堆栈模式的选择。转换为智能对象意味着可以进行无损调整，并且在下一步的堆栈计算时能够有效降噪。

图 13-19

步骤 3

在菜单栏选择"图层">"智能对象">"堆栈模式">"最大值"，渲染图层堆栈（图 13-20）。"最大值"的意义在于让图层做加法计算，运动物体（云彩）将被累加，静止物体（前景）不受影响，同时让整个画面有效降噪，并提升画质。

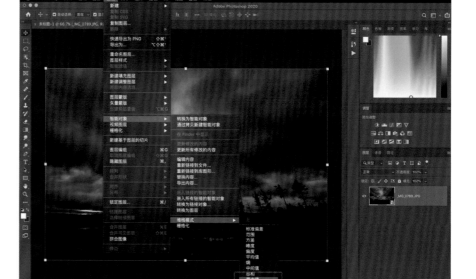

图 13-20

技巧提示

场景选择应动静相宜，以日出日落时有云彩变幻和色彩变化的天空为最佳。运动物体的轮廓和边界要清晰（如云彩的轮廓要清楚，这一方面取决于快门的速度，另外也取决于云彩自身的状态），这样图像堆叠后笔触感强、效果好。采用延时拍摄的方法必须使用三脚架，并充分利用延时快门线。拍摄时根据云彩飘动的速度来决定每帧照片之间的时间间隔，这将影响堆叠处理后天空的云彩层次。

步骤 4

经过运算，得到了层次丰富的天空云层，笔触感极强（图 13-21）。此时如果感觉画面颜色较为单调，可适当夸张以加强色彩的戏剧化效果。

图 13-21

步骤 5

将图层栅格化，然后在 Camera Raw 中对画面的"色温""色调""阴影""锐度""自然饱和度"的参数略做调整。利用"渐变滤镜""径向滤镜""调整画笔"工具对天空的局部色彩进行处理（图 13-22）。这样就获得了最终的画面效果（图 13-23）。

图 13-22

图 13-23　最终效果图

13.7　经典堆栈案例：全焦段景深合成

很多时候，我们在拍摄时需要获得物体结构和背景全清晰的画面，尤其在进行微距摄影时，常常因为景深太小，使得拍摄对象在画面中的清晰范围非常有限。这时仅靠景深的控制很难实现上述要求。

针对这一问题，利用全焦段合成的堆栈方法就能够轻松实现上述要求。全焦段合成意味着要获得拍摄对象全清晰的画面，类似实现超大景深、超焦距的画面效果，这种技术又叫作景深合成，需要前期拍摄和后期合成两方面配合完成。

前期拍摄时，首先要使用三脚架固定机位，然后以拍摄对象为中心，拍摄一组由前到后、焦平面位置不同的照片。焦平面取样越多，后期合成时便会越精细。最后在 Photoshop 中进行堆叠合成的操作即可，最终就能获得拍摄对象全清晰的画面效果。值得注意的是，图像在 Photoshop 中的堆栈合成是"像素级"的，即像素之间的紧密结合，因此只要拍摄方法正确、后期操作无误，基本都能获得完美无瑕的画面。

全焦段合成非常适用于需要拍摄大景深画面的微距摄影。在商业摄影领域，对于一般商品、珠宝首饰、建筑等物体的拍摄也是很好的解决方案。在拍摄风光、花卉等题材时加以尝试，也能有效改善照片品质。

以电影胶片为拍摄主体的照片素材为例，拍摄时从物体近端到远端选择 10 个焦点拍摄 10 张照片（图 13-24）。照片素材准备好后，下面重点来介绍后期操作的方法。

DSC_0111.jpg

DSC_0112.jpg

DSC_0113.jpg

DSC_0114.jpg

DSC_0115.jpg

DSC_0116.jpg

DSC_0117.jpg

DSC_0118.jpg

DSC_0119.jpg

DSC_0120.jpg

图 13-24
不同焦点的 10 张照片素材

步骤 1

导入照片组。打开 Photoshop，在菜单栏选择"文件">"脚本">"将文件载入堆栈"（图 13-25）。打开"载入图层"对话框，选择要合并的照片（图 13-26），导入"图层"面板。

图 13-25

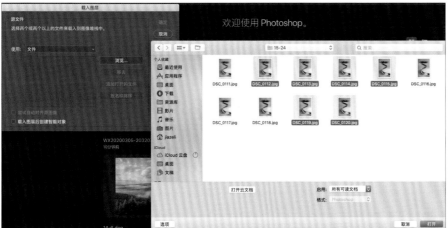

图 13-26

步骤 2

在"图层"面板中将图层全部选择，在菜单栏选择"编辑">"自动对齐图层"，然后选择"自动"作为对齐选项（图 13-27）。如果"自动"选项操作未完全套准图层，请尝试"调整位置"选项。照片自动对齐后，用"裁剪工具"将多余的边缘裁剪。

图 13-27

步骤 3

在菜单栏选择"编辑">"自动混合图层"，在"自动混合图层"对话框中，选择"堆叠图像"选项，让照片进行全焦段合成，可以获得全清晰的画面（图 13-28）。最终效果如图 13-29 所示。

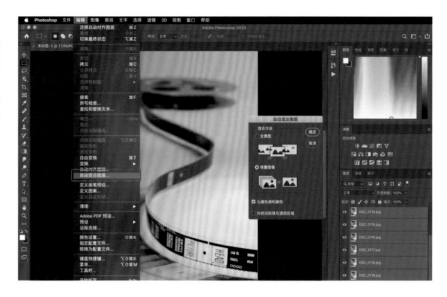

图 13-28

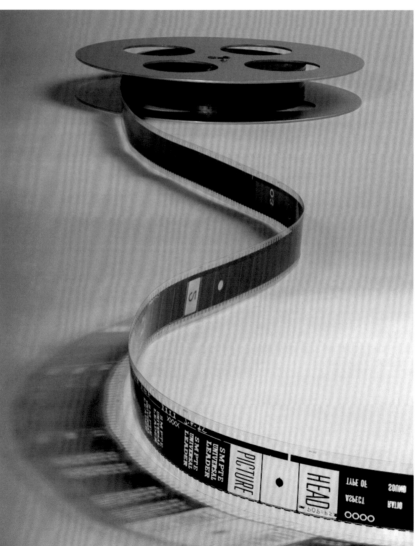

图 13-29

景深合成是风景摄影里比较重要的技术之一。尤其是现在数码相机的传感器的分辨率越来越高，这意味着每平方英寸里的像素越来越小，也同时意味着景深控制越来越难，因为在输出和观看时需要保证图像在 100% 放大时处处清晰。

数码相机不同于胶片相机，在使用较小光圈时往往会出现衍射现象而导致画质下降。如果用小光圈，既要照顾前景又要保证远景焦点清晰，这是很困难的。所以，养成良好的多焦点拍摄习惯，后期在 Photoshop 里使用堆栈技术，即可得到从眼前花到远处山都很清晰的作品，如图 13-30。

图 13-30

13.8 经典堆栈案例："广场去人"

在游人密集的景区拍摄时，摄影者常常会有这样的奢望——让美丽的场景中空无一人，体现宁静空旷之美。如果采用堆栈的方式来拍摄，则不失为一种解决这个问题的好方法！在本例中，我们选择了一个拍摄于美国金门大桥的视频素材，时长为30秒，采用固定机位拍摄，桥面上车来车往（图13-31）。我们提到过，使用相机或摄像机拍摄的一段视频影像素材也可以作为堆栈素材来进行后期处理，这也为我们提供了一个小技巧——拍摄类似题材时也可以不用拍摄一组照片，录制一小段视频也是可以的。对于这段视频，每秒是25帧（相当于25个图层），30秒的时长一共有750帧（图层）。在Photoshop中处理时，我们并不需要所有的帧，只需要每隔几帧挑1帧出来作为图层就可以了。下面我将通过具体的步骤来演示如何实现金门大桥上"空无一车"。

图 13-31
一段拍摄于美国金门大桥的视频素材

步骤 1

打开 Photoshop 2020，在菜单栏选择"文件">"导入">"视频帧到图层"，导入视频素材（图13-32）。

图 13-32

图 13-33

步骤 2

通过路径找到素材，单击打开后会弹出"将视频导入图层"对话框。这段视频素材时长 30 秒，每秒 25 帧，共有 750 帧，会生成 750 个图层。这里并不需要所有的帧，只需要每隔几帧挑 1 帧出来作为图层就可以了，因此在对话框中设置参数就很重要。在"限制为每隔"中设置为每隔 4 帧导入图层，这样我们会获得 250 多个图层。另外注意将左下方默认勾选的"制作帧动画"复选框取消。设置完成后单击"确定"按钮（图 13-33）。

步骤 3

将视频帧导入"图层"面板后，全选所有图层。然后在菜单栏选择图层＞"智能对象"＞"转换为智能对象"，将所有图层转换为智能对象，这样"智能对象"菜单下的"堆栈模式"才会启用（图 13-34）。

图 13-34

步骤 4

将所有图层转换为智能对象后，在菜单栏选择"图层"＞"智能对象"＞"堆栈模式"＞"中间值"（或平均值），将图像中所有不稳定的因素全部消除，如车流、人流等，只保留图像中稳定的因素，如大桥、远山等（图 13-35）。另外，由于转换为智能对象的堆栈过程有提高画质、去除噪点的效果（噪点也相当于画面中不稳定的因素），所以在进行堆栈命令前可以观察到素材中有很多的噪点（图 13-36），可以将素材与处理后的效果进行对比。

图 13-35

图 13-36

步骤 5

进行"中间值"的堆栈计算后，大桥上的车辆就被去除了（图 13-37）。另外，放大后与图 15-35比对，会发现修改后的图像画质明显提高，实现了有效降噪（图 13-38）。由于桥面顶部的车流一直处于叠加的状态，被认为是稳定的因素，所以会有一些车辆的残余影像。想要得到更加完美的图像，可以继续进行局部处理。

图 13-37

技巧提示

如果在前期拍摄时不用视频录制的方式，而仍然采用拍照的方式获取素材，那么建议使用固定机位在一段时间内拍摄 100 张左右的照片。

步骤 6

利用"矩形选框工具"和"仿制图章工具"等工具对图像进行局部处理，得到最佳的"公路去车"画面效果（图 13-39）。

图 13-38

图 13-39

CHAPTER 14
电 影 色 调

　　色彩是摄影中极其重要而微妙的组成部分。很多摄影人非常喜欢胶片的色调或电影的色调，希望数码照片也能按电影工业的调色方法去调色，以获得更大动态范围的调色处理。随着技术的发展，如今在 Photoshop 中通过文件模式的转换和软件的控制也能轻松实现电影级调色，使照片和视频看上去更像胶片！数码照片也能获得更丰富的色彩表现（图 14-1 至图 14-3 即是数码照片模拟胶片影调的效果）！

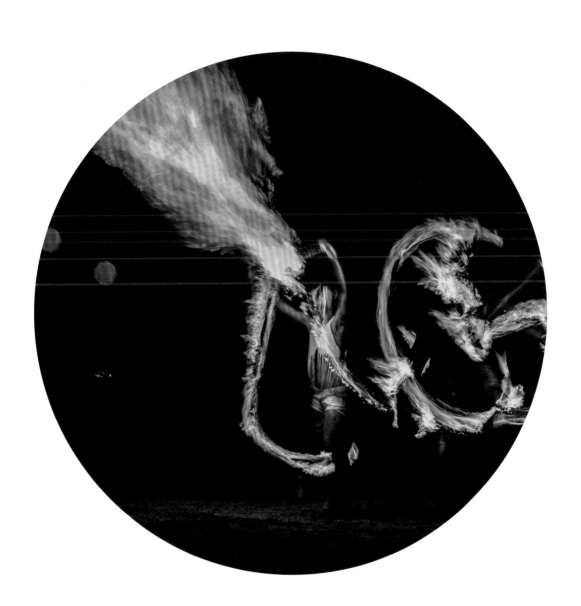

图 14-1

图 14-2

图 14-3

要实现照片的电影级调色处理,首先需要了解一些电影中的技术和概念,如 LOG 模式、3D LUT 等。下面我们来简要介绍一下这些技术和概念,并通过案例来演示其在 Photoshop 中的具体应用。

14.1 关于 LOG 模式

数码单反相机的数字底片是 RAW 格式文件。虽然单反相机 RAW 格式文件的宽容度很高,但是它是以 sRGB/Adobe RGB 色彩空间呈现给用户的,所以用 RAW 格式拍摄的图片如果不处理,就和 JPEG 格式图片没有区别。要想真的实现高动态且模拟胶片的感觉,则需要调整 Camera Raw 中的参数。

相比之下,数字视频中采用了名为 Rec.709 的色彩空间,它是 1990 年首次得到认证的一种 HDTV 色彩空间标准。例如,佳能单反相机在拍摄视频时所支持的色彩空间就是 Rec.709。单反或数码摄影机在记录图像时,会将自然界中的光线转化为 RGB 数据,亮度信息和这些色彩的对应关系就是视频或照片中的 Gamma 曲线。Rec.709 是一种线性色彩空间,适合终端输出。但是,如今相机和摄影机的传感器已超出 Rec.709 可以捕获的动态范围,Rec.709 的色彩空间和低兼容性已经不能满足大家的需求了。那有什么解决办法呢? 于是出现了 LOG 模式色彩空间,LOG 模式是一种电影平台之间的匹配格式,使用一个平坦的对数曲线来表示数据,形态与对数函数类似,因此被叫作 LOG。LOG 模式的色彩空间很大,宽容度也相应变大,这样摄影机的动态范围就能发挥到极致。现在的专业摄影机几乎都开始使用 LOG 模式来拍摄高品质影像了,它彻底取代了胶片。但单反相机的拍摄目前普遍不支持 LOG 模式。图 14-4 是 Rec.709 与 LOG 模式的 Gamma 曲线比较。

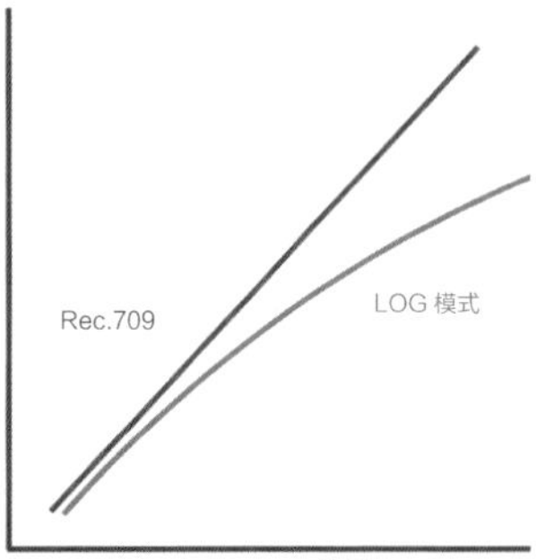

LOG 模式 "平化" 相机捕获的影像信息具有 "全动态范围" 记录的特点,因此 LOG 图像看起来会很灰、很平,但其间蕴含和记录了丰富的亮部和暗部细节。要用好 LOG 图像并呈现胶片一样的效果,就必须在灰画面的基础上调色。因此,LOG 素材必须配合和加载 3D LUT 才能正确显示和进行电影级调色(图 14-5 至图 14-7)。

Rec.709

LOG 模式

Gamma 曲线

图 14-4

图 14-5
Video Mode,未调整
(Rec.709)

图 14-6
Film Mode，转化为
Cinema LOG

354

图 14-7
Film Mode 加载 3D LUT
按电影方式调色

14.2　加载 3D LUT 获取电影级色调

14.2.1　什么是 LUT

　　LUT 是 Look-Up Table 的缩写，意为"查找表"。数字中间片（Digital Intermediate，DI）技术大约在 20 年前开始出现的时候就遇到了一个比较困难的问题，即如何对不同的设备进行交互性颜色匹配。这时候出现了 LUT。现在，LUT 几乎无处不在，但是仍有很多人不了解它。其实我们平常用的 GIF 格式索引颜色里就有颜色查找表的概念。LUT 可以用于在数字中间片的调色过程中对显示器的色彩进行校正，而模拟最终胶片印刷的效果以达到调色的目的，也可以在调色过程中把它直接当成一个滤镜来使用。

用文本编辑器打开 LUT 文件，可以看到 LUT 只是一组数字表格，这些数字代表的是 RGB 的原始数值以及映射的目标值，也就是说是将原始图像的颜色映射为新的颜色。在对图像的数据分析处理中，LUT 用于将输入的数据转换成更理想的输出格式。在一维 LUT（1D LUT）中，对于任何给定输入值的 RGB，都会有一个对应的输出值的 RGB。从本质上来说，LUT 的作用就是将每一组 RGB 的输入值转化成输出值，而 RGB 的数据之间是互相独立的。

14.2.2　什么是 3D LUT

可以把 LUT 理解为色彩的转换模型，或者不同的组合。一维 LUT（1D LUT）影响所有的通道，从技术上讲，它只会影响 Gamma、RGB 平衡（灰阶）和白场（White Point）。二维 LUT（2D LUT）在各个通道之间没有相互依存关系，它们是独立处理的，这意味着你不能真正处理或禁止那些不可能存在的颜色。

由于 1D LUT 模型组合的色彩控制功能仍有一些局限性，因此精确的色彩控制最常使用的是三维 LUT（3D LUT），它可以针对每个图像像素输入的数据进行精确的转换，同时兼顾美学品质的模拟，能够实现全立体色彩空间的控制。3D LUT 的每一个坐标方向都有 RGB 通道，这使得它可以映射并处理所有的色彩信息，无论是存在还是不存在的色彩，甚至是那些连胶片都达不到的色域（图 14-8）。

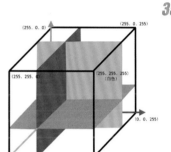

图 14-8

14.2.3　LUT 的用途

LUT 主要应用了数学知识，对于理解影像的色彩问题似乎非常抽象。其实在上述概念的基础上，我们了解了 LUT 的用途就能用它来指导具体实践了。LUT 不仅兼容了大量的应用程序和硬件设备，而且基于数字和光化学技术将颜色重新映射，提供了令人难以置信的准确性，实现了模仿电影胶片和模拟颜色的效果。

LUT 最常用的 3 种应用是校准、技术、创意。

校准 LUT。可以用于在数字中间片的调色过程中对显示器的色彩进行校正，"修正"显示器不准确的地方，确保经过校准的显示器可以显示色彩尽可能准确的图像。

技术 LUT。用于转换不同的"标准"，比如从一个色彩空间转换到另一个色彩空间，这些 LUT 是比较容易准确生成的。比如将高清标准的 Rec.709 色域转换为数字院线播放的 DCI XYZ 色域的数字电影包（Digital Cinema Package）。

创意 LUT。通常被称为"Look LUT"，用于图像的外观设置和模拟，例如模拟不同的胶片效果，在监视器上预览胶片冲印出来的效果。通过 LUT 预设文件，在调色过程中把它直接当成一个滤镜使用，模拟最终胶片印刷的效果以达到调色的目的。优势是可以迅速获得很好的胶片质感和色彩，只要在此基础上稍做调整就能呈现极好的色彩风格。这也是我们本节对图片加载 LUT 进行电影级调色主要探讨的。

14.2.4　LUT 的光辉前景

LUT 在今天的电影制作中不可或缺，拥有极为重要的地位，甚至已经影响到摄影照片的调色处理流程。面对显示技术标准难以统一的问题，不同的公司拥有不同的色彩管理标准。

比如一段视频在投影仪上播放和在液晶显示器上播放，或者在 CRT 显示器上播放，都会呈现出不同的颜色，这是一件糟糕的事情。LUT 已然成为许多行业对色彩进行管理的标准和基本方式。

电影和摄影全数字化时代的来临和技术的迅猛发展，使得胶片淡出市场，退出主流历史舞台，胶片的色彩风格和美学精髓已经被数字精确化定义。电影全数字化流程制作标准由于统一和省时省力，必将成为趋势！

电影导演阿方索·卡隆（Alfonso Cuarón）在他 2018 年的电影《罗马》的拍摄中，使用 ARRI Rental ALEXA 65 摄影机来表现记忆里的清晰细节，最终是以黑白胶片的审美标准呈现影像（图 14-9）。他说："就像是照片一样，那些事物是不可动摇的。"数字化影像站在了胶片审美的肩膀上。

图 14-9

14.3　如何实现照片的电影级调色

学习上述电影中的调色技术，目的是让大家了解照片也能使用 LOG 模式加载 3D LUT 进行调色，以实现照片的电影级调色! 这些功能在 Photoshop 中就可以实现了。下面我将通过一个案例来详细说明其方法。主要思路是，首先利用 RAW 格式数字底片进行 LOG 模式转换，然后加载 3D LUT 按照电影的方式调色。

14.3.1　利用 RAW 格式数字底片进行 LOG 模式转换

通常胶片的色彩空间为 LOG 对数空间，只有加载 LUT 才能正确显示。很多数码相机都没有 LOG 预设文件，就算手上有 3D LUT 文件也无法实现所谓的电影调色。因此，数码照片模拟电影胶片调色的前提是必须先将 RAW 格式数字底片进行 LOG 模式的转换。RAW 格式数字底片向 LOG 模式的转换即把相机照片的调色方式向电影调色的方式转换，只有转换之后才能够加载 3D LUT 并像电影那样调色。因此，加载 3D LUT 不是达芬奇(调色软件)或者 Baselight 的特权，一旦将 RAW 格式数字底片转换为 LOG 模式后，Photoshop 也可以加载 3D LUT，进入电影级的工业流程进行调色了!

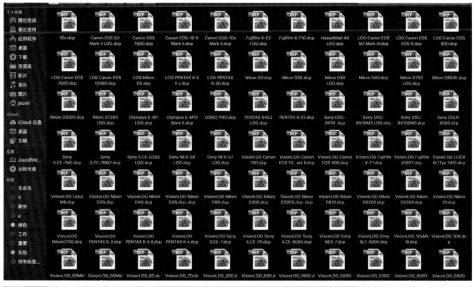

图 14-10

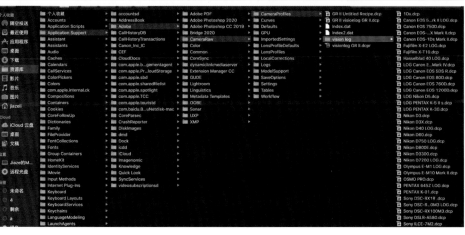

图 14-11

步骤 1

在开始前首先需要从 www.liangzhishu.com (或者扫描二维码) 下载 "vision lOG" 文件，文件夹中含有一些相机的 LOG 模式的 DCP 文件。解压后得到 "vision lOG" 文件夹 (图 14-10)。

步骤 2

以 mac OS 操作系统为例 (图 14-11)，把这个文件夹复制到如下路径：HD:\ 用户 \yourusername\ 资源库 \Application Support\Adobe\CameraRaw\CameraProfiles。Windows 系统可以复制到如下路径：C:\Users\yourusername\AppData\Roaming\Adobe\CameraRaw\CameraProfiles。

技巧提示

新版 mac OS 系统中"资源库"文件夹可能是隐藏的。可单击鼠标右键选择"查看显示选项"并勾选"显示'资源库'文件夹"复选框，即可找到路径（图 14-12）

图 14-12

步骤 3

在 Bridge 中选择一张 RAW 格式图片素材文件（图 14-13）。在 Camera Raw 中打开，在"工作流程选项"对话框中将"色彩空间"选择为"ProPhoto RGB"，"色彩深度"选择为"16 位 / 通道"，使照片有更大的动态范围（图 14-14）。

图 14-13

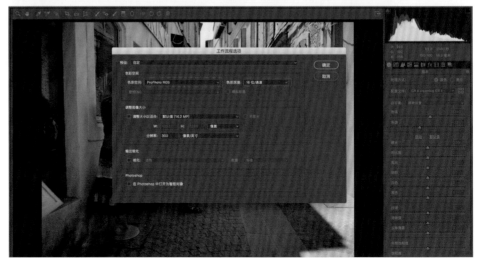

图 14-14

步骤 4

在"基本"面板下的"配置文件"中选择刚刚导入的"GR Ⅱ visionlog GR Ⅱ"（图 14-15），此时会发现照片变得很灰、很平，饱和度和对比度都降低了，高光和暗部都生成了非常丰富的层次。转换 LOG 模式成功（图 14-16）。

图 14-15

图 14-16

14.3.2 加载 3D LUT 按照电影的方式调色

承接上面的工作，我们继续在 Photoshop 中加载 3D LUT 实现电影级调色。

步骤 5

在 Camera Raw 中单击"打开图像"，在 Photoshop 中打开照片。在"图像">"调整"下拉菜单中选择"颜色查找"（图 14-17），打开"颜色查找"窗口。

图 14-17

步骤 6

在"颜色查找"＞"3D LUT 文件"
中选择 LUT 预设文件（图 14-
18）。Photoshop 2020 默认自带
一些预设文件，通过切换选项可
以看到不同的色调效果。图 14 19
罗列了本案例素材图像加载默认的
3D LUT 所得到的不同调色效果。

图 14-18

Original	2Strip	3Strip	Bleach Bypass	Candelight	Crisp_Warm	Crisp_Winter	DropBlues
EdgyAmber	FallColors	filmstock	FoggyNight	FuturisticBleak	HorrorBlue	LateSunset	Moonlight

图 14-19

360

步骤 7

选择最适合这张照片的 3D LUT
预设，获得最终的效果（图 14-
20）。这样就实现了 RAW 格式照
片加载 LUT 以电影的方式进行调
色了。

图 14-20

技巧提示

Photoshop 2020 默认自带一些预设文件。除此之外，可以在网上下载和购买更多的 LUT 专业预设文件。只需要将文件复制到如下路径:\应用程序\Adobe Photoshop 2020\Presets\3D LUTs（图 14-21）。即可在 Photoshop "颜色查找" > "3D LUT" 中加载新的预设文件。

图 14-21

除上述后期处理时的操作步骤外，正确使用 LOG 模式 +3D LUT 调色还应注意以下事项。

1. 不要因为你要使用 LOG 方式调色，而在拍摄时有意进行过多的曝光补偿，比如欠曝 3 挡。建议使用测光表并依据相机直方图，以及合理设置 ISO 值和镜头光圈以便正确曝光，LOG 调色仍然以正确曝光为调色之基准。

2. 相机输出不要使用 8 位压缩文件，最佳是 16 位。

3. 就像白平衡、曝光、镜头光圈对图像质量会产生重大影响一样，很多时候需要手动修正 LUT 调色效果，对对比度、饱和度等进行必要调节，甚至可使用两个以上 LUT 调色图层来实现预期的画面效果。

4. 记得使用这些预设时要有自己的创意和想法。调色没有对或错，只要相信自己的眼睛就好!

技巧提示

我对软件自带的一些常用 3D LUT 效果进行了调色效果测试比较，并根据效果特色和原英文名翻译并起名（图 14-22），希望对读者调色有所帮助。

图 14-22

CHAPTER 15

Lab 的
艺术化调色

　　当具备 Photoshop 的一些基本使用经验后, 会发现它实际上有两种完全不同的用途: 一种是使用它修改或改善照片, 另一种则是使用它从零开始绘制图像。这两种用途的差异并不是那么大, 因为其本质都是对于像素的处理, 不管像素是来源于数字影像还是画笔工具。 除了纪实类新闻摄影讲求真实性之外, 综合运用数码摄影技术和数字绘画技术来修改照片和对照片进行艺术化处理, 可以拓宽图像的视觉领域。本章将针对照片的艺术化后期处理, 和大家探讨如何利用 Lab 通道和画笔工具进行调色创作。

15.1　什么是 Lab 模式

Lab 模式是根据国际照明委员会（Commission International Eclairage, CIE）在 1931 年所制定的一种测定颜色的国际标准建立的，在 1976 年被改进并且被命名的一种色彩模式和色彩空间（图 15-1）。

Lab 模式是基于人眼视觉原理创立的色彩模式，与人视觉的工作方式非常相似，理论上它概括了人眼所能看到的所有颜色。Lab 模式中的数值之所以可以描述正常视力的人能够看到的所有颜色，是因为 Lab 模式描述的是颜色的显示方式，而不是设备（如显示器、桌面打印机或数码相机）生成颜色所需的特定色料的数量，所以 Lab 模式被视为与设备和光线无关的颜色模型。

大多数人对 Lab 模式比较陌生，因为 Lab 模式不能用于任何实际的输出设备。但 Lab 颜色模式存在的价值在于可以弥补 RGB 和 CMYK 两种色彩模式的不足，是一种除 RGB 和 CMYK 颜色模式之外的替代颜色模式。形象地说，RGB 色彩空间是借助显示器呈现的，CMYK 是借助于印刷油墨存在的，而 Lab 模式虽不存在于任何设备，但它却比较接近人眼的

国际照明委员会 1931 色度图

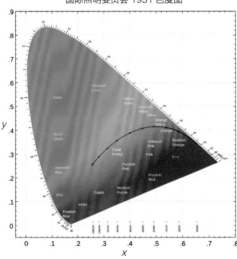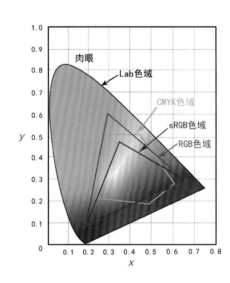

图 15-1（左图）
1931 年建立的 Lab 色彩空间

图 15-2（右图）
色域空间比较

工作方式，是一种数学推理出的、理论化的色彩模型，因此它的色域空间更为宽广。

相较于 RGB 和 CMYK 两种模式，Lab 模式的优势在于以下 3 个方面。

1. 基于人眼，色域最宽。

2. 转换无损，处理极快。

3. 黑白彩色，通道分离。

Lab 模式的这 3 方面功能是另外两种色彩模式所不具备的。

15.1.1　基于人眼，色域最宽

Lab 色彩空间与 RGB 和 CMYK 的色彩空间相比较，其色域最宽、最广。在表达色彩的广度上，第一位是 Lab 模式，第二位是 RGB 模式，第三位是 CMYK 模式。Lab 模式不仅包含了 RGB 模式和 CMYK 模式的所有色域，还能表现它们不能表现的色彩。人的肉眼能感知的

色彩都能通过 Lab 模式表现出来。另外，Lab 模式的绝妙之处在于它弥补了 RGB 模式色彩分布不均的不足，比如 RGB 模式在蓝色到绿色之间的过渡色彩过多，而绿色到红色之间又缺少黄色和其他色彩。

图 15-2 所示的是色域的比较图。Lab 模式的色域最接近人眼，它的色域大于并包含了 Adobe RGB、sRGB 和 CMYK 色域。 Adobe RGB、sRGB 两种颜色模式用于显示器上的色彩呈现，其中 sRGB 的色域比 Adobe RGB 略小，但肉眼一般不易察觉，它常用于网络图片发布时的色彩呈现。摄影人常常会遇到把未经色彩模式转换的 Adobe RGB 图像直接上传到网络而出现偏色的情况，其原因正在于此。CMYK 与 Adobe RGB 的色彩空间相比，有交叠也有溢出，这也同样说明了在屏幕上看到的图像色彩并不一定能够通过油墨印刷出来，有些色彩能够表现一致，但有些色彩则会发生偏色。

15.1.2 转换无损，处理极快

色彩管理系统通常使用 Lab 模式作为色标，将颜色从一个色彩空间转换到另一个色彩空间。Photoshop 的内部颜色计算也是通过 Lab 模式实现的。由于 Lab 模式的色彩空间最大，所以当其他模式转换为 Lab 模式时，颜色没有损失。如果把 Adobe RGB 模式转换为 Lab 模式，再转换为 CMKY 模式，颜色将会发生损失。因此，这里的转换无损专指 Lab 大色彩空间转为小色彩空间时无损。后期调色时避免色彩损失的最佳方法是：应用 Lab 模式编辑图像，再转换为 sRGB 模式在网络上发布，或者转换为 CMYK 模式打印输出。

当你将 RGB 模式转换成 CMYK 模式时，Photoshop 会自动将 RGB 模式转换为 Lab 模式，再转换为 CMYK 模式。在处理速度方面，Lab 模式与 RGB 模式同样快，都比 CMYK 模式快很多，因此，用户可以放心大胆地在图像编辑中使用 Lab 模式。

15.1.3 黑白彩色，通道分离

Lab 模式中代表黑白关系的明度与色彩关系是分离的。它由以下 3 个通道构成， 因此在后期处理时可以单独针对明暗亮度来调节，也可以单独针对颜色来调节（图 15-3）。

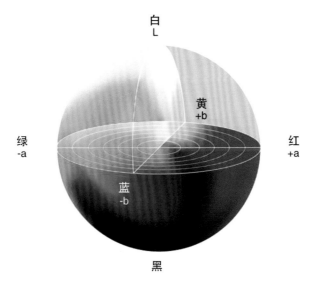

图 15-3

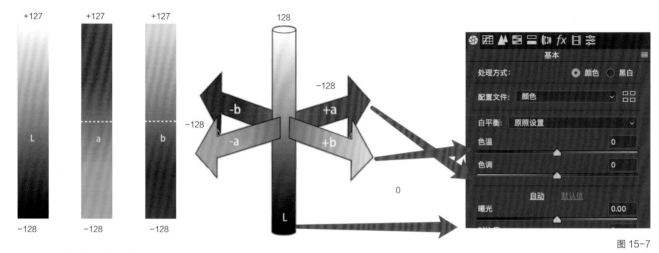

+127   +127   +127   128

L   a   b

−128   −128   −128

−128   +a   −b   +b   −128

0

L

图 15-7

图 15-4 L（明度）（左图）
图 15-5 a 通道（中图）
图 15-6 b 通道（右图）

　　a 通道包含绿色和品红色信息。在某个给定的像素点，a 通道值为 0 表示该像素既不是绿色也不是品红色。在 Photoshop 中，a 通道值为 −128 时表示该像素完全是绿色，若 a 通道值为 +127 则表示该像素完全是品红色。这种颜色结构被称为对抗色，因为通道中的颜色位于颜色刻度的两端（图 15-5）。

　　b 通道包含蓝色和黄色信息。在 Photoshop 中，当 b 通道值为 0 时，该像素是黄色和蓝色之间的中性色调。b 通道值为 −128 时表示该像素是纯蓝色，b 通道值为 +127 则表示该像素是纯黄色（图 15-6）。

　　由此可见，Lab 颜色系统有着对立的颜色通道，在 a、b 通道中，0 位于曲线的中间，负数表示冷色，正数表示暖色，颜色超出了所有输出设备的色域。图 15-7 是图 15-3 的 Lab 模式的立体骨架，形象地说明了 Lab 的颜色模式构成，如果我们进一步把这 3 个通道方向的颜色平展排列，会发现这 3 条色带等同、对应 Camera Raw 基本调节中"曝光""色调""色温"的调节（图 15-8）。曝光正是黑到白的变化，色调正是绿色到品红色的变化，色温正是蓝色到黄色的变化。因此也再次印证了 Lab 是最接近人眼识别的调色方式，Camera Raw 基本调节中这 3 项调节也是建立在 Lab 模式基础上的。从这个角度出发，将大大增加我们对于 Lab 调色的理解。

　　基于上述对 Lab 颜色模式原理的理解，我们会发现，正是由于 Lab 颜色模式 3 个通道黑白和色彩分离的特点，所以可以用它做出一些超乎想象的色彩调节，而我们正是利用这些特点来进行图像的艺术化调色处理。

　　非常值得一提的是，Lab 特有的通道结构（一个明度两个色彩），为将图像转换为黑白模式很自然地提供了一个独特的解决方案——直接复制 L 明度通道获得黑白影像。

将图 15-8 中的图像颜色模式转为 Lab 模式（图 15-9），切换到"通道"面板，选择"明度"（L）通道，即可看到转换后的效果。

如果想保存这种效果，只需选择当前"明度"通道，用快捷键 command+V（Windows 操作系统：Ctrl+C）复制，再单击"Lab"复合通道，返回"图层"面板。新建空白图层后，用快捷键 command+V（Windows 操作系统：Ctrl+V）粘贴即可保存。

图 15-8

图 15-9

如何将一幅彩色图片转为黑白图片？目前看来方法有很多种，而且多种方法获得的黑白图像的影调都有所不同，并没有哪种方法是放之四海而皆准的，我们应该熟悉每种方法的特点，根据彩色图像的特点灵活运用。通过 Lab 模式转黑白图像就是其中一个方法。用这种方法转换的黑白图像的影调比直接用"黑白"或者"去色"命令产生黑白图像的影调要亮，对人的皮肤的质感还原更明快一些。如图 15-10，左边是用传统的"去色"命令转换的黑白影调，右图则是用"明度"通道抓取的黑白影调。

图 15-10

15.2　如何利用 Lab 颜色进行创作

熟悉了 Lab 颜色通道的构成和工作原理后，便可以对照片进行艺术化调色创作了。常规的思路是：首先把照片的颜色模式转换为"Lab 颜色"；然后对图像进行复制，生成副本图像；接着在副本图像的 Lab 通道中有选择地执行"反相"和"色调均化"命令，实现整体的调色；最后将调整后的图像副本拖曳到原始图像中，成为原始图像的一个图层，通过建立蒙版、利用画笔等进行有选择性地绘制，当然还可以通过选择"混合模式"以及调整图层的"不透明度"来让画面更加微妙。最终完成作品。

在实际操作中，对画面中色彩的渲染和强化往往是通过多次 Lab 通道调色和图层间绘制叠加完成的。因此，利用"Lab 颜色"对照片进行色彩的艺术化处理其实没有固定的法则，视觉和色彩感受因人而异，摄影人在具体实践时也可以多尝试，选择最适合图片的调色效果。

下面的图片展示了在原始图像（图15-11）的基础上，通过对"Lab"各通道进行"反相""色调均化"处理后得到的多种色调效果（图15-12至图15-18）。如果图层间再结合混合模式和画笔工具，那么变化将是无穷的。下面我们来详细介绍和演示利用Lab调色的具体方法和步骤。需要说明的是，这一过程仅代表我的个人喜好，读者可了解方法后自由创作。

图15-11 原片
在白色背景上拍摄的花朵

图15-12 对所有"Lab"通道进行"友相"，会产生图像颜色与基准图像颜色值相对、所有"Lab"通道相反的有趣效果

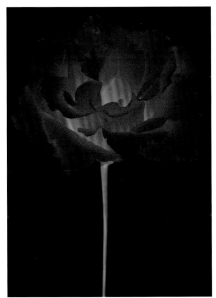

图15-13 对"L"通道进行"反相"，将白色图像变成黑色或将黑色图像变成白色

图15-14 对"a"通道进行"反相"，向图像中添加与绿色/品红色主色调相反的颜色

图15-15 对"b"通道进行"反相"，向图像中添加与蓝色/黄色主色调相反的颜色

图 15-16　对"L"通道进行"色调均化"，增加图像的对比度和特殊效果，适合作为新图像的基础

图 15-17　对"a"通道进行"色调均化"，向图像中添加绿色和品红色

图 15-18　对"b"通道进行"色调均化"，向图像中添加蓝色和黄色

15.3　创意 Lab 调色案例：奇幻的花朵

拍摄于白色背景下的花朵图片，一般看来仅仅是一张普通的素材。但我想通过 Lab 通道调色后让它基于黑色背景，同时让花朵具有奇幻的色彩和装饰感，花瓣具有强烈的透明感和立体感。一起来试试。

370

步骤 1

在 Photoshop 中打开一张拍摄好的白底花朵素材。在菜单栏选择"图像">"复制"（图 15-19）复制图像，开启一个新的图像窗口（图 15-20）。后续的步骤都是基于在原始图像和复制图像的 Lab 通道调色后，通过图层叠加来实现的。

图 15-19

图 15-20

技巧提示

"反相"：指每个像素用与自己相反的颜色进行替换。黑色变白色，白色变黑色。在 Lab 颜色中，纯品红色将变成纯绿色，而纯绿色将变成纯品红色。同样，纯蓝色将变成纯黄色，而纯黄色将变成纯蓝色。在 Lab 模式下进行"反相"非常有效，这是由 Lab 模式中每个颜色通道的色彩对抗结构所决定的，你可以对所有通道或某一个通道进行"反相"处理。"反相"可以大大增强图像的视觉效果。（Photoshop 菜单栏："图像">"调整">"反相"）。

"色调均化"：能使颜色和对比度最大化。当进行"色调均化"时，Photoshop 会采集最亮的像素并将其变成白色，同时采集最暗的像素并

将其变成黑色。接下来二者之间的所有值都会被重新分配适合的新值，并向两个方向扩展。对 Lab 通道进行"色调均化"时会出现有趣的现象。如果考虑 Lab 通道的色彩对抗性，你会发现扩展该通道内值的范围会扩大一个通道内的对抗色范围，这种效果有时候会非常有用。比如，a 通道在不同的区域分别有一点儿绿色和一点儿品红色，那么一旦对该通道进行"色调均化"处理，就会在这些区域产生更多绿色和品红色。（Photoshop 菜单栏："图像">"调整">"色调均化"）

步骤 2

将刚刚复制的花朵图像进行 Lab 颜色模式转换。在菜单栏选择"图像">"模式">"Lab 颜色"，图像将由 RGB 颜色转换为 Lab 颜色（图 15-21 至图 15-23）。

图 15-21

图 15-22

图 15-23

步骤 3

在"通道"面板中选择"明度"通道(L)，使面板左侧该通道的眼睛图标可见，其他通道的眼睛图标则不可见。然后对"明度"通道进行"反相"操作，在菜单栏选择"图像">"调整">"反相"（或者按快捷键command+I，Windows 操作系统中为 Ctrl+I）最后单击"Lab"通道前的眼睛图标，使所有通道可见并被选择（图 15-24）。此时可以看到经过通道反相后，图像变成了黑底红花（图 15-25）。

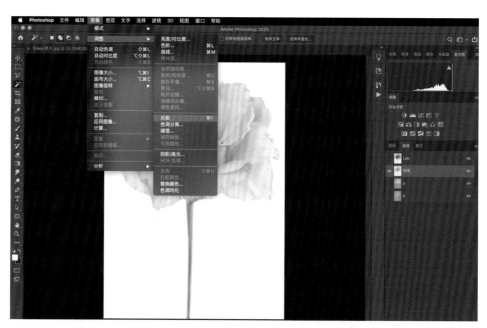

图 15-24

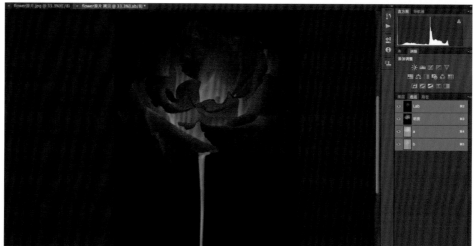

图 15-25　黑底红花

步骤 4

在原片白色版本的"图层"面板右上角点开弹出菜单，选择"复制图层"（图 15-26），将图层复制到黑色版本图像窗口中，并命名为"白色版本"（图 15-27）。在"白色版本"图层上，按住 Alt 键的同时单击"图层"面板下方"添加图层蒙版"，添加一个黑色全遮罩的图层蒙版。用白色"画笔工具"在花瓣上绘制，然后将"不透明度"改为 20%，将图层混合模式切换为"柔光"，使花瓣变得透明立体（图 15-28）。最后拼合所有图层，在菜单栏选择"图层">"拼合图像"，只剩下背景图层。

图 15-26

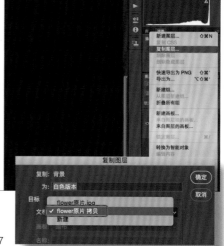

图 15-27

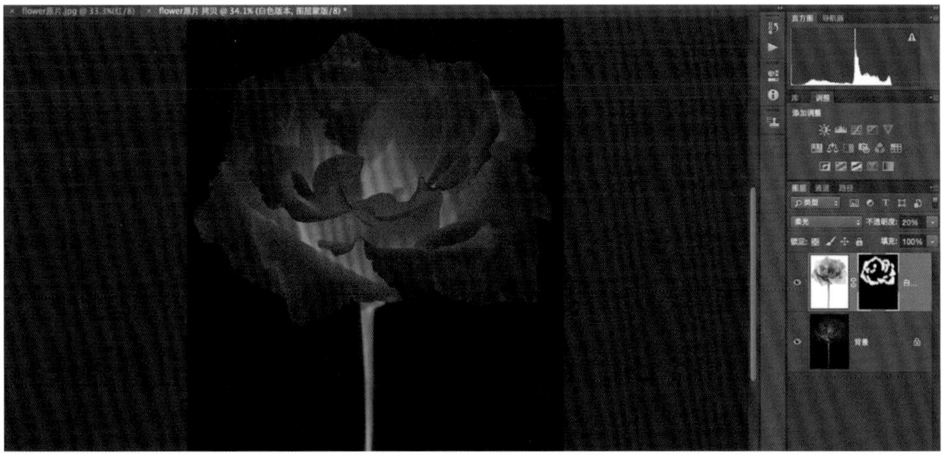

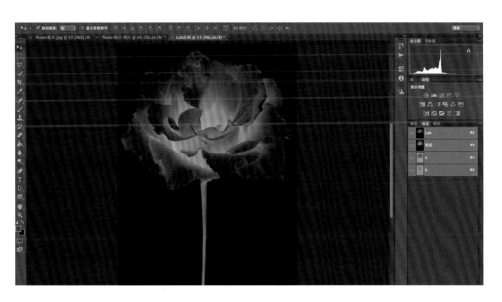

图 15-28

步骤 5

将原片白色版本的图像按步骤 1 的方法复制一个新的图像窗口，命名为"Lab 反相"。经过 Lab 模式转换后，在"通道"面板全选通道，将 Lab "反相"（图 15-29）。然后按步骤 4 的方法将图层复制到红花黑底图像的窗口中。

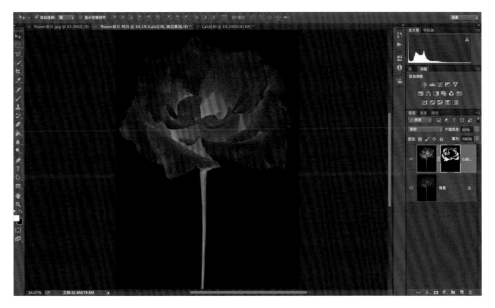

图 15-29

步骤 6

将颜色模式转换回 RGB 颜色模式，在菜单栏选择"图像">"模式">"RGB 颜色"（因为部分混合模式不能在 Lab 颜色模式中使用）。将"图层"面板中混合模式改为"排除"，然后按住 Alt 键的同时单击"图层"面板下方"添加图层蒙版"，添加一个黑色全遮罩的图层蒙版。然后用"画笔工具"在花瓣上绘制，并将"不透明度"改为 50%。这一步能使花朵增加一种神奇的粉红色，阴影中又带有铁青色，能照亮花中心和某些花瓣区域（图 15-30）。

图 15-30

步骤 7

复制"背景"图层,并将其拖曳到"图层"面板的顶部。然后按住 Alt 键的同时单击"图层"面板下方"添加图层蒙版",添加一个黑色全遮罩的图层蒙版。将"图层"面板中混合模式改为"叠加",在画面中较暗的区域绘制,然后将"不透明度"改为 45%。这一步能使花朵的明暗对比加强(图 15-31)。

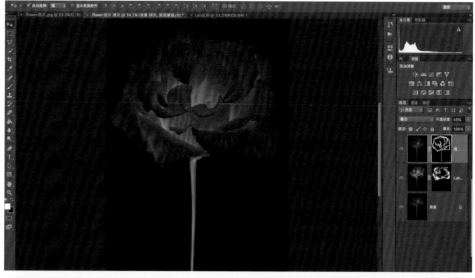

图 15-31

步骤 8

按上述方法继续复制原片白色版本图像,将"明度"通道"反相"生成红花黑底效果后,再对"明度"通道进行"色调均化"(图 15-32)。然后将该图层复制到主窗口中。按住 Alt 键的同时单击"图层"面板下方"添加图层蒙版",添加一个黑色全遮罩的图层蒙版。将"图层"面板中混合模式改为"柔光",在花朵 过渡区域绘制,然后将"不透明度"改为 50%。这一步能继续加强对比和立体感,并使花朵有光泽(图 15-33)。

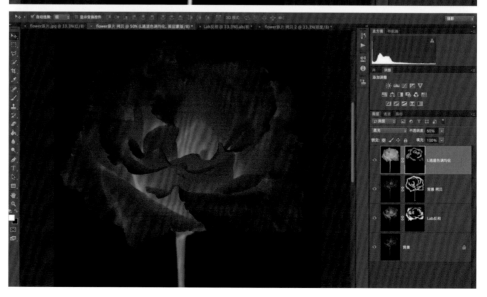

图 15-32 (中图)
图 15-33 (下图)

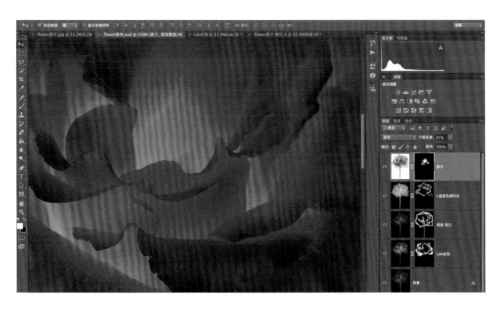

步骤 9

将原图的白色版本图层复制到主窗口中，继续添加一个黑色图层蒙版。将"图层"面板中混合模式改为"滤色"，在花朵中心区域绘制，然后将"不透明度"改为 40%。这一步能使花朵的中心区域变亮（图 15-34）。

图 15-34

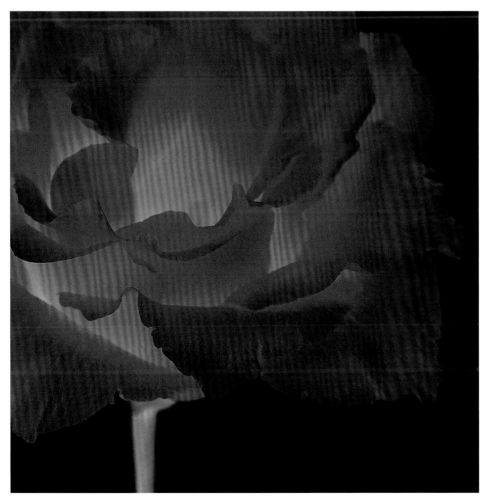

步骤 10

拼合图像。通过二次裁剪构图和锐化，获得最终的画面效果（图 15-35）。

图 15-35

15.4 创意 Lab 调色案例：绚丽的海景

　　Lab 艺术化调色同样适用于风景摄影，这些渲染和调色的过程能够增强图像中的色彩和场景效果。下面这个场景拍摄于地中海，原片较为平淡（图 15-36），通过 Lab 通道艺术化调色，能够强化日出时的绚丽色彩，尤其是海上精彩的丁达尔现象。

图 15-36

376

步骤 1

在 Camera Raw 中打开一张海景的 RAW 格式原图，对原图的"色温""高光""阴影"等参数进行基本的调整（图 15-37）。然后单击"打开图像"按钮，在 Photoshop 中打开图像。

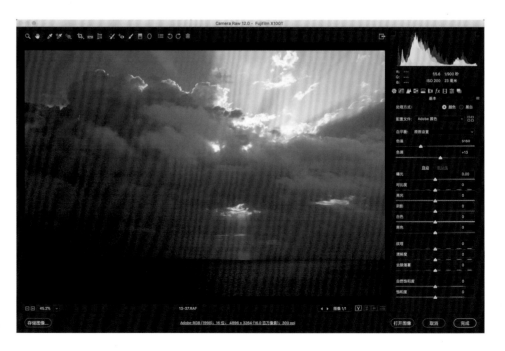

图 15-37

步骤 2

将图像进行复制，在菜单栏选择"图像">"复制"（图 15-38），将复制的图像命名为"L 通道色调均化"（图 15-39），在新的窗口生成图像副本。

图 15-38

377

图 15-39

步骤 3

将新窗口复制好的图像模式转换为 Lab 颜色。在菜单栏选择"图像">"模式">"Lab 颜色"（图 15-40）。然后在"通道"面板中选择"明度"通道（L），使面板左侧该通道的眼睛图标可见，其他通道的眼睛图标不可见。然后对明度"通道进行"色调均化"操作——在菜单栏选择"图像">"调整">"色调均化"（图 15-41）。最后单击"Lab"通道前的眼睛图标，使所有通道可见并被选择。此时可以看到经过对"明度"通道的"色调均化"，图像的黑白层次加强了（图15-42）。

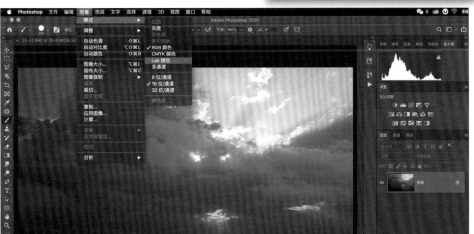

图 15-40（中图）

图 15-41（下图）

图 15-42

步骤 4

将原始窗口的图像进行复制，在菜单栏选择"图像">"复制"，将复制的图像命名为"a 通道色调均化"，在新的窗口生成图像副本。与步骤 2 的方法相同，将"a"通道"色调均化"（图 15-43）。

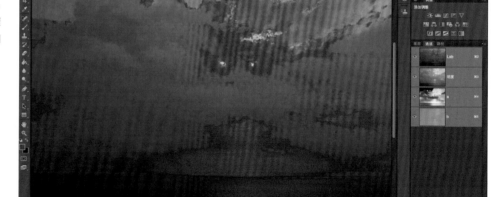

图 15-43

378

步骤 5

将原始窗口的图像再次复制，在菜单栏选择"图像">"复制"，将复制的图像命名为"b 通道色调均化"，在新的窗口生成图像副本。与步骤 3 的方法相同，将通道中"b"通道"色调均化"（图 15-44）。

图 15-44

图 15-45

步骤 6

分别切换至步骤 3、4、5 图像窗口，在"图层"面板右上角点开弹出菜单，选择"复制图层"，将图层复制到原始图像窗口中（图 15-45），并依次命名为"L 通道色调均化"（图 15-46）"a 通道色调均化""b 通道色调均化"。此时在原始图像窗口中，除了原图背景层外，还新增了 3 个经过"Lab"通道调色的图层（图 15-47）。

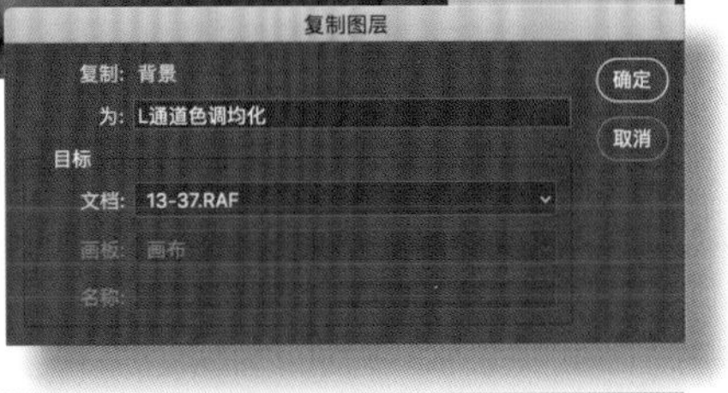

图 15-46

图 15-47

步骤 7

单击左侧的眼睛图标，将"a 通道色调均化"和"b 通道色调均化"两个图层的眼睛图标取消，使图层不可见。在图层"L 通道色调均化"上按住 Al 键的同时单击"图层"面板下方"添加图层蒙版"，添加一个黑色全遮罩的图层蒙版。然后用白色"画笔工具"在画面中绘制，修饰云和海面的黑白立体关系，将图层混合模式切换为"叠加"（图 15-48）。

图 15-48

步骤 8

单击 "a 通道色调均化" 图层左侧的眼睛图标，使该图层可见。按住 Alt 键的同时单击 "图层" 面板下方 "添加图层蒙版"，添加一个黑色全遮罩的图层蒙版。然后用白色 "画笔工具" 在画面中云霞和光线的位置绘制，将图层混合模式切换为 "变亮"，"不透明度" 改为 70%（图 15-49）。

图 15-49

步骤 9

单击 "b 通道色调均化" 图层左侧的眼睛图标，使该图层可见。按住 Alt 键的同时单击 "图层" 面板下方 "添加图层蒙版"，添加一个黑色全遮罩的图层蒙版。然后用白色 "画笔工具" 在画面中云霞和光线的位置绘制，将图层混合模式切换为 "叠加"，"不透明度" 改为 75%。此时画面的整体效果已经呈现（图 15-50）！

图 15-50

380

步骤 10

用 "画笔工具" 对各个图层的蒙版遮罩再次进行微调，对混合模式和 "不透明度" 也可进行微调。然后拼合图像，将图像锐化处理。此时天空右上角有些偏亮，可进入菜单栏选择 "滤镜" > "Camera Raw 滤镜"，使用 "渐变滤镜" 对天空进行压暗处理（图 15-51）。调整完成后单击 "确定" 按钮保存得到最终的图像（图 15-52）。

图 15-51

图 15-52　最终效果图

15.5　创意 Lab 调色案例：撞击的色彩

　　著名画家凡高（Vincent van Gogh）、马蒂斯（Henri Matisse）的画作具有撞击的色彩和强烈的装饰性，利用 Lab 艺术化调色同样也能获得类似风格的摄影画面。对于原始图像素材，可以尽量选择一些抽象的和色彩变化多一些的画面，这样的素材通过 Lab 的调色处理后将会获得较好的效果。

　　对于不同的照片，利用 Lab 通道的"反相"和"色调均化"的方法进行调色时，往往不知道什么样的方法最好，因此通常可以在 Photoshop 中将原片变化出的 7 种效果进行比对后，利用图层混合模式、蒙版和"画笔工具"进行叠加创作，这样艺术化的效果将是变幻无穷的。以一张含有丰富色彩的木屋景物照片（图 15-53）为例，我们来尝试不同的色调可能。详细的方法和步骤也可以参考本章 15.2 节和 15.3 节的内容。

图 15-53　原图

步骤 1

在 Photoshop 中打开原图。通过在菜单栏选择"图像">"复制"复制图像，开启一个新的图像窗口。将刚刚复制好的图像进行 Lab 颜色模式转换。在菜单栏选择"图像">"模式">"Lab 颜色"，图像由 RGB 颜色模式转换为 Lab 颜色。在"通道"面板中对所有通道进行"反相"，然后依次选择"明度"（L）通道、"a"通道、"b"通道，重复上面的步骤分别进行"反相"和"色调均化"的操作，获得 7 个窗口中 7 种不同色调的变化效果（图 15-54 至图 15-61）。

图 15-54

图 15-55　对所有"Lab"通道进行"反相"

图 15-56　对"L"通道进行"反相"

图 15-57 对"a"通道进行"反相"

图 15-58 对"b"通道进行"反相"

图 15-59 对"L"通道进行"色调均化"

图 15-60 对"a"通道进行"色调均化"

图 15-61 对"b"通道进行"色调均化"

步骤 2

将原图和生成的 7 种色调效果进行比对，根据喜好选择其中一种或几种效果和原图进行图层混合，产生新的色调效果。比如在"a 通道的色调均化"窗门中使用快捷键 command+A（Windows 操作系统 :Ctrl+A）全选图层，然后用快捷键 command+C（Windows 操作系统 :Ctrl+C）复制图层，打开原图窗口，再使用快捷键 command+V（Windows 操作系统 :Ctrl+V）粘贴图层（图15-62）。

图 15-62

步骤 3

在原图窗口中，将图像的模式从 Lab 颜色模式转换为 RGB 模式（弹出的对话框中选择"不拼合"），这样会获得更多的图层混合模式。在"图层"面板的图层混合模式中可进行多种效果的尝试，比如选择"柔光"（图 15-63），当然也可对"不透明度"等参数进行调节。

图 15-63

步骤 4

如果一个图层混合的效果不够，还可以复制叠加新的图层。和步骤 2 的操作方法一样，比如再复制粘贴"b 通道的反相"图层到原图窗口中。图层混合模式选择"强光"，让画面带入一些紫色（图 15-64）。

图 15-64

步骤5

对"b通道的反相"图层建立蒙版，用黑色"画笔工具"进行描绘，对画面中的色彩进行保留和取舍，在有序的基础上寻找一些无序的美感，进行个性化的艺术处理（图15-65）。最终获得具有强烈撞击色彩的画面效果（图15-66）。

图 15-65

图 15-66

CHAPTER 16
创 造 光 线

光线对于拍摄主题的表现和烘托至关重要。拍摄时等待光线、捕捉光线曾经是再正常不过的事。但现在，创造光线正在成为摄影的一种新形式，同样的，在数字图像的后期演绎中，我们也可以利用好光，在平淡的影像中通过创造光线来营造氛围。

图 16-1 photo by Edward Hopper

图 16-2 photo by Scott Elmquist

图 16-3 《雪莉：现实的愿景》

达·芬奇经常是在暗黑色的画布上开始他的绘画创作，因为他认为添加每一笔颜色，都是添加一种光线，他说绘画就是把光绘制出来。无独有偶，摄影作为绘画的近亲，也被称为光的艺术。摄影的英文单词"Photography"最初源于希腊文，字面意思是"用光来书写"。对于艺术家来说，"光"如同生命。美国绘画大师爱德华·霍普（Edward Hopper）是一位对光有特殊理解的艺术家。光并不能诠释意义，但对于霍普而言，光是他一生信仰的基石（图 16-1 是霍普的绘画作品 *Western Motel*）。这种信仰对后来的一大批艺术家都影响颇深，很多之后的画家和摄影师都效仿学习霍普对于光的理解。图 16-2 即是摄影师斯科特·埃尔姆奎斯特（Scott Elmquist）在一个艺术项目中对霍普作品的致敬。

而奥地利导演古斯塔夫·多伊奇（Gustav Deutsch）则把霍普的画面转变成剧情挪移到了电影：2013 年上映的《雪莉：现实的愿景》（*Shirley-Visions of Reality*），每一帧都是静止的霍普作品，如图 16-3。

不管是摄影还是电影，光线对于拍摄主题的表现和烘托都至关重要。拍摄时等待光线、捕捉光线曾经是再正常不过的事。但现在，创造光线正在成为摄影的一种新形式，如同上面两张照片所示，现场布置光让画面充满了戏剧感。同样的，在数字图像的后期演绎中，也可以通过软件创造或者强化光，从而使作品焕发光彩。

本章我们将一起来探讨如何在后期中用好光，即利用 Photoshop 在平淡的影像中创造光线和营造氛围。

16.1　让视觉聚焦在光线上

在视觉本能中，眼睛总会追寻光线的方向，光线来源的方向和所照射的地方就是视觉聚焦的地方，如图 16-4。画面中因为光线而形成"突出的区域" 和"不被注意的区域"。我们

图 16-4

图 16-5　photo by Marat Safin
马拉特·萨芬 拍摄

的视线也会本能地停留在"突出的区域"上，找到一个"突出的区域"后再去寻找下一个，直到看完整个画面。试想一下，在一个场景中，有一束暖色的阳光照射在主体上，那么光线、主体必然是画面中明度最高的地方，这将是首先吸引观众视线的地方，如图 16-5。

　　在上述视觉经验的指导下，如果在后期时有意识地处理，不仅可以人为地创造光线，同时也可以深度营造和烘托影像所传达的氛围和主旨。

16.2　后期创造光线的方法和常用工具

　　在一张照片上通过后期创造出光照和光感效果的方法很多，一般来说有 4 种方法。

　　方法一："画出光线"，即使用画笔笔刷直接将光线绘制在画面之上。以图 16-6 为例，我们拍到一张照片，它显得平淡无味，还有些许雾气。虽然阴天也有阴天的美，但我们也可以选择用后期创意添加光线，营造全新的氛围。

　　先来看光线如何绘制。图 16-7 是使用光线画笔的笔刷样式，图 16-8 便是载入"画笔工具"中的"光线笔刷"绘制几笔后的画面效果。我们有各种光束的形状样式可供选择，如果用户建立好自己的一套笔刷库，将会大大提高后期效率，达到快速生成光线的效果。在具体操作时，除了用画笔笔刷画出光线外，还常常需要配合建立图层蒙版，使用自由变换工具、"渐变工具"等控制光线的范围、形状、角度,并通过选择图层混合模式、"色相/饱和度"、曲线等命令协调光线与画面间的空间和色彩关系。具体方法步骤可参考本章 16.4 节的内容。

图 16-6

图 16-7

图 16-8

　　方法二: "合成光线",即直接利用一些含有光线的图像素材,进行素材与原片的合成处理。仍然以图 16-6 为例,图 16-10 是合成所使用的光线图像素材,图 16-9 是合成后的画面效果。一般选择黑底的素材最好,因为这类素材在图层间合成的过程中,我们很容易通过选择图层混合模式中的 "滤色" 来彻底去除黑底。除此之外,在合成素材时应配合建立图层蒙版,使用自由变换工具、"渐变工具"等控制光线的范围、形状、角度，并通过选择图层混合模式、"色相／饱和度"、曲线等命令协调光线与画面间的空间和色彩关系。具体方法步骤可参考本章 16.5 节的内容。

图 16-9

"滤色"在 Photoshop 中叫作混合模式，是指两个图层之间颜色叠加后产生的变化。当一层使用了滤色模式时，图层中纯黑的部分变成完全透明，纯白部分变成完全不透明，其他的颜色根据颜色级别产生半透明的效果。

392

图 16-10

  方法三："滤镜光线"，即使用滤镜或第三方插件或软件生成光线效果。在 Photoshop 滤镜中可使用"光照效果""镜头光晕"（具体方法步骤可参考本章 16.6 节的内容）等；另外也可使用第三方插件或软件，如 LensFlares、Rays 等，它们在创造光效时都是非常方便快捷的。图 16-11 是 LensFlares 软件的操作界面，用户可以非常便捷地添加光线，并修改其状态属性。

　　方法四："放大光线"，常用的方式是在 Photoshop 中通过滤镜中的"径向模糊"或"动感模糊"来放大和强化原有的光线。如图 16-12，左图中窗户中有光，但不强烈，我们想加强窗户的光线，让光线有从窗户中射出的感觉，这样黑色屋子中被光线照射的空气质感也表现出来了。需要注意的是，图 16-12 中创造的光线在滤镜处理时选用了"径向模糊"，具体方法步骤可以参考本章 16.7 节中的内容，学习后分析画面，可以举一反三。

图 16-11

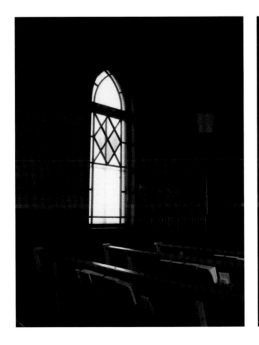

图 16-12

16.3 光线氛围的协调

在使用 Photoshop、第三方插件或软件绘制或合成出光线时，我们遇到的最主要问题其实是光线与画面间的色调和空间的协调性。如果光线元素的色温与画面场景的色温不一致，光线层与画面层叠加时在透明度、边缘融合度方面就会不自然。因此在后期处理时，应调节光线的色温，使它与画面保持协调或压暗环境，调节画面颜色的饱和度和色温使之与光线协调都是可行的。此外，利用"渐变工具"、图层混合模式、蒙版画笔工具处理边缘和透明度问题，可以使光线在画面中的存在显得真实、自然。图 16-13 是拍摄于希腊雅典卫城帕特农神庙的照片，图 16-14 是其调整后的图像。原片中建筑背光而缺少光线，后期调整时选择在神庙的廊柱间加入光源，可以将其假想为舞台设备灯光产生的眩光，然后调节眩光与照片整体的色调气氛，使照片效果真实、自然、生动，效果如图 16-14。

图 16-13

图 16-14

16.4 "画出光线"案例：教堂中的光线

本节中，我将选取一张教堂中有人物的照片（图 16-15）来做示范，讲解如何使用光线笔刷工具来营造光线氛围。我们首先需要做一些准备工作，即先下载好"光线笔刷"。

图 16-15

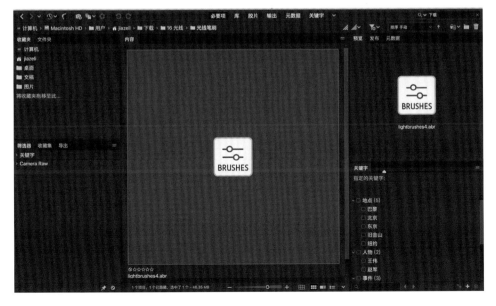

图 16-16

步骤 1

打开 Bridge 或文件夹，从本书的配套素材中找到名称为"lightbrushes4.abr"的光线笔刷文件（图 16-16）。双击它之后，就会在 Photoshop 中打开。在工具栏单击"画笔工具"，在笔刷工具组中便会看到刚刚载入的一系列光线笔刷（图 16-17）。

数码摄影不期而遇的手之路（第 2 版）| CHAPTER 16 创造光线

图 16-17

步骤 2

回到 Bridge，打开图 16-15 所示
的图片。预想一个方案，其中包括
在环境中绘制光线的位置，以及将
光线洒落在人物身上的场景。首先
我们使整个环境暗下来以烘托光
线。在"图层"面板的"创建新的
填充或调整图层"中打开"曲线…"，
拖动曲线将其调节为下弦线，此时
整个画面被压暗（图 16-18）。

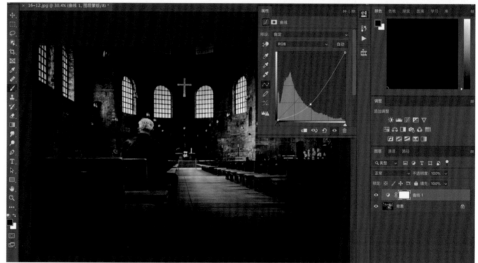

图 16-18

步骤 3

在"图层"面板中，曲线调节层带
有一个蒙版，利用这个蒙版遮罩
可使用先前载入的光线笔刷进行
绘制。在工具栏选择"画笔工具"，
然后在画笔工具组中选择其中一
种适合的笔刷。设置前景色为"黑
色"，画笔"不透明度"为 100%，
其他参数如图 16-19，在画面中进
行绘制，具体位置可先不讲究。

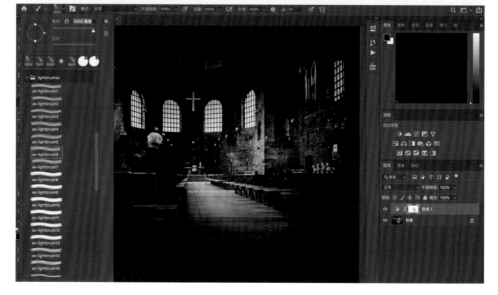

图 16-19

技巧提示

一般来说，光线在暗的空间环境衬托下才会越发明显，在亮的环境中则会被削弱。所以如果要绘制光线，同时让光线呈现出来，就需要先把照片的整体基调渲染成一个暗的气氛。

步骤 4

绘制好光线后，可在菜单栏选择"编辑">"自由变换"，或者使用快捷键 command+T（Windows 操作系统：Ctrl+T）打开自由变换工具，根据光线的来源移动光线的位置，然后拖曳选框改变光线的大小和角度，还可使用斜切来改变光线的形状（快捷键是按住 command 键/Ctrl 的同时配合单击鼠标左键），反复调整几次直到满意为止（图 16-20）。

图 16-20

步骤 5

光线层调整确认后会发现它的边缘会比较生硬、不自然，接下来我们使用"画笔工具"在蒙版中进行涂抹来虚化边缘。或者更好的方法是在菜单栏选择"滤镜">"模糊">"高斯模糊"（图 16-21），将"半径"设置为 90（图 16-22），模糊之后就看不到明锐的边缘了，同时光线还具有了穿透空间的感觉。通过创造光线，最终的画面较之原图更好地凸显了人物，对利用环境烘托人物心境起到了积极作用（图 16-23）。

图 16-21

图 16-22

图 16-23

16.5 "合成光线"案例：斑马光线

吕西安·克莱格是著名的法国摄影师，多才多艺的他一直以浪漫的诗意摄影探索着自己对人性的理解。1969 年，吕西安·克莱格同作家米歇尔·图尼耶（Michel Tournier）、历史学家让－莫里斯·鲁凯特（Jean-Maurice Rouquett）共同创办阿尔勒国际摄影节，后来又致力于摄影教育。在国立阿尔勒摄影学院，他一直以教师的身份居于此，直到 1999 年。他凭借极为出色的艺术影响力和国际策展能力，极大地提升了摄影艺术的地位。

吕西安·克莱格凭借独特的个人魅力和对摄影艺术的贡献，成为第一位荣膺法兰西艺术院院士的摄影人。在逝世前一年（2013 年），他还受聘开始担任法兰西艺术院主席——真正做到了为摄影奋斗终身。

他著名的《斑马人体》（*Nus Zebres*）组图创作于 80 岁高龄之际，如图 16-24，借助于百叶窗和光线，形成了抽象而唯美的风格，启发了后世无数的摄影师。

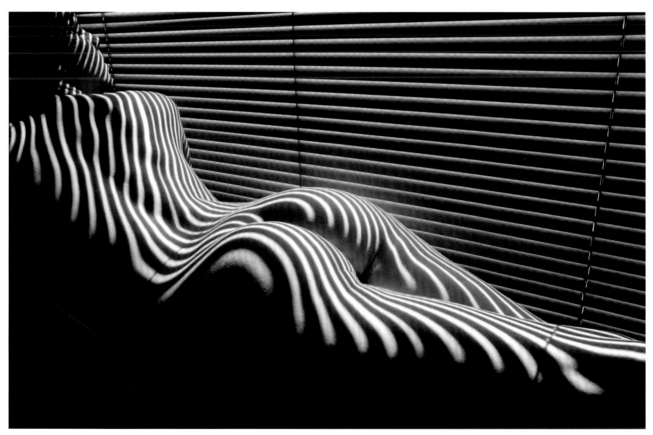

图 16-24

为了向这位伟大的艺术家致敬，本节选取了一张人体照片，通过后期，将原图和光线素材合成处理，希望能启发大家的创作思路。素材照片如图 16-25、图 16-26。下面将演示主要的操作步骤。

图 16-25

图 16-26

步骤 1

在 Bridge 中选择这两张素材照片，在菜单栏里选择"工具">"Photoshop">"将文件载入 Photoshop 图层"（图 16-27），在 Photoshop 中打开这两张图片。

图 16-27

步骤 2

确保图层的顺序是光线素材在上面。将光线层的图层模式改为"正片叠底"模式，并将"不透明度"改为 53%，即可以透过光线看到人体了（图 16-28）。

图 16-28

图 16-29　图层混合模式（正常）

图 16-30　图层混合模式（正片叠底）

技巧提示

图像素材通过使用"正片叠底"模式，可以将白色过滤掉，光线的痕迹便会显露出来。另外，使用"正片叠底"混合模式可以降低合成图层中所有非黑色像素的亮度，使得素材亮度下降。因此"正片叠底"混合模式也是

一个降低照片亮度的好方法。上面简单的实验中，选用白、灰、黑 3 个色块与底图进行图层混合，当选用"正片叠底"模式时，白色会完全被过滤，灰色亮度降低，黑色会被保留，如图 16-29、图 16-30。

步骤3

仔细观察画面，发现光线虽然覆盖在了人体上，但并没有随着人体结构产生起伏变化。这里，我们需要使用 Photoshop 滤镜里的"置换"命令，这个滤镜可以使光线素材按照一定的明暗变化而产生扭曲变化。毫无疑问，我们只想让光线随着身体结构的明暗变化而变化，所以，我们需要把身体单独提取出来，供置换滤镜使用。为了方便观看，我们暂时关闭"图层2"的眼睛图标，使该图层隐藏。然后选择"套索工具"，将其"羽化"值设为55，沿着人体结构设定选区。这个选区不需要太精确，大概套准即可（图16-31）。

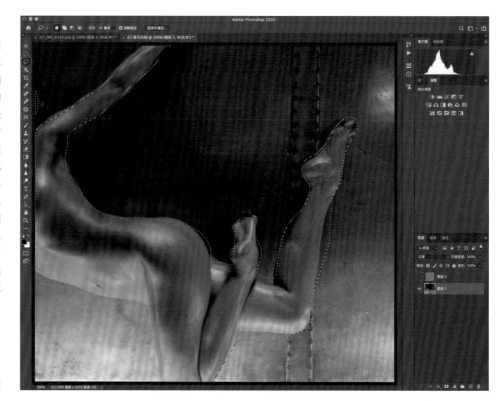

图 16-31

步骤4

在 Photoshop 的菜单栏中选择"图层">"新建">"通过拷贝的图层"，建立新的人体图层（图16-32）。

图 16-32

步骤5

可以看到新建立的"图层3"上，只有人体没有背景。选择"图层3"，在"图层"面板选择"复制图层"，在弹出的对话框中将目标"文档"设为"新建"，"名称"定为"置换素材"（图16-33）。

图 16-33

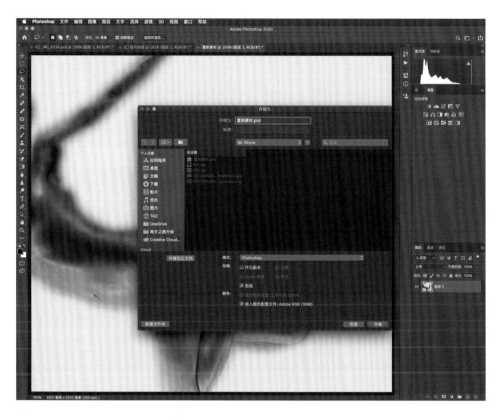

步骤 6

我们得到一个新文档，是即将要使用的置换对象。我们将这个文件独立保存一下，放在任意一个文件夹内，但一定要注意，保存的格式只能是 Photoshop 自己的 PSD 格式（图 16-34）。

图 16-34

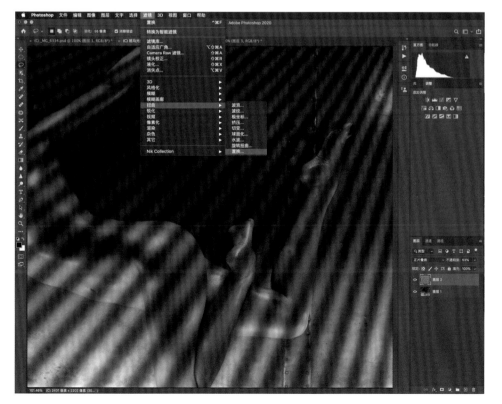

步骤 7

回到刚才的文档里，可以把不需要的图层 3 删除掉。打开光线素材那一层的眼睛图标，使该图层可见。然后选择"图层 2"，在菜单栏里选择"滤镜"＞"扭曲"＞"置换"（图 16-35）。

图 16-35

图 16-36 （左图）
图 16-37 （右图）
图 16-38 （中图）
图 16-39 （下图）

步骤 8

在弹出的对话框里将"水平比例"和"垂直比例"调至 20（图 16-36）或者更高，这个比例值会参考刚才所存置换素材的明度进行扭曲，可以自己反复试一下不同参数的变化。

步骤 9

紧接着，会弹出窗口要求选择置换素材，你会发现，在文件夹里，只有 PSD 格式的文件是可以使用的（图 16-37）。选择好文件，打开即可。

步骤 10

现在，就可以看到光线素材不是像一开始那样只是覆盖在人体上，而是随着人体结构的明暗产生了扭曲变形，虽然和真的百叶窗投下的阴影不完全一样，但基本上效果也还算是可以接受（图 16-38）。

步骤 11

为了让效果更突出，可以为光线图层添加一个白色图层蒙版，用黑色画笔在人体腹部、大腿高光等位置略微擦拭几笔，可使光线素材产生一些明暗变化。我们使人体图层暂时隐藏，可以更清楚地看到光线图层因为置换而扭曲的效果（图 16-39）。

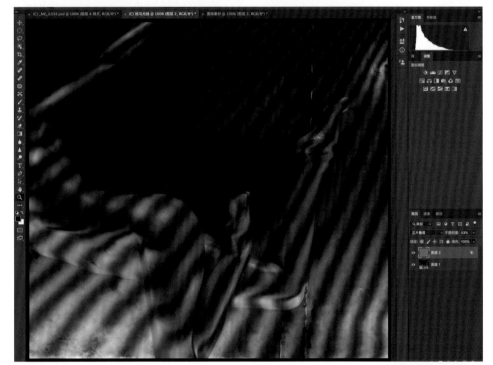

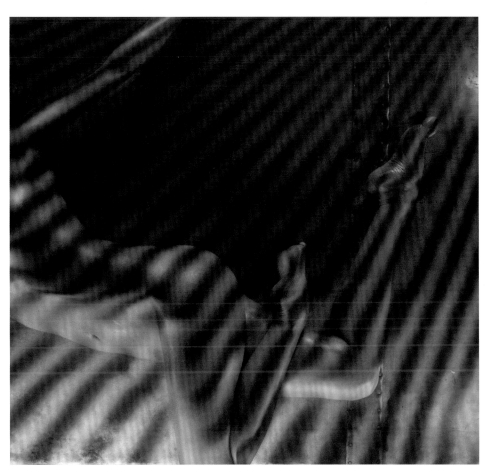

最终效果如图 16-40，可以和原图进行比较，可看出添加了光线后的人体展现了新的创意。

图 16-40（左上图）
图 16-41（右下图）

这种光线在摄影中有专门的术语，被称为"形状光线"，自吕西安·克莱格拍摄完《斑马人体》后，"形状光线"中的"百叶窗效果"经常被摄影师挪用。在肖像类作品中，这种后期效果可以为画面添加神秘感（图 16-41）。以此为方法，希望大家多参考大师作品，广开思路。

16.6 "滤镜光线"案例：眩光

想让一张照片有感觉，光线担当着相当重要的角色。如图16-42，逆光拍摄时，阳光渗入镜头中产生梦幻的光影、随机性的光斑以及彩色的光环，照片笼罩上一层淡白的薄雾、迷蒙的色调，浪漫极了。在一些旅行片、人像片中，这些逆光下暖洋洋的小清新照片非常讨人喜爱，尤其容易受到女性朋友的喜欢。如果天公不作美，或是拍摄角度中没有逆光，画面中没有拍到暖暖的眩光，该怎么添加这样的光线效果呢？

本节就来谈谈如何使用滤镜给画面营造气氛。通过一个案例具体来介绍如何使用Photoshop滤镜中的镜头光晕创造眩光效果，让照片变得阳光清新起来。 在进行后期方法学习前，有必要对逆光这一光线角度和其产生的眩光现象进行分析和研究，这样将十分有利于我们前期拍摄和后期处理时对于光线的控制和把握。 逆光是一种拍摄主体恰好处于光源和照相机之间的状况，这种状况极易造成拍摄主体曝光不充分。在一般情况下，摄影者应尽量避免在逆光条件下拍摄物体，但是有时候，逆光产生的特殊效果也不失为一种摄影的创作技法。

逆光的应用在摄影中有什么作用呢？

第一，增强拍摄主体的质感。特别是在拍摄透明或半透明的物体，如花草、玻璃时，能够使物体的明度和饱和度得到提升，呈现美丽的光泽和透感，与不透光物体之间加大反差，增强画面的艺术效果，逆光是拍摄这类物体的最佳光线。

图 16-42

第二，渲染画面氛围。在风光摄影或带人像的景致中，利用日出日落时光线角度低、大逆光的光影特征，实现光线对于风景中云雾、山峦、树木以及人像的勾勒，无论是从光质还是从光色上都会触动观者，使画面富有意境、韵味浓厚。

第三，增强视觉冲击力。逆光拍摄的画面暗部比例大，多数细节被阴影所掩盖，画面中的拍摄主体具有简洁的线条和较少的受光面，而这些地方正是视觉的中心和画面的重心，这种大光比、高反差给人以强烈的视觉冲击力。在拍摄人像时，常会利用逆光光晕的强光打破或冲淡人面积的暗部和边缘形状，让暗部带上朦胧的阳光感、空气感，让细节若隐若现。对于眩光的利用一方面可以弱化拍摄对象的缺陷和瑕疵，以含蓄取胜；另一方面能够有效刻画人物性格，给画面带来一种扬长避短、无声似有声的视觉冲击力。

第四，增强画面的纵深感。由于空气中介质的状态不同，远近的色彩构成会发生不同的变化，尤其是在日出日落的逆光下，这种变化会更为显著。前景暗，背景亮；前景色彩饱和度高，背景色彩饱和度低，从而造成影调的明暗、色彩的浓淡、空间的远近不同，增强了画面的纵深感。

了解了上述逆光给摄影创作带来的种种优势，还需要知道与逆光光线角度相伴的就是逆光下的镜头语言。在逆光下拍摄，光线很容易入镜，眩光、光晕、鬼影将成为镜头与光线相互作用的副产品，成为画面的构成元素，利用好它们将使作品更具表现力。眩光、光晕、鬼影三者如何界定？在画面中是什么状态？从图16-43中一看便知。

眩光（Dazzle）指逆光拍摄的照片由于有强光直接射入镜头，造成场景中出现一片过于明亮的区域，破坏了正常的图像。

光晕（Halation）指照片中的点光源周围出现了光环的效果，这种效果可能是有益的，也可能是不利的。眩光其实也属于一种过强的光晕。

鬼影（Ghost）直译为幽灵，是逆光拍摄中多组镜头镜片的一种特有现象。逆光拍摄时一束光线斜射入镜头，并未直接投射到胶片／传感器上成像，由于镜片间的反射，在每个镜片上会出现一个光斑，最终会在画面上留下一串光斑。

需要注意的是，当光线角度较小，即太阳角度为0度或30度（日出日落）时，光线强度弱，光线色温偏低且暖。在水平取景时，光源中心在画面中心或偏上的附近位置（拍摄构图时镜

图16-43（左图）
图16-44（右图）

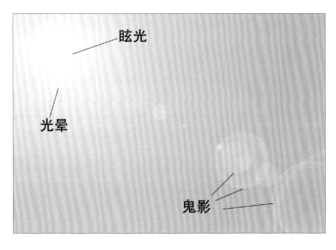

头与光线容易正对着），画面中的镜头语言以眩光为主，镜头光晕与眩光基本重合且效果不明显（正对阳光拍摄常常是不可取的，这可能会对相机和眼睛造成损害）。当光线角度较大，即太阳角度为 30 度或 100 度（日出后日落前两个小时）时，光线强度强，色温逐步升高。在水平取景时，光源中心在画面上部的边缘位置或在画面之外，也就是在拍摄构图时光线与镜头呈现一定的角度，眩光、光晕、鬼影在画面中会比较容易清晰可辨。此时镜头语言以光晕、鬼影为主，光晕、鬼影在画面中呈一定角度的线性分布，画面边缘可能会由眩光、光晕、鬼影同时构成，图 16-44 便是这种情况。此外，眩光、光晕、鬼影依据光圈孔径的形状、镜头镜片结构和焦距等的不同而有不同的状态和颜色，一些高级相机镜头的特殊镀膜还能有效降低光晕和鬼影现象。比如，iPhone4 手机的摄像头能产生粉色花瓣状眩光，很多摄影爱好者争相收藏这款手机；而到了 iPhone5 以后，手机摄像头产生的光晕则为线形的，相对不具美感。因此镜头眩光实际也是镜头缺陷的一种体现，但这些缺陷如果利用得好，就会成为画面中表现美的形式和手段。

下面我们通过一张素材照片，演示如何利用滤镜中的镜头光晕给照片添加眩光效果。对图 16-45 这张人像照片进行分析，拍摄时太阳角度较高，且有点逆光，大光圈的应用使焦外朦胧迷人，画面空间感很好，但光线并没有在镜头中产生光晕，整体画面缺少了眩光。我们可以在 Photoshop 中来创造这种效果。

步骤 1

在 Photoshop 中打开原图，新建一个空白图层（图 16-46），然后用黑色油漆桶或使用快捷键 option+delete（Windows 系统：Alt+Delete）将"图层 1"填充成黑色（图 16-47）。因为眩光在黑色中效果会更为明显，而且在后面的步骤中很容易将眩光分离出来。

图 16-45

技巧提示

我们发现眩光的效果非常适合运用在人像后期当中，尤其适用于以女性和儿童为主体的拍摄，可以创造出比原片更阳光、更清新的风格，另外也适合应用在一些风景、小品摄影作品中，可以带来同样的阳光感和清新感。

图 16-46

图 16-47

图 16-48

技巧提示

Photoshop 滤镜中的镜头光晕最好不要直接使用，因为一旦确定，光晕的位置、亮度、镜头类型等无法在后续的步骤中随时更改。将镜头光晕创建在智能图层上将给调整带来极大的方便和自由。

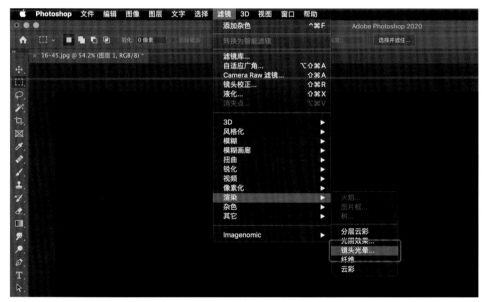

图 16-49

步骤 2

在刚填充好的黑色图层上单击鼠标右键，给该图层选择"转换为智能对象"（图 16-48）。单击该选项后图层将转换成智能图层。

图 16-50

步骤 3

创建光晕。在菜单栏中选择"滤镜">"渲染">"镜头光晕"（图 16-49），打开"镜头光晕"对话框，这时可以粗略拖放光晕的位置，并对光晕"亮度"和多种光晕的"镜头类型"进行选择（图 16-50）。单击"确定"按钮后，镜头光晕被添加在了黑色图层上（图 16-51）。

步骤 4

将图层模式改为"滤色"模式（图 16-52），就可以看到图层中的黑色被自动屏蔽，光晕效果和人像照片叠加在一起了。

图 16-51

步骤 5

调整光晕位置。如果光晕的位置不合理，可以通过"智能滤镜"图层中的"镜头光晕"将光晕调整到合适 的位置。双击"图层"面板中的"镜头光晕"，打开"镜头光晕"对话框，在对话框中拖动调整光晕位置（图 16-53），单击"确定"按钮后，光晕位置修改完毕。

注意：在这个步骤中不要直接拖动"图层 1"来调整光晕位置，那样画面上会留下图层移动的痕迹。

图 16-53

步骤 6

调整光晕颜色。默认生成的光晕是一个冷光源，而原图中的人像需要色温更暖一些的光晕色调。 可以通过调整光晕的"色相 / 饱和度"来进行平衡。单击"调整"面板中的"色相 / 饱和度"（或单击"图 层"面板中的"创建新的填充或调整图层"），在列表中选择"色相 / 饱和度"创建"色相 / 饱和度"图层。 在"属性"面板中单击"此调整剪切到此图层"按钮，并勾选"着色"复选框。将"色相"调整到偏黄，然后适当增加"饱和度"（图 16-54）。此时光晕的颜色与原图色调协调一致，得到了最终的效果（图 16-55）。

图 16-54

图 16-55

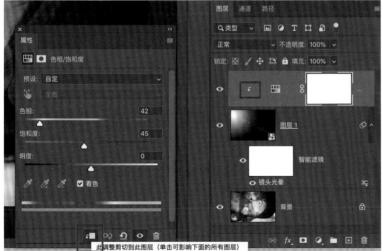

此调整剪切到此图层（单击可影响下面的所有图层）

图 16-56

技巧提示

单击"此调整剪切到此图层"后，该按钮符号会发生变化，同时"色相／饱和度"图层前方会出现下指箭头的符号，这意味着"色相／饱和度"图层的效果只影响它下面的一个图层，在本例中则表示该图层只针对"镜头光晕"所在的智能图层来调整色彩（图 16-56）；如果再次单击"此调整剪切到此图层"按钮，"色相／饱和度"图层的效果将会影响它下面的所有图层，这意味着画面中所有的色彩都将被调整。

16.7 "放大光线"案例：窗中的光线

正如本章 16.2 节中创造光线的第四种方法所提及的，对于任何窗户光、光源处，甚至一些发光体，都可采用"放大光线"这个方法来强化和放大光线。本节选择图 16-57 为素材，详细示范如何利用 Photoshop 中的模糊滤镜来创造光线效果。

图 16-57

步骤 1

在 Photoshop 中打开素材图片，将背景层复制生成一个新的图层（图 16-58）。

图 16-58

技巧提示

对于模糊滤镜的选择，要根据画面中光线的需求而定。本例中应选择"动感模糊"，窗口的朝向不是正对画面，这样的角度较侧且有聚光效果。光线的指向性非常明确，要使用的滤镜应使窗户透出的光线有发散性，因此"动感模糊"滤镜非常适合表现这样的光线。

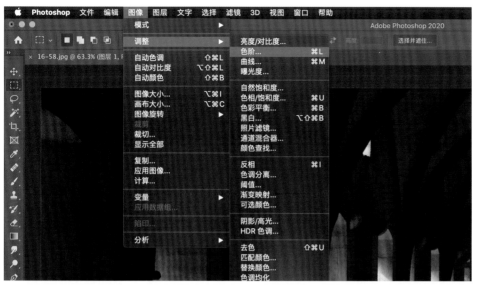

步骤 2

打开色阶。在菜单栏选择"图像">"调整">"色阶"（图 16-59），使用色阶对画面的黑白关系进行调节。拖动"色阶"中的黑色滑块，画面中只留下窗口光线的部分即可，完成后单击"确定"按钮（图16-60）。

图 16-59

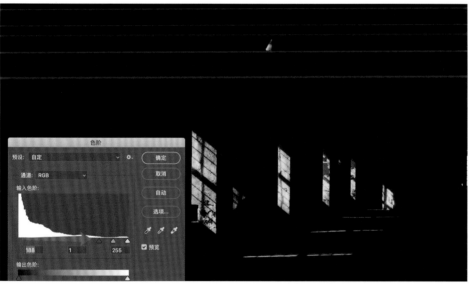

图 16-60

步骤 3

单击"画笔工具"，将前景色设为黑色。对照片中非窗口、非发光光源的位置进行涂抹填充，如地面和墙面上的光斑，只保留窗口的光线即可（图 16-61）。

图 16-61

步骤 4

在菜单栏选择"滤镜">"模糊">"动感模糊"（图 16-62），在"动感模糊"对话框中调整光线的"角度"为 -30，"距离"为 344 像素（图 16-63）。这些参数的大小须依据画面窗口中光线照射的角度和范围大小来设置，以达到营造真实气氛的目的。

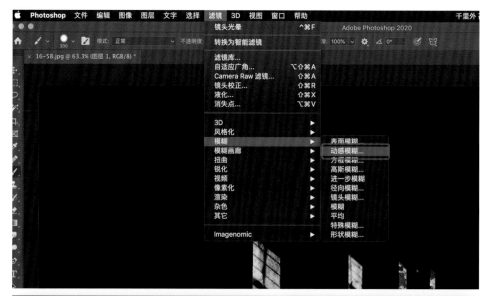

图 16-62

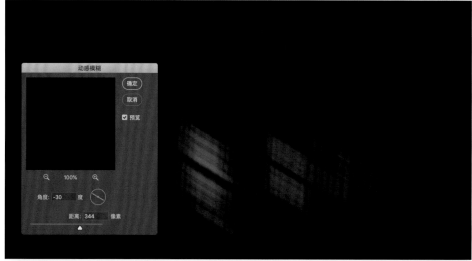

图 16-63

步骤 5

为了加强和放大"动感模糊"滤镜生成的光线效果，可以在菜单栏选择"滤镜">"动感模糊"两次（图 16-64），以拉长光线，强化效果。也可使用两次快捷键command+F（Windows 操作系统：Ctrl+F）。

图 16-64

图 16-65

步骤 6

在"图层"面板的图层混合模式中选择"滤色"，屏蔽"图层 1"中光线外的黑色部分，使光线与背景图层叠加（图 16-65）。

图 16-66

步骤 7

使用"移动工具"，将"图层 1"的光线移动到合适的位置。可以看到由滤镜创造的光线穿透了这些廊柱，光线的气氛被营造出来了（图 16-66）。

步骤 8

进行后续的调色处理，让照片的情境氛围更加到位，得到最后的画面效果（图 16-67）。

图 16-67

CHAPTER 17
Lightroom 和 Camera Raw 模块对比

17.1 Lightroom 简介

Lightroom 的全称是 Adobe Photoshop Lightroom，可见它是 Photoshop 体系中的一员。Adobe 公司的 3 个软件 Photoshop、Bridge、Lightroom 本质上有很多相似之处，所以在掌握了 Photoshop 和 Bridge 的前提下，学习 Lightroom 会很容易。

我没有在一开始讲 Lightroom，而是把它放到最后做一下界面对比，就是希望大家了解这不是两款不同的软件，而只是同样模块不同皮肤的兄弟软件。只要掌握了本书前面章节的知识，再对比一下此章节的界面，即可掌握 Lightroom。当然，Lightroom 在面对摄影师用户时更加友好，流程相对更加简化。比如，它甚至允许用户使用自己的 Logo 代替 Lightroom 的 LR 标识。

图 17-1 至图 17-3 展示了 Lightroom 支持用户个性化定制界面、使用身份标识等非常专业而友好的操作。

图 17-1

图 17-2

Lightroom 是一款重要的后期制作工具，支持各种 RAW 格式图像，主要用于数码照片的浏览、编辑、整理、打印等，是一个适合专业摄影师输入、选择、修改和展示大量的数字图像的高效率软件。这样，用户可以花费更少的时间整理和完善照片。它的界面干净整洁，便于快速浏览和修改完善照片。

图 17-3

17.2 模块对比

在"修改照片"模块，调整工具位于界面右侧的工具栏中。仔细观察后我们不难发现，Lightroom 的调整工具无论是功能还是排列顺序，与 Camera Raw 中的调整工具高度相似。唯一的区别是，Camera Raw 的调整操作需要在不同面板间切换，而 Lightroom 可以在同一个面板中完成所有修改照片的操作（图 17-4 为 Lightroom "修改照片"模块界面，图 17-5 为 Camera Raw "修改照片"的界面）。

图 17-4

图 17-5

我将对 Lightroom 的"修改照片"模块进行简单介绍，并与 Camera Raw 中对应的"调整"面板逐一进行对比。Lightroom 中每个功能的具体操作方式完全可以参考 Camera Raw，本节中就不再赘述。

17.2.1　直方图

Lightroom 工具栏最上方是直方图，用于显示照片的曝光度和像素的亮度分布，如图 17-6 所示。而 Camera Raw 中的直方图如图 17-7 所示，二者基本没有差别。

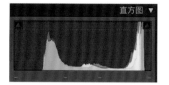

图 17-6

图 17-7

图 17-8

图 17-9

技巧提示

Lightroom 界面的上下左右都有小的灰色三角形，它们分别对应 4 个方向的工具栏。以界面左侧的工具栏为例，正中央有一个小三角形标志（图17-8），用鼠标左键单击它后工具栏就收起来了（图 17-9），再次单击工具栏后它又会出现；在收起工具栏的情况下，如图 17-8，把指针往边框上一靠，工具栏又自动出现了。在工具栏隐藏的情况下，工作界面会变得更大，方便我们进行调整。

17.2.2　局部调整工具

直方图下面有 6 个工具: 依次是 "裁剪叠加" "污点去除" "红眼校正" "渐变滤镜" "径向滤镜" "调整画笔" (图 17-10)。这些都是关于局部调整的工具, 都在 Camera Raw 中出现过 (图 17-11), 只不过是图标和个别名称不同而已, 二者的对应关系如图 17-12。

在 Lightroom 中, 单击上述任意工具的图标, 会出现对应的下拉菜单。如单击最左侧的 "裁剪叠加" 工具, 会在图标下方弹出下拉菜单 (图 17-13), 方便裁剪时调整画面的 "长宽比"、旋转 "角度" 等参数。

图 17-10 (左图)
图 17-11 (中图)
图 17-12 (右图)

图 17-13

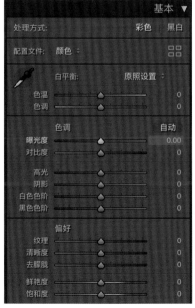

图 17-14

17.2.3　"基本" 面板

"基本" 面板用于调整画面的 "白平衡" "色调" "偏好" (图 17-14), 功能与 Camera Raw 中的 "基本" 面板 (图 17-15) 大致相同。

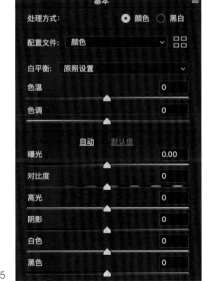

图 17-15

17.2.4 "色调曲线"面板

"色调曲线"面板用于控制照片的曝光和总体对比度（图 17-16），功能与 Camera Raw 中"色调曲线"面板（图 17-17）基本相同。

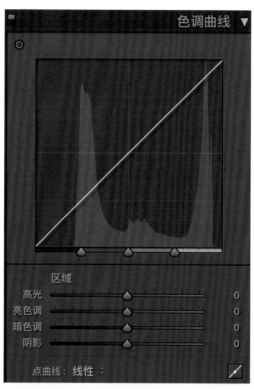
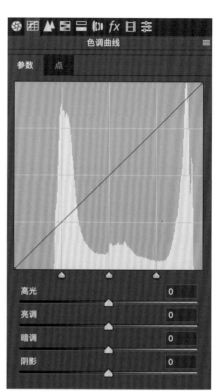

图 17-16（左图）
图 17-17（右图）

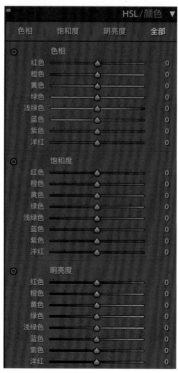
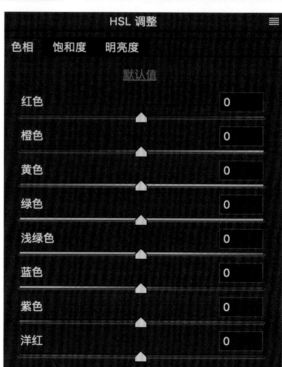

图 17-18（左图）
图 17-19（右图）

17.2.5 "HSL/颜色"或"黑白"面板

"HSL/颜色"或"黑白"面板用于对图像颜色的局部调整（图17-18），与Camera Raw中的"HSL调整"面板功能相似（图17-19）。

不同之处在于，Lightroom的"HSL/颜色"或"黑白"面板同时也是按键，用鼠标左键单击三者中任意一个，其下拉菜单都会产生变化（图17-21）。

另外，在每个面板的左上方都带有"目标调整工具"的图标，它与Camera Raw中的"目标调整工具"同理（图17-20），进入"饱和度"面板，我们先单击"目标调整工具"的图标将其激活后，再单击画面左上角的蓝天并向上拖动，即可看到蓝天的饱和度明显提高，并且"蓝色"滑块拖动到了+40。Lightroom里的操作如图17-22、图17-23。

HSL色彩模式是工业界的一种颜色标准，是通过对色相（H）、饱和度（S）、明度（L）3个颜色通道的调节及它们相互之间的叠加来得到各式各样的颜色。HSL即是代表色相、饱和度、明度3个通道的颜色，这个标准几乎包括了人类视力所能感知的所有颜色，是目前运用最广的颜色系统之一。

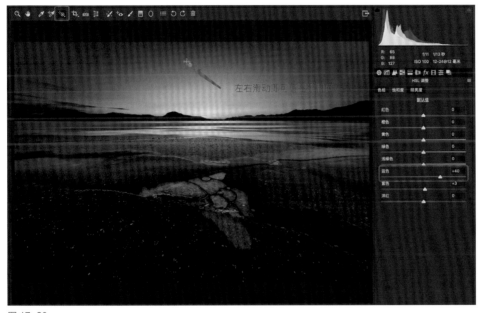

图 17-20

图 17-22

图 17-21

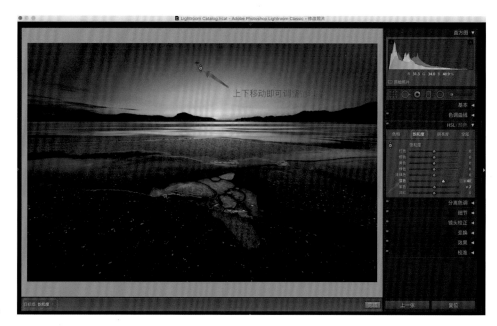

图 17-23

17.2.6 "分离色调"面板

"分离色调"面板用于对照片色调进行创意调整（图 17-24），与 Camera Raw 中的"分离色调"面板功能基本相同（图 17-25）。

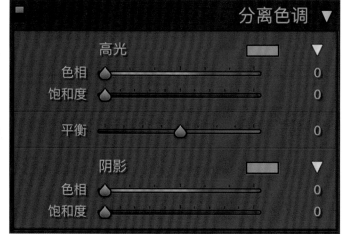

图 17-24

图 17-25

17.2.7 "细节"面板

"细节"面板用于对照片进行锐化和减少杂色处理（图 17-26），与 Camera Raw 中的"细节"面板功能基本一致（图 17-27）。

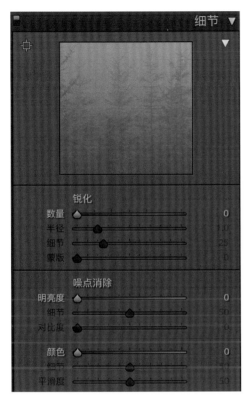

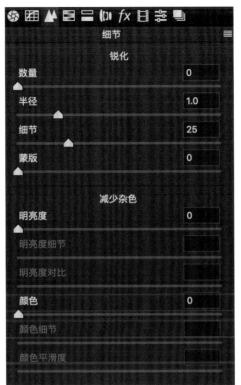

图 17-26（左图）
图 17-27（右图）

17.2.8 "镜头校正"面板

"镜头校正"面板用于校正镜头的畸变和色差（图 17-28），基本与 Camera Raw 中的"镜头校正"面板功能一致（图 17-29），仅仅是面板的布局不同而已。

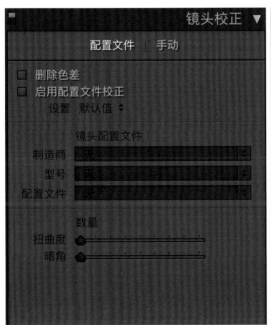

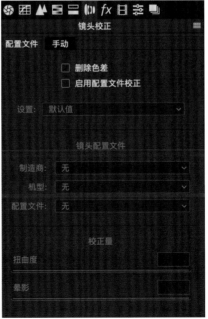

图 17-28（左图）
图 17-29（右图）

17.2.9 "效果"面板

"效果"面板用于控制照片的暗角和颗粒等效果（图 17-30），与 Camera Raw 中"效果"面板功能基本相同（图 17-31）。

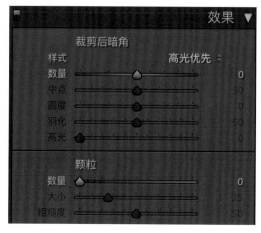

图 17-30

图 17-31

17.2.10 "校准"面板

"校准"面板用于对照片的色调进行全局调节（图 17-32），与 Camera Raw 中的"校准"面板功能基本相同（图 17-33）。

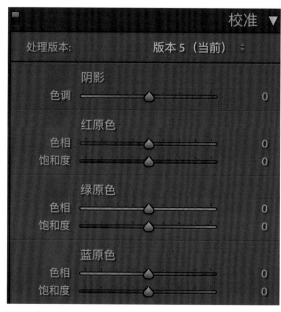

图 17-32

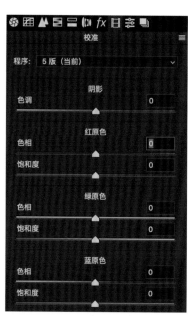

图 17-33

17.2.11 "变换"面板

"变换"面板用于对照片的色调进行全局调节（图 17-34），与 Camera Raw 中的"变换"
面板功能基本相同（图 17-35）。

图 17-34

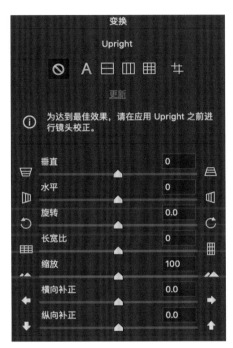

图 17-35

技巧提示

Pototshop 里的变换工具不在左边的工具
栏里，而在 Camera Raw 插件上面的工具
栏里（图 17-36）。

变换工具

图 17-36

至此，我们应该了解了 Camera Raw 和 Lightroom 的本质是完全一样的。用户愿意使用
哪一款软件可视自己的喜好而决定。

后记

《数码摄影后期高手之路》自 2016 年 5 月出版以来，至今已经重印了 15 次，共计销售了 7 万多册，各大平台上的评语也有上万条。

2019 年年底，出版社和我约谈本书的升级，因为 Photoshop 版本也有了一些变化，当然，更重要的是我看到了读者的反馈，所以想在这一版中对相关内容进行集中修正。

本次修订书稿，我从头至尾细细读了一遍，感觉之前有些观点需要再次明确和更正。不可否认，在这 4 年里，我的审美发生了很大的变化，其间我大概花了 3 年时间在研究黑白摄影，并且将所学所得作为线下研修班的内容和学员进行了分享。

至于实践，我的摄影作品这几年也参加了多个展览，诸如 2018 年第十三届"艺术北京"博览会的当代艺术单元；2019 年，我的作品还在洛杉矶 Adobe Max 创意大会上由惠普支持展出。

此外，我还作为影像技术专家组组长参与了第 27 届全国摄影艺术展览的现场评选工作，与众多著名摄影师一起，为全国最大规模的摄影展览提供评选上的支持，从投稿的几十万件作品中甄别优劣。这样的经历，使我对大众摄影所遭遇的困境以及全国摄影人的综合摄影水平有了直观的认识。

这几年来，我在公开的讲座中常常引用艺术家拉斯洛·莫霍伊－纳吉（László Moholy-Nagy）在约 100 年前说的一句话——"未来不懂摄影的人，将会成为文盲"，引发大家对摄影的关注。究其深意，我发现摄影的作用已经不只是记录当下那么简单，更重要的是，摄影可以在当下的图像时代提供一种习得视觉素养的途径，摄影更是一种艺术启蒙的方法。

这种视觉素养的启蒙使我受益良多，它使我在观察世界和生活时有了全新的角度，而不只停留于事情的表象。我修订此书时，全世界正在面对肆虐的新型冠状病毒。你可以把疫情看作是一场灾难，而即使面对灾难，人类展现的依然是互相照顾、互相保护、互相支持的善行。

正如哈佛大学校长劳伦斯·巴考（Lawrence S.Bacow）所说的："没人能预知我们将面临什么，但我们每个人都懂这将考验我们在危机时刻所显示的超脱于自我的善良和慷慨。我们的任务是在这个非我所愿的复杂混沌时刻，展示自己最好的品行。愿我们与智慧和风度同行。"

把摄影学习提升到对艺术的追求，这会让人心神安宁。摄影师罗伯特·亚当斯在他的书《艺术可以帮忙》（*Art can help*）中曾引用过诗人切斯瓦夫·米沃什（Czeslaw Milosz）的两行诗来说明我们应该以何种方式在风险和逆境中保持冷静："我们应该在深渊的边缘摆一张桌子，在桌子上放一个玻璃杯、一个水罐和两个苹果。"

为什么桌子、玻璃杯、水罐和两个苹果值得我们注意，甚至值得我们尊敬呢？因为无论如何，我们都要在风险和逆境中找到平静，在"万丈深渊"的边上踏踏实实地坐下来生活。

一些感言，是为后记。

李涛

2020 年 3 月 18 日 于北京

李涛工作室

"良知塾"是李涛老师于2013年创建的教育服务机构，主要提供大众美育和职业技能认证，曾经推出过"高手之路"、"高高手"等多个品牌。

在大众美育方面，李涛老师联合众多艺术家，常年开设影像研修班和工作坊，举办艺术游学及高端讲座，循序提升学员的艺术审美等级。

在职业技能方面，李涛老师主持制定了数字影像处理职业技能等级标准，并围绕标准按照用户不同阶段的能力需求，倾力打造了不同层级的教学课程，提供完整的学习、考试、认证全流程服务。

面授实践：

工作坊 + 游学

在线课程：

职业技能课 + 大师精品课 + 免费公开课

行业沙龙：

线下大师沙龙 + 在线直播讲座

认证服务：

1+X数字影像处理职业技能等级证书

良知塾
李 涛 工 作 室

取法乎上 寻师经典

为更高层次的集体文明而努力学习。

涛

李涛影像 工作坊

技术决定下限，审美决定上限

科学通向真理，艺术反映自己

B站@李涛PS   微博@李涛PS